民航飞机自动飞行控制系统

主　编　徐亚军

副主编　李军辉

参　编　陈必华　高丽霞

西南交通大学出版社
·成　都·

图书在版编目（CIP）数据

民航飞机自动飞行控制系统 / 徐亚军主编. —成都：
西南交通大学出版社，2018.8（2024.1 重印）
ISBN 978-7-5643-6366-6

Ⅰ. ①民… Ⅱ. ①徐… Ⅲ. ①民用飞机 – 自动飞行控
制 – 飞行控制系统 Ⅳ. ①V271②V249.122

中国版本图书馆 CIP 数据核字（2018）第 195296 号

民航飞机自动飞行控制系统

主编　徐亚军

责任编辑　孟苏成
封面设计　曹天擎

出版发行　西南交通大学出版社
　　　　　（四川省成都市金牛区二环路北一段 111 号
　　　　　　西南交通大学创新大厦 21 楼）
邮政编码　610031
发行部电话　028-87600564　　　028-87600533
官网　　　http://www.xnjdcbs.com
印刷　　　四川煤田地质制图印务有限责任公司

成品尺寸　185 mm×260 mm
印张　　　17.75
字数　　　442 千
版次　　　2018 年 8 月第 1 版
印次　　　2024 年 1 月第 5 次
书号　　　ISBN 978-7-5643-6366-6
定价　　　52.00 元

前　言

本书是在总结民航飞机上自动飞行控制系统及其各个分系统的功用、原理和组成，自动飞行控制系统的维修理论与技术，以及多年来自动飞行控制系统的维修实践经验的基础上编写而成的，其目的是使从事航空电子/仪表/自动化维修理论与技术研究领域的教师、学生以及工程技术人员理解自动飞行控制系统及其各个分系统的功用、原理和组成，掌握维修理论与技术以及实践中应遵循的方式和方法。在编写过程中，编写组的教师汲取了多年的教学经验，并就教材使用情况进行了广泛的问卷调查，对原有教材中不合理和不完善之处进行了整理和修订，使其更加符合民用航空器维修行业对人才素质和能力的需求。

本书的内容包含自动飞行控制系统及其重要分系统的功用、原理、组成和维修实践中应遵循的方式、方法。鉴于自动飞行控制系统的控制对象是飞机，并且要实现对飞机的控制和稳定，所以，本书在介绍自动飞行控制系统的内容之前对飞机的空气动力特性、飞机的结构、飞机的稳定性和操纵性作了简单的介绍。

本书共分 15 章。第 1 章介绍自动飞行控制系统的发展、功用和基本组成；第 2 章介绍飞机的空气动力特性；第 3 章介绍飞机的操纵原理；第 4 章介绍飞机的平衡、稳定性和操纵性；第 5 章介绍自动驾驶仪系统；第 6 章介绍飞行指引仪系统；第 7 章介绍自动飞行控制系统的组成和原理；第 8 章介绍自动飞行控制系统的控制、显示和使用；第 9 章介绍自动油门系统；第 10 章介绍自动俯仰配平系统；第 11 章介绍偏航阻尼器系统；第 12 章介绍电传操纵系统；第 13 章介绍自动飞行控制系统的余度技术；第 14 章介绍自动飞行控制系统中的 BITE；第 15 章介绍自动飞行控制系统的故障诊断。

本书第 1、5、6、7、8 章由徐亚军编写；第 2、3、4 章由李军辉编写；第 12、13、14 章由陈必华编写，第 10、11、15 章由徐亚军和高丽霞共同编写，第 9 章由徐亚军和李军辉共同编写。

本书可作为航空维修工程与技术电子/仪表/自动化方向学生的教学用书，也可作为航空维修工程技术人员的参考资料和自学教材。

本书在编写过程中得到了中国民用航空飞行学院教务部门和航空工程学院领导及同仁的大力支持和帮助，此外，中国民航飞行学院航空工程学院电子信息工程专业各年级的学生在本教材试用期间提出了宝贵的勘误信息，在此一并表示衷心的感谢。

由于编者水平所限以及自动飞行控制系统的迅速发展，书中难免存在不妥或不完善之处，恳请广大读者批评指正。

编　者

2018 年 4 月

前　言

目　录

1　自动飞行控制系统概述 ·· 1
　1.1　自动飞行控制系统的发展 ································· 1
　1.2　自动飞行控制系统的分系统 ····························· 5
　1.3　自动飞行控制系统的功用 ································· 5
　1.4　有关飞行控制自动化的争议 ····························· 6
　　复习思考题 ··· 8

2　空气动力学基础知识 ·· 9
　2.1　引　言 ··· 9
　2.2　国际标准大气 ·· 9
　2.3　气体流动的基本概念和基本方程 ······················· 10
　2.4　飞机升力的产生原理 ····································· 11
　2.5　飞机的空气动力特性 ····································· 14
　　复习思考题 ··· 15

3　飞机操纵的基本原理 ··· 16
　3.1　飞机的主要组成及各组成部件的功用 ··················· 16
　3.2　飞机的操纵系统 ··· 17
　　复习思考题 ··· 20

4　飞机的平衡、稳定性和操纵性 ·································· 21
　4.1　飞机的平衡 ··· 21
　4.2　飞机的稳定性 ··· 23
　4.3　飞机的操纵性 ··· 29
　4.4　飞行操纵警告系统 ······································· 30
　　复习思考题 ··· 32

5　自动驾驶仪系统 ··· 33
　5.1　自动驾驶仪的功能 ······································· 33
　5.2　自动驾驶仪的模型 ······································· 34
　5.3　自动驾驶仪的组成 ······································· 35
　5.4　自动驾驶仪的回路 ······································· 37
　5.5　自动驾驶仪的控制通道 ··································· 39
　5.6　自动驾驶仪的类型和控制律 ····························· 44
　5.7　自动驾驶仪的伺服作动系统 ····························· 54
　5.8　自动驾驶仪横滚通道各方式的原理 ······················· 59
　5.9　自动驾驶仪俯仰通道各方式的原理 ······················· 64

　　5.10　自动驾驶仪驾驶盘操纵方式的原理···67
　　5.11　自动驾驶仪的使用···69
　　复习思考题···73

6　飞行指引仪系统···75
　　6.1　飞行指引仪系统的组成··75
　　6.2　飞行姿态指引系统的工作原理··79
　　6.3　飞行姿态指引系统的使用··84
　　复习思考题···84

7　自动飞行控制系统的组成和原理···85
　　7.1　自动飞行控制系统概述··85
　　7.2　自动飞行控制系统的主要组件在飞机上的安装位置·······················88
　　7.3　自动飞行控制系统的指令计算原理··91
　　复习思考题···120

8　自动飞行控制系统的控制、显示及使用···121
　　8.1　自动飞行控制系统的主要控制组件··121
　　8.2　自动飞行控制系统的主要显示组件··127
　　8.3　自动飞行控制系统的使用··131
　　复习思考题···148

9　自动油门系统···150
　　9.1　飞行速度的控制方案··150
　　9.2　自动油门系统概述··151
　　9.3　自动油门系统的组成和在飞机上的安装位置···152
　　9.4　自动油门系统的接口··154
　　9.5　自动油门的原理··159
　　9.6　自动油门系统的控制、显示和使用··164
　　复习思考题···176

10　自动俯仰配平系统··177
　　10.1　配平系统的分类和功用··177
　　10.2　自动驾驶仪配平··178
　　10.3　速度配平··182
　　10.4　马赫配平··184
　　10.5　俯仰配平系统的控制、显示和使用··186
　　复习思考题···188

11　偏航阻尼器系统··189
　　11.1　偏航阻尼器的功用··189
　　11.2　偏航阻尼器的原理··189

　11.3　偏航阻尼器的组成和使用 ……………………………………… 191
　　复习思考题 …………………………………………………………… 193

12　电传飞行控制系统 ……………………………………………………… 194
　12.1　飞机电传操纵系统的定义和发展 ………………………………… 194
　12.2　电传飞行控制系统的含义 ………………………………………… 194
　12.3　电传飞行控制系统的优缺点 ……………………………………… 199
　12.4　飞行操纵未来的发展方向 ………………………………………… 200
　　复习思考题 …………………………………………………………… 200

13　自动飞行控制系统的余度技术 ………………………………………… 201
　13.1　余度构型 …………………………………………………………… 201
　13.2　余度形式及其选择 ………………………………………………… 203
　13.3　故障监控和系统重构 ……………………………………………… 204
　13.4　飞控系统余度配置 ………………………………………………… 206
　　复习思考题 …………………………………………………………… 209

14　自动飞行控制系统的机内自检 ………………………………………… 210
　14.1　机内自检的定义和功用 …………………………………………… 210
　14.2　机内自检的类型 …………………………………………………… 210
　14.3　机内自检的检测项目 ……………………………………………… 212
　14.4　BITE 在余度管理中的角色 ……………………………………… 214
　14.5　BITE 设计要求 …………………………………………………… 216
　14.6　故障分类 …………………………………………………………… 217
　14.7　BITE 和维修计算机系统 ………………………………………… 220
　14.8　BITE 信息内容和显示特点 ……………………………………… 223
　14.9　BITE 软件功能与硬件布局 ……………………………………… 225
　　复习思考题 …………………………………………………………… 228

15　自动飞行控制系统故障诊断 …………………………………………… 229
　15.1　DFCS 故障诊断 …………………………………………………… 229
　15.2　自动油门故障诊断 ………………………………………………… 244
　15.3　偏航阻尼器故障诊断 ……………………………………………… 246
　15.4　自动飞行控制系统中安装和拆除部件时应注意的问题 ………… 254
　　复习思考题 …………………………………………………………… 255

附　录 ………………………………………………………………………… 256
　一、表格清单 …………………………………………………………… 256
　二、图片清单 …………………………………………………………… 256
　三、本教材中使用的英文缩写列表 …………………………………… 266
　四、常用单位换算表 …………………………………………………… 274

参考文献 ……………………………………………………………………… 275

1　自动飞行控制系统概述

1.1　自动飞行控制系统的发展

1.1.1　自动驾驶仪

自动飞行控制系统已有一百多年的发展历史。首次由陀螺控制的两轴自动驾驶仪是由 Lawrence Sperry 公司于 1914 年在巴黎演示成功的，所以这类自动驾驶仪称为"陀螺驾驶仪"，其功用是保持飞机的稳定平飞，即稳定飞机的角运动。它是一种基于反馈原理与飞机空气动力响应形成闭合回路的自动系统。自动驾驶仪中的测量元件（陀螺）从气动陀螺发展为电动陀螺。自动驾驶仪中的伺服系统由过去的气动-液压式发展为全电动式；由 3 个陀螺分别控制 3 个通道改用 1 个或 2 个陀螺来控制飞机，并可完成爬高及自动保持高度等机动飞行。有的轰炸机上的自动驾驶仪还与轰炸瞄准器连接起来，以改善水平轰炸的定向瞄准精度。自动驾驶仪中控制信号的处理与放大组件从机电放大器、磁放大器发展为电子管、半导体、集成电路以及微处理器和数字化。

由于在通用航空飞机和大型运输客机之间对自动飞行的要求不同，因而自动驾驶仪的类型多种多样，其发展极不平衡。在单发私人小飞机上，可能只用单独的"横滚稳定系统"或"机翼改平系统"，而大型客机可有从起飞至接地和滑行的全自动系统。

1.1.2　从自动驾驶仪到自动飞行控制系统

20 世纪 60 年代以前的自动驾驶仪均以舵机回路的稳定系统为主，配合较少的输入指令（如转弯、升降、高度保持等）去操纵飞机。后来发展成为配合无线电导航、惯性导航的横滚指令输入，增加了外回路控制部分。要求实现自动进近和自动着陆，进一步扩大了外回路控制部分，并且和自动油门结合后形成了较为完整的自动飞行控制系统（Automatic Flight Control System，AFCS）。这时，AFCS 的主要功能不再是角姿态的稳定和控制，而是航迹选择和保持以及速度的自动控制。这时，方式控制板（Mode Control Panel，MCP）成为不可缺少的部件，飞行员通过方式控制板选择自动飞行控制系统的工作方式，并设置一定的参数。

自动飞行控制系统是在 20 世纪 60 年代中逐步发展起来的，70 年代是模拟式 AFCS 盛行的时代，80 年代开始了 AFCS 从模拟式向数字式过渡。数字式的 AFCS 已和电子飞行仪表系统（EFIS）结合起来，自动飞行控制系统的工作方式通过 EFIS 显示器上的飞行方式通告牌显示给飞行员看，用于飞行员监控自动飞行控制系统的实际工作状态。

随着计算机技术和信息综合化技术的发展，数字式的 AFCS 开始和飞行管理计算机系统

（FMCS）结合工作。在飞行管理计算机统一管理下的自动飞行控制系统和自动油门配合，实现对飞机的自动控制和对发动机推力的自动控制。

　　飞行管理计算机系统提供的许多先进的作用和功能是早期自动驾驶仪系统所不具备的。飞行管理计算机系统的功能如下：

　　（1）飞行计划。使用驾驶舱内的 CDU 可以提前在计算机中编制一个完整的飞行计划。

　　（2）性能管理。该系统可以提供爬升、巡航、下降和等待航线的最佳剖面，使用最优的爬升设置、巡航设置可以获得最低的飞行成本。

　　（3）导航计算。FMC 可以计算水平导航指令和垂直导航指令。

　　（4）对 VOR/DME 自动调谐。FMC 可以自动将 VOR/DME 调谐到最合适的台上。

　　（5）自动油门速度指令。这一点通过 EADI 上目标速度和实际速度之差显示出来。

　　所以，有些资料认为自动飞行控制系统和自动油门都只是飞行管理系统的执行部件，它们都是在飞行管理计算机的统一管理下完成了对飞机的控制和对发动机推力的控制。

　　只要在飞行管理计算机系统中存在有效的飞行计划航路，并选择自动飞行控制系统工作于水平导航和垂直导航方式，再加上自动油门系统（Auto-Throttle，A/T）对发动机推力的自动控制，自动飞行控制系统就可以控制飞机沿飞行计划航路的水平剖面和垂直剖面飞行了。此时，FMS 已成为水平导航和垂直导航的外回路"司令部"，如图 1.1 所示。图中的 IRS 是惯性导航系统，其主要作用是为飞行管理计算机系统提供位置信号，并为自动驾驶仪提供姿态和航向信号。

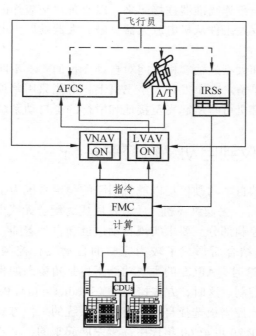

　　—— 整体的FMS工作条件：水平导航和垂直导航接通
　　--- 单独工作

图 1.1　在飞行管理计算机统一管理下的自动飞行控制系统和自动油门

　　自动飞行控制系统的发展经历了模拟式自动飞行控制系统阶段和数字式自动飞行控制系

统阶段。20 世纪 70 年代是模拟式 AFCS 的年代，80 年代之后，是数字式 AFCS 的时代。目前，在大多数飞机上使用的都是数字式自动飞行控制系统。

1.1.3　电传飞行控制系统

数字式 AFCS 和计算机技术的高速发展为电传飞行控制（Flight By Wire，FBW）创造了条件。事实上，波音 737 飞机上 AFCS 的驾驶盘操纵（Control Wheel Steering，CWS）方式也是一种电传操纵。电传操纵又是以主动增稳控制技术发展起来的。如果不从余度和备份手段方面去考虑，当今的自动飞行控制系统、电传操纵或电传飞行控制系统之间很难找出明确的界限。

目前空客有 6 种型号的飞机（A319、A320、A321 和 A330、A340、A380）采用 FBW，B-777 和 B787 飞机也采用 FBW 系统。

电传飞行控制也称电传操纵，意为驾驶员指令飞机运动，而不是指令舵面偏转。FBW 和 AFCS 之间的不同在于，驾驶员扶杆操纵时，AFCS 依靠机械连接推动舵面，飞机的响应运动需由驾驶员通过仪表感知后改变自己杆上的操纵，因而驾驶员进入了飞行控制回路；而 FBW 靠杆上传感器的电信号和飞机运动传感器的反馈信号叠加后操纵舵面和飞机运动，驾驶员不进入飞行控制回路，在自动飞行方式下两者无多大差别。

1.1.4　光传飞行控制系统

为了防止电磁干扰传输电缆，FBW 采用双绞线和屏蔽接地等技术，但尚不能完全抑制意外的电磁和电击干扰，在此问题上光传输具有极好的防护性能。用于光传输的辅助操纵系统和发动机控制系统都已研制成功并投入实践应用。CBL（光传控制）和 FBL（光传飞行控制）在民用飞机上的应用和发展始于 1992 年，1996 年进入实际使用，例如，MD-87 飞机上采用光纤传输的副翼调整片控制系统（TBL）和雷神公司的比奇（Beech jet 400A）飞机上采用光传输发动机控制系统（CBL）。光传控制除了像电传控制一样可减轻重量，增加业载，改善可靠性和维护性，提高性能和安全以外，在消除 EMI、EMP、HIRF、火花、闪电、雷击等干扰因素方面作用明显，这是近代飞机上无线电射频密集的情况下有利于防护的重要措施。

国外主要民用飞机使用飞控设备情况见表 1.1。

表 1.1　国外主要民机使用自动飞行控制系统的情况

	年代	类型	飞机型号	自动飞行控制系统型号
自动驾驶仪	20 世纪 40 年代	气动液压式	美国 C-47，DC-5	A-3
			苏联的 ÈË-2	苏联的 ÁÏ-45
		电动式	美国 B-24 轰炸运输机	C-1
			美国 CV-204，DC-6	A-12
			苏联轰炸运输机	ÀÏ-5

	年代	类型	飞机型号	自动飞行控制系统型号
自动驾驶仪	20世纪50年代	电子式	美国子爵号，不列颠号	SEP-2，PB-10，AP-101
			苏联 ÈË-18	ÀÏ-6Å
			苏联 ÀÍ-24，26，30	ÀÏ-28
自动驾驶仪	20世纪60年代	电子式	英国三叉戟，彗星2E	SEP-5/SEP-10
			美国 C-130，DC-7，8，9	AP-105
			美国 DC-7，8，9，10	SP-30/SP-50，PB-20/PB-100
			L-1011，B-707	FCS-110
			B-727，B-737	PB-120，CAÓ-1T
			苏联 ÈË-62，ÒÓ-124、134	PB-120，SP-77，ÁÑÓ-3Ï
自动飞行控制系统	20世纪70~80年代	模拟式	B-707，VC-10	PB-20D
			B-727	SP-150
			B-737-200	SP-177
			B-747	SPZ-1
			A-300-B4	AFCS. SFENA
	20世纪80~90年代	数字式+电子显示	DC-9-80	DFGS
			MD-80、90，MD-11	SFS-980
			B-757，B-767	FCS-700
			B-737-300、400、500，B-747-400	SP-300
			A-300，A-310	SFENA. IFS-86
电传操纵	20世纪70年代以后	电传操纵	协和号	FBW+机械备份
			A320，A330，A380	FBW
			B777	FBW+机械备份

1.1.5　自动飞行控制系统的发展方向

在管制员驾驶员数据链通信（CPDLC）即将在飞机上推广使用的今天，有人提出为使民用飞机进一步自动化，应该使机载计算机能够读出地面空中交通管制（ATC）的指令，并转化为选定飞行路径和速度的驾驶指令交给 AFCS 去执行。这是一个外回路指令生成问题，属于 FMC 的工作，也是自动化飞行的发展方向。

1.2 自动飞行控制系统的分系统

按照 ATA-100（Air Transportation Administration，ATA，航空运输协会）对飞机系统内容分类的编排，自动飞行控制系统属于 ATA-22 章的内容。该系统包含了为自动控制飞机飞行提供手段的所有内容。现代大中型飞机上的自动飞行控制系统包括自动驾驶仪（Automatic Pilot，AP）、飞行指引仪（Flight Director，FD）、自动油门系统（Automatic Throttle，AT）、偏航阻尼系统（Yaw Damper，YD）和自动俯仰配平系统（Auto Pitch Trim），如图 1.2 所示。

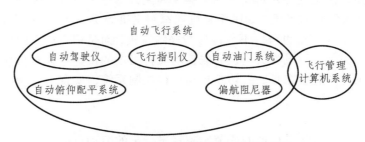

图 1.2　自动飞行控制系统的分系统

自动驾驶仪的功用是通过自动地控制飞机的飞行，减轻驾驶员的工作负担，它还可以在恶劣的气象条件下完成飞机的自动着陆。

飞行指引仪的功用是在 PFD 或 ADI 上显示驾驶指令杆，以指导驾驶员人工驾驶飞机或监控飞机的姿态。

偏航阻尼器的功用是在飞机的整个飞行过程中，通过增加飞机绕偏航轴的阻尼来改善飞机绕偏航轴的动态稳定性，并将荷兰滚运动减小到乘客可接受的程度。

自动俯仰配平系统的功用是在所有飞行阶段，通过自动调整水平安定面，以保持飞机的俯仰稳定性。

自动油门系统的功用是自动控制发动机的输出功率，以减轻驾驶员的工作负担。

自动俯仰配平系统和偏航阻尼器结合在一起，称为增稳系统。它改善了飞机的稳定性，提高了飞行安全和旅客乘机的舒适性。

飞行管理计算机系统（FMS）的功用是为飞机完成最佳飞行、进行导航和飞行剖面的计算。FMS 的输出信号控制自动飞行控制系统的工作，并对其进行监视。这样，就防止了飞机在不正常条件下的自动飞行。

根据各种型号飞机的自动化程度以及执行的任务可以部分或全部选装以上各部分。在大型运输机上几乎安装了以上所有的设备，但小型飞机上配置的自动飞行控制系统一般只包含自动驾驶仪和飞行指引仪。

1.3 自动飞行控制系统的功用

按图 1.1 和图 1.2 配置的自动飞行控制系统可在飞机起飞、离场、爬升、巡航、下降和进近着陆的整个飞行阶段中使用，其主要作用有两点：一是实现飞机的自动飞行控制，二是改善飞机的性能。

1.3.1 实现飞机的自动飞行

飞机的自动飞行控制就是利用一套专门的系统，在无人参与的条件下，自动操纵飞机按规定的姿态和航迹飞行，通常可以实现沿飞机三轴姿态角和飞机在 3 个方向空间位置的自动稳定和控制。例如，在完全无人驾驶的飞行器（如无人驾驶飞机或导弹等）上，实现完全的飞行控制；对于有人驾驶的飞机（如民用客机或军用飞机等），虽然有人驾驶，但在某些飞行阶段（如巡航阶段），飞行员也可以不直接参与操纵飞机，而是用飞机上的自动飞行控制系统实现对飞机的自动控制，但飞行员应该完成自动飞行指令的设置，并对自动飞行的情况进行监督，而且要求飞行员能够在必要时切断自动飞行控制系统，实现由自动飞行控制到人工飞行控制的转换。

采用自动飞行的优点如下：

（1）长距离飞行时解除飞行员的疲劳，减轻飞行员的劳动负荷。

（2）在某些坏天气或复杂的气象条件下，飞行员难于精确控制飞机的姿态和轨迹时，自动飞行控制系统可以实现对飞机姿态和轨迹的精确控制。

（3）当气象条件比较复杂，飞行员难于合理地操纵进近着陆阶段时，可以由自动飞行控制系统精确地完成进近和着陆的机动飞行。

1.3.2 改善飞机的性能

一般来说，飞机的性能和飞行品质是由飞机自身的空气动力特性和发动机的特性决定的。但是，随着飞行高度和飞行速度的增加，飞机自身的特性会变坏。比如，飞机在高空飞行时，由于空气稀薄，飞机的阻尼特性会变坏，致使飞机的角运动产生严重的摆动，靠飞行员人工操纵飞机将会很困难。此外，设计飞机时，为了减小质量和阻力，提高有用升力，常将飞机设计成静不稳定的，飞行员难于控制飞机。为了解决这一类静不稳定问题，可以在飞机上安装不同类型的飞行控制系统，使静不稳定的飞机变成静稳定的，使阻尼特性不好的飞机变成阻尼特性好的飞机，这就是现代飞机上常用的增稳系统或阻尼系统。这种系统也是一种控制系统，但它不是用来实现飞机的自动飞行控制，而是用来改善飞机的某些特性，实现所要求的飞行品质的。这类系统虽然不能实现自动飞行控制，但仍用于飞行控制，所以，它们也是自动飞行不可缺少的组成部分。

1.4 有关飞行控制自动化的争议

飞行控制自动化领域出现过两次较大的争议。

1.4.1　关于自动飞行控制系统自动化程度的争议

人机接口关系上曾提出过一些正面教学的观点：

（1）自动飞行方式过多，在某些方式的自动过渡中易使驾驶员模糊或误解。

（2）某些驾驶员过分依赖自动化，造成盲目的安全感而导致意外失控。

（3）驾驶员长期依靠自动化系统而缺乏手动操纵实践，技术熟练程度逐渐下降和荒废，当出现某些意外时，将手足无措，不能操纵改出。

（4）高度自动化使驾驶员在空中减少工作负荷，并过分空闲，造成惰性，从而丧失警觉性。

（5）由于驾驶员知识水平不够且训练不太充分，驾驶员对飞行自动化的理解较肤浅，容易造成对某些飞行自动化的曲解和误操作。

（6）输入方式不再是通过分立的专用电门、旋钮、手柄，而统一由方式控制板（MCP）和/或控制显示组件（CDU）实现，容易发生输入差错，这种差错将造成重大危害；应急情况下容易慌神，更易输错或使人机接口脱节，无法输入控制。

（7）信息量加大，输入输出数据加大，一方面减少了驾驶员体力负荷，另一方面增加了驾驶员对信息读取理解、判断决策上的脑力负荷，使得心理负荷更为沉重。

（8）驾驶员成为管理员，脱离了对飞机的实时控制，靠编程计划去实现飞行，对飞行中实时空情察觉的把握程度降低了，一旦发生意外，就不能立即进入角色。

（9）驾驶员和CDU打交道太多，下视时间太久，影响了平视和对外部环境的感知。

（10）玻璃驾驶舱中，存在两套显示部件、两套侧杆，正副驾驶员职责划分上如何分工协调，两人的操作意图如何充分交流、互相理解，这里留下的空隙往往是引起事故的缘由之一。

争议的一般结论认为：

（1）设计AFCS的前提是为保证飞行任务圆满完成，达到安全指标和经济效益，并不是单纯去追求高度自动化。

（2）注意人机接口上的安排，遵照人的因素和工效学原则，考虑到驾驶员的理解和接受程度，设计中要尽可能降低复杂性，由于AFCS飞行工作方式过多，所以要在EFIS屏幕的明显位置显示自动飞行的工作方式，防止驾驶员不能很好地感知生效工作方式，造成互相矛盾的误操作或操纵不当。

（3）加强对驾驶员的训练，通过训练充分掌握自动飞行的机理和应急处理程序。总之，讨论肯定了飞行自动化深入发展的必要性，以提高飞机的稳定性、操纵性和飞行品质。缓解驾驶员操作紧张和疲劳的自动化措施都是必要的，这有利于飞行安全。

1.4.2　关于FBW是否需要机械连接作备份的争议

这个问题起源于空客和波音两大公司对FBW原理认识上的差异。通过时间的考验，证明了FBW是安全的，多余度电传或光传链接的可靠性在某些场合并不低于机械连接，特别对大尺寸飞机来说，超长度机械连接很不利。对于谨慎设计的利用侧杆控制的FBW已被普遍接受。目前虽然还保留着方向舵的机械连接，在适当时机撤销脚蹬到方向舵的连接已经不再是出人意料的事了。国内某些专家也认为，由于电传操纵系统具有机械操纵系统无法比拟的优点，故电传操纵系统已成为民用飞机操纵系统的发展方向。

复习思考题

1. 自动飞行控制系统的发展经历了哪几个阶段？
2. 自动飞行控制系统包含哪几部分？各部分的功用是什么？
3. 目前飞机的全自动飞行是如何实施的？

2　空气动力学基础知识

2.1　引　言

在航空领域，空气动力学是研究飞机和空气做相对运动时（飞机在静止空气中运动或空气流过静止不动的飞机），空气的运动规律及空气作用在飞机上的力和力矩的规律的学科。在这种相对运动过程中，空气作用在飞机上的力叫作空气动力。它的大小和变化规律与飞机外形、飞行姿态、飞行速度和飞行高度有密切的关系。

2.2　国际标准大气

飞行中作用在飞机上的空气动力和发动机推力，在其他条件相同的情况下，取决于介质（大气）的压强、温度及其他物理性质。大气的压强、密度和温度等参数在地球表面不同的几何高度上、不同的纬度上、不同的季节以及一天内不同的时刻是各不相同的。这样一来，同一飞机在不同的时间、不同地点所进行的同一种项目的飞行结果也就各不相同了。

为了便于计算、整理和比较飞行试验数据并给出标准的飞机性能数据，就必须以不变的大气状态作为标准，为此，人们制订了国际标准大气。

所谓国际标准大气（International Standard Air，ISA），就是人为地规定一个不变的大气环境，包括大气温度、密度、气压等随高度变化的关系，得出统一的数据，作为计算和试验飞行的统一标准。国际标准大气由国际民航组织（International Civil Aviation Organization，ICAO）制订，它是以北半球中纬度地区大气物理特性的平均值为依据建立的。

国际标准大气假设重力加速度为恒定值，包括如下规定：

（1）海平面高度为 0 m。

（2）海平面气温为 288.15 K，或 15 ℃ 或 59 ℉。

（3）海平面气压为 1 013.2 hPa（百帕）或 29.92 inHg（英寸汞柱）。

（4）海平面声速为 661 kt。

（5）对流层高度为 11 km（36 089 ft）。

（6）对流层内标准温度递减率为每增加 1 000 m 温度递减 6.5 ℃，或每增加 1 000 ft 温度递减 2 ℃；从 11 km 到 20 km 之间的平流层底部气体温度为常值：－56.5 ℃ 或 216.65 K。

在国际标准大气条件下，将压力、密度、温度以及声速与高度的关系列成表格，称为国际标准大气表。

飞机飞行手册中列出的性能数据常常是根据国际标准大气 ISA 制订的，而实际的大气很少有和国际标准大气完全吻合的，因此，在飞机性能问题中，常常需要进行实际大气与国际标准大气的相互换算。

　　进行实际大气与国际标准大气相互换算的主要目的是确定实际大气与国际标准大气的温度偏差，即 ISA 偏差（ISA Deviation）。ISA 偏差是指确定地点的实际温度与该处 ISA 标准温度的差值，即：$ISA_{偏差} = T_{实际} - T_{标准}$。

　　例 1.1：已知某机场场温 20 ℃，机场压力高度 2 000 ft，求机场高度处的 ISA 偏差。

　　解：在压力高度为 2 000 ft 的机场处，ISA 标准温度应为

$$T_{标准} = 15\,℃ - (2\,℃/1\,000\,\mathrm{ft}) \times 2\,000\,\mathrm{ft} = 11\,℃$$

所以　　　　　　$$ISA_{偏差} = T_{实际} - T_{标准} = 20\,℃ - 11\,℃ = 9\,℃$$

2.3　气体流动的基本概念和基本方程

2.3.1　流线和流线谱

　　流线是流体微团流动的路线，如图 2.1 所示。从图中可以看出，流线具有不可能相交，不可能分叉的特点。流线的集合称为流线谱，流线所围成的管状曲面称为流管。

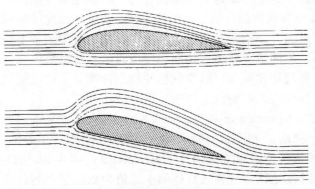

图 2.1　流线谱和流管

2.3.2　流体的连续性定理

　　连续性定理的表述为：流体流过流管时，在同一时间流过流管任意截面的流体质量相等。

　　在图 2.2 中，流过截面 1（面积为 S_1，流速为 v_1，密度为 ρ_1）和流过截面 2（面积为 S_2，流速为 v_2，密度为 ρ_2）的流体的质量相等。即连续性方程为

$$S_1 v_1 \rho_1 = S_2 v_2 \rho_2 = 常量 \qquad （2.1）$$

当流体低速流动时，空气密度不变，即 $\rho_1 = \rho_2$，所

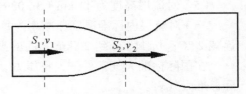

图 2.2　流体的连续性定理

以，$S_1 v_1 = S_2 v_2 =$ 常量。即截面大的地方，流速小；截面小的地方，流速大。流速大小与截面面积成反比。

2.3.3　流体的伯努利定理

空气稳定流动时，主要有 4 种能量：动能、压力能、热能、重力势能。根据能量守恒定律，应有

$$动能+压力能+热能+重力势能=常量$$

当空气低速流动时，热能可忽略不计；空气密度小，重力势能可忽略不计。因此，沿流管任意截面上有

$$动能+压力能=常值$$

在图 2.3 中，流过截面 1（面积为 S_1，流速为 v_1，静压为 p_1）和流过截面 2（面积为 S_2，流速为 v_2，静压为 p_2）的流体的能量相等。即

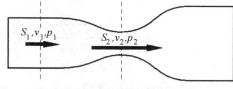

图 2.3　流体的伯努利定理

$$p_1 + \frac{1}{2}\rho_1 v_1^2 = p_2 + \frac{1}{2}\rho_2 v_2^2 = 常量 \qquad (2.2)$$

或

$$p + \frac{1}{2}\rho v^2 = p_0 \qquad (2.3)$$

式中，p 称为静压；$\frac{1}{2}\rho v^2$ 称为动压；p_0 称为总压。

式（2.3）称为流体的伯努利方程。

所以，伯努利定律可以表述为：稳定气流中，在同一流管的任意截面上，空气的动压和静压之和保持不变。

由此可见，流速大，动压大，静压就小；流速小，动压小，静压就大。当流速减小到零，静压增加到最大，等于总压。

2.4　飞机升力的产生原理

2.4.1　机翼的形状和机翼的基本参数

机翼的形状主要是指机翼的平面形状和剖面形状，它是影响机翼的空气动力性能的主要因素。这里主要介绍剖面形状。

1. 机翼的剖面形状（翼型）

机翼的剖面形状是指沿着与机身纵轴平行的方向剖开来的剖面形状（通常也称为"翼型

或翼剖面"），如图 2.4 所示。一般翼剖面的前端圆钝、后端尖锐，上边较弯、下边较平，上下不对称。翼剖面最前端的一点称为"前缘"，最后端的一点称为"后缘"，机翼前缘与后缘之间的连线称为"翼弦"，也称为弦线，如图 2.5 所示。翼弦的长度称为弦长，通常用 b 表示。垂直于翼弦的机翼上下表面之间连线的中点连接而成的线称为中弧线。

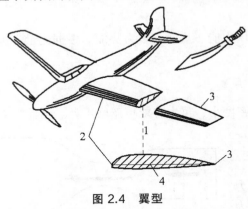

图 2.4　翼型

1—上、下表面；2—前缘；3—后缘；4—翼弦

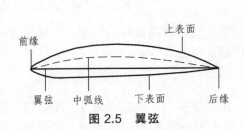

图 2.5　翼弦

2. 迎　角

相对气流方向（飞行速度方向）与翼弦之间的夹角，称为迎角，用 α 表示，如图 2.6 所示。图中的 Chord 就是翼弦，v_0 表示相对气流。相对气流方向指向翼弦下方为正迎角，相对气流方向指向翼弦上方为负迎角，相对气流方向与翼弦平行为零迎角。飞行中飞行员可通过前后移动驾驶杆来改变飞机的迎角。飞行中经常使用的是正迎角。

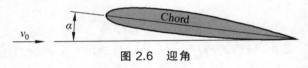

图 2.6　迎角

2.4.2　机翼上升力的产生原理

1. 升力的定义

飞机在空中飞行时，相对气流流过飞机，就会产生作用于飞机的空气动力。飞机各部分所产生的空气动力的总和，叫作飞机的总空气动力，通常用 R 表示，如图 2.7 所示。一般情况下，飞机的总空气动力是向上并向后倾斜的，根据它所起的作用，将飞机的总空气动力 R 分解为垂直于飞行速度（相对气流）方向和平行于飞行速度（相对气流）方向的两个分力。垂直于飞行速度方向的分力叫升力，用 L 表示。平行于飞行速度方向的分力叫阻力，用 D

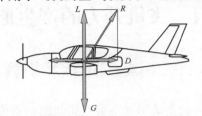

图 2.7　飞机的总空气动力、升力和阻力

表示。升力是非常重要的空气动力，它将飞机支托在空中。飞行时，飞机的各个部分都产生升力，但绝大部分由机翼产生，尾翼通常产生负升力，其他部分产生的升力很小。下面以机翼为例来说明飞机升力的产生原理及变化规律。

2. 机翼上升力的产生原理

相对气流流过翼型时，流线和流管将发生变化，图 2.1 所示为气流绕翼型的流线谱。从流线谱可以看出，空气流到翼型的前缘，分成上下两股，分别沿翼型的上、下表面流过，并在翼型的后缘汇合后向后流去。在翼型的上表面，由于正迎角和翼面外凸的影响，流管收缩，流速增大，压力降低；而在翼型的下表面，气流受阻，流管扩张，流速减慢，压力增大。这样，翼型的上、下翼面出现压力差，垂直于相对气流方向的总压力差，就是机翼的升力。机翼升力的着力点，叫作压力中心，如图 2.8 所示。

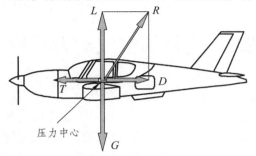

图 2.8　压力中心图

3. 翼型的压力分布

机翼的升力是由于上、下翼面的压力差产生的，要想了解机翼各部分对升力的贡献大小，就需知道机翼的压力分布情况。描述机翼的压力分布情况常用矢量表示法。

在描述机翼的压力分布时，通常将机翼上各点的静压（p）与大气压（p_0）进行比较。翼面各点静压（p）与大气压（p_0）之差称为剩余压力，即

$$\Delta p = p - p_0 \tag{2.4}$$

如果翼面上某点的静压高于大气压，则Δp为正值，叫作正压；如果翼面上某点的静压低于大气压，则Δp为负值，称为吸力（或负压）。吸力和正压可以用矢量来表示，矢量方向与翼面垂直，箭头由翼面指向外，表示吸力（负压）；箭头指向翼面，表示正压。矢量箭头的长度表示吸力或正压的大小。将各点矢量的外端用光滑的曲线连接起来，就得到了矢量表示的机翼压力分布图，如图 2.9 所示。从图上可以看到两个特殊的点：在机翼前缘，流速减小到零，压力最大，称该点为驻点（图中 A 点）；吸力最大的点，称为最低压力点（图中 B 点）。

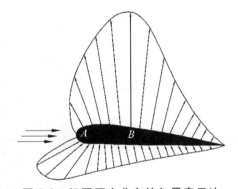

图 2.9　机翼压力分布的矢量表示法

从机翼的压力分布图看出，机翼升力的产生主要是靠机翼上表面吸力的作用，尤其是上翼面的前段。由上翼面吸力所产生的升力，占机翼总升力的 60% ~ 80%；而由下翼面正压所产生的升力只占机翼总升力的 20% ~ 40%。

4. 升力公式

飞机的升力是由于机翼上下翼面存在压力差而产生的，影响机翼升力的因素主要有迎角、机翼形状、空气密度、气流速度、机翼面积等。

实验证明，机翼上产生的升力可用下面的公式来计算

$$L = C_{\mathrm{L}} \cdot S \cdot \frac{1}{2} \rho v^2 \tag{2.5}$$

式中，C_L 为升力系数，主要取决于迎角和翼型的形状，与动压（流速）无关，由试验取得；S 为机翼面积；ρ 为空气密度；v 为气流速度；$\frac{1}{2}\rho v^2$ 表示动压。

2.5　飞机的空气动力特性

飞机的空气动力性能是决定飞机飞行特性的一个重要因素。飞行员既要熟悉飞机空气动力的产生和变化，同时也要清楚飞机空气动力性能的基本数据，这对于更好地认识飞机的飞行性能，正确处理飞行中遇到的有关问题非常重要。

飞机的空气动力性能主要包括飞机的升力特性、阻力特性、升阻比特性；其主要性能参数包括飞机的最大升力系数、最小阻力系数和最大升阻比等。

2.5.1　升力特性

飞机的升力特性是指飞机升力系数的变化。在本书中，我们只讨论飞机迎角对升力系数的影响。图 2.10 所示为某型飞机的升力系数曲线，该曲线反映了升力系数随迎角的变化规律。

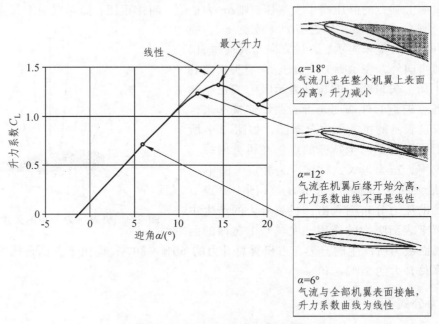

图 2.10　飞机的升力系数曲线

从升力系数曲线看出，在中小迎角范围，由于气流与全部机翼表面接触，升力系数呈线性变化，即升力系数随迎角的增大而线性增大；当迎角增加到一定范围时，随着迎角增大，气流开始从机翼后缘分离，升力系数增大的趋势减缓，呈曲线增大。

升力系数曲线最高点所对应的迎角和升力系数称为临界迎角和最大升力系数。即当升力系数最大时，飞机达到临界迎角；超过临界迎角时，由于气流几乎从整个上表面分离，升力系数突然减小，飞机进入失速而不能保持正常的飞行状态。

2.5.2 阻力特性

飞机的阻力特性是指飞机的阻力变化规律。在这里我们重点讨论飞机迎角对阻力系数的影响。图 2.11 所示为某型飞机的阻力系数曲线，该曲线反映了阻力系数随迎角的变化规律。

从阻力系数曲线可以看出，阻力系数随迎角的增大而一直增大，近似于抛物线规律。在中小迎角范围，迎角增大，阻力系数增加缓慢。迎角较大时，随迎角增大，阻力系数增加较快。接近或超过临界迎角时，阻力系数急剧增大。

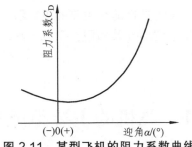

图 2.11　某型飞机的阻力系数曲线

2.5.3 升阻比特性

升阻比是在相同迎角下，升力系数与阻力系数之比。升阻比大，说明在同一升力的情况下，阻力比较小。升阻比越大，飞机的空气动力性能越好，对飞行越有利。

图 2.12 所示为某机型的升阻比曲线，该曲线表达了升阻比随迎角变化的规律。从曲线可看出，升阻比存在一个最大值，此时对应的迎角称为最小阻力迎角（亦称有利迎角）。从零升迎角到最小阻力迎角，迎角增大，升阻比增大。到最小阻力迎角，升阻比最大。超过最小阻力迎角，迎角增大，升阻比减小。在迎角超过临界迎角后，升阻比急剧降低。

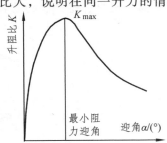

图 2.12　某机型的升阻比曲线

复习思考题

1. 国际标准大气的制订对飞行有什么影响？国际标准大气中各参数是如何确定的？如果实际环境大气与国际标准大气不一致，应如何处理？
2. 流体连续性定理是如何描述的？其实质是什么？
3. 伯努利定理是如何描述的？实质是什么？
4. 机翼上升力是如何产生的？影响升力的因素有哪些？
5. 压力中心是如何定义的？
6. 迎角是如何定义的？它对飞机的升力、阻力以及升阻比有什么样的影响？

3　飞机操纵的基本原理

　　飞机是目前最主要的飞行器，广泛应用于军事和国民经济两方面。本章简要介绍飞机的主要组成部分及功用、飞机三轴的定义、飞机的角运动和线运动以及操纵飞机的基本原理等问题。

3.1　飞机的主要组成及各组成部件的功用

　　自从世界上出现飞机以来，虽然飞机的结构形式在不断改进，飞机的类型不断增多，但到目前为止，除了极少数特殊形状的飞机外，大多数飞机都是由以下 5 个重要部分组成的，即机翼、机身、尾翼、起落装置和动力装置，如图 3.1 所示。

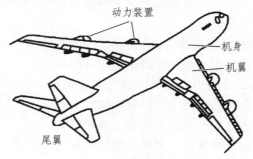

图 3.1　飞机的主要组成

　　各部分的功用如下：

　　机翼——机翼的主要作用是产生升力，也起一定的稳定和操纵作用。在机翼上一般安装有副翼和襟翼，操纵副翼可以使飞机滚转；放下襟翼可以使机翼升力增大。另外，机翼上还可以安装发动机、起落架和油箱等。

　　机身——机身的主要作用是装载乘员、旅客、武器、货物和各种设备。还可以将飞机的其他部分，如尾翼、机翼以及发动机等，连接成一个整体。

　　尾翼——尾翼包括水平尾翼和垂直尾翼。水平尾翼由固定的水平安定面和可动的升降舵调整片组成。有些飞机将水平尾翼和升降舵合为一体，使整个水平尾翼一起转动，兼有水平尾翼和升降舵二者的作用，称为全动平尾。垂直尾翼则包括固定的垂直安定面和可动的方向舵。

　　起落装置——起落装置主要用来支撑飞机，用于起飞、着陆滑跑、地面滑行和停放飞机。

　　动力装置——动力装置主要用来产生拉力或推力，使飞机前进。另外，还可以为飞机上的用电设备提供电源，为空调设备等用气设备提供气源。

飞机除上述 5 个主要组成部分外，根据飞行操纵和执行任务的需要，还可以安装各种仪表设备、通信设备、安全设备等其他设备。

3.2　飞机的操纵系统

飞行操纵系统是飞机上用来传递操纵指令、驱动舵面运动的所有部件和装置的总和，用于飞机飞行姿态、气动外形、乘坐品质的控制。飞行员或自动飞行控制系统通过操纵飞机的各舵面和调整片，实现飞机绕纵轴、横轴和立轴旋转，以完成对飞机飞行状态的控制。

根据操纵信号来源不同，操纵系统可分为人工飞行操纵系统和自动飞行控制系统。人工飞行操纵系统的操纵信号由驾驶员发出；自动飞行控制系统的操纵信号由系统本身产生，对飞机实施自动和半自动控制，协助飞行员工作或自动控制飞机对扰动的响应。

3.2.1　飞机的 3 个转动轴及绕三轴的转动

飞机在空中的运动可以分解为飞机各部分随重心一起移动的线运动和各部分绕重心转动的角运动。为便于研究飞机的运动，可以假设通过飞机重心设定一个与飞机固连的坐标系，称为机体坐标系。该坐标系的 3 个轴分别规定如下：

1. 纵轴（OX）

飞机纵轴（OX）与飞机机身的设计轴线平行，且处于飞机对称平面内，指向机头。飞机绕纵轴的运动称为横滚或滚转，因此，纵轴也称为横滚轴。向左或向右压驾驶盘，可以驱动副翼偏转，从而操纵飞机产生滚转运动。机身向右滚转为正，向左滚转为负。飞机纵轴、飞机横滚运动方向以及横滚操纵面如图 3.2 所示。

2. 横轴（OY）

飞机横轴（OY）垂直于飞机对称平面，指向右翼。飞机绕横轴的运动称为俯仰运动，因此，横轴也称为俯仰轴。向前推驾驶杆或向后拉驾驶杆，可以驱动升降舵偏转，从而操纵飞机产生俯仰运动。机头上仰为正，下俯为负。飞机横轴、飞机俯仰运动方向和俯仰操纵面如图 3.3 所示。

图 3.2　飞机纵轴（OX）、飞机横滚运动方向以及横滚操纵面

图 3.3　飞机横轴（OY）、飞机俯仰运动方向和俯仰操纵面

3. 立轴（OZ）

飞机立轴（OZ）在飞机对称平面内，且垂直于纵轴和横轴，指向上。飞机绕立轴的运动称为偏航运动，因此，立轴也称为偏航轴。脚蹬方向舵可以驱动方向舵偏转，从而操纵飞机产生偏航运动。机头向左偏转为正，向右偏转为负。飞机纵轴、飞机偏航运动方向和偏航操纵面如图3.4所示。

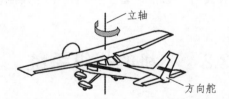

图 3.4　飞机立轴（OZ）、飞机偏航运动方向和偏航操纵面

4. 飞机的重心

飞机各部件、燃料、乘员、货物等重力的合力，叫作飞机的重力。飞机重力的着力点，叫作飞机的重心。重力着力点所在的位置，叫重心位置。

重心的前后位置，常用重心在平均空气动力弦（MAC）或者标准平均弦（SMC）上的投影到该翼弦前端的距离占该翼弦的百分之几来表示，如图3.5所示。

$$飞机重心位置 = \frac{x_重}{b_{mac}} \times 100\% \tag{3.1}$$

所谓平均空气动力弦，是一个假想的矩形的翼弦，这个假想的矩形翼的面积、空气动力及俯仰力矩等特性都与原机翼相同，如图3.6所示。

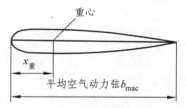

图 3.5　重心位置表示法

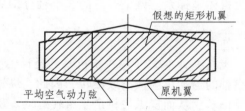

图 3.6　平均空气动力弦的定义

3.2.2　飞机操纵系统

飞机操纵系统一般包括：驾驶舱里的操纵器、钢索、滑轮、连杆以及飞机外部活动面（操纵面）。操纵系统可以分为主操纵系统和辅助操纵系统。图3.7所示为B747飞机的操纵面。

主操纵系统包括升降舵、方向舵和副翼。主操纵系统主要用于操纵飞机绕三轴的转动。副翼的主要功用是提供飞机绕纵轴的横滚力矩，用于操纵飞机绕纵轴的滚转运动；升降舵的主要功用是提供飞机绕横轴的俯仰力矩，用于操纵飞机绕横轴的

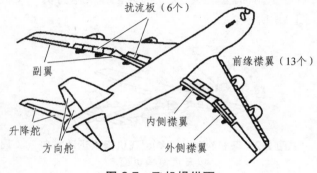

图 3.7　飞机操纵面

俯仰运动；方向舵的主要功用是提供飞机绕偏航轴的偏航力矩，用于操纵飞机绕立轴的偏航运动。

　　辅助操纵系统主要包括增升装置、增阻装置和水平安定面。飞机辅助操纵系统与主操纵系统不同，操纵时不给驾驶员提供操纵力和位移的感觉，但驾驶员必须知道辅助操纵面的位置，故需设位置指示器或指示灯。辅助操纵系统在工作中的特点是：当操纵面被操纵到需要的位置后，不会在空气动力作用下返回原来位置。

　　增升装置包括前缘襟翼、后缘襟翼和缝翼。这些增升装置的目的是使飞机在尽可能小的速度下，产生足够大的升力，保持飞机的平飞，从而大大减小起飞和着陆速度，缩短滑跑距离。增升装置只应用于起飞和着陆阶段，当飞机进入巡航阶段时，增升装置完全收进，退出工作状态。

　　增阻装置主要是扰流板，包括地面扰流板和飞行扰流板。飞行扰流板也称为减速板，可以在地面和空中使用，地面扰流板也称为卸升板，只能在地面使用。它们主要通过增加阻力和减小升力，起到减速、卸除升力以及配合副翼进行横滚操纵的作用。

3.2.3　飞机的操纵原理

1. 利用方向舵操纵飞机偏航的原理

　　图 3.8 说明了方向舵右偏引起飞机向右偏航的原理。图 3.8 的右图是一个方向舵向右偏之后的垂直安定面的横截面。方向舵右偏之后，流过垂直安定面左边的气流速度一定比右边的气流速度大，垂直安定面左边的静压比右边的静压小，所以，垂直安定面上总的静压压力指向左边，该压力产生绕飞机顺时针方向的力矩，飞机向右偏航。

　　方向舵左偏后操纵飞机左偏航的原理与此类似。

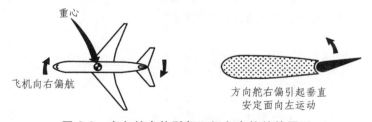

图 3.8　方向舵右偏引起飞机向右偏航的原理

2. 利用副翼操纵飞机滚转的原理

　　图 3.9 是左副翼向下、右副翼向上的飞机的后视图。左副翼向下，引起左机翼升力增加，

图 3.9　左副翼向下，右副翼向上引起飞机向右滚转的原理

右副翼向上，引起右机翼升力减少，左右机翼的升力差产生绕飞机重心向右滚转的力矩，引起飞机围绕纵轴向右滚转。

左副翼向上、右副翼向下操纵飞机向左滚转的原理与此类似。

3. 利用升降舵操纵飞机俯仰的原理

图 3.10 是升降舵上偏，引起飞机抬头的原理图。升降舵上偏之后，流过升降舵下表面的气流速度一定比上表面的气流速度大，所以，升降舵下表面的静压比上表面的静压小，升降舵受到的总压力向下，产生绕飞机横轴的抬头力矩，飞机将抬头。

升降舵下偏操纵飞机低头的原理与此类似。

飞机上仰　　　　　　　　　　升降舵上偏，尾翼下表面
　　　　　　　　　　　　　　压力小于上表面压力

图 3.10　升降舵上偏，引起飞机抬头的原理

复习思考题

1. 飞机的主要组成有哪些？各部分的功用是什么？
2. 飞机的三轴是如何定义的？
3. 飞机沿三轴的转动是如何控制的？其正方向是如何定义的？
4. 飞机的主操纵系统有哪些？作用是什么？
5. 飞机上的辅助操纵系统有哪些？各有什么作用？
6. 操纵飞机俯仰、横滚和转弯的原理是什么？

4　飞机的平衡、稳定性和操纵性

　　飞机的升力、阻力、侧力和拉力，都是空气动力。作用于飞机上的各空气动力，如果不通过飞机重心，就会形成绕飞机重心的力矩。

　　飞机飞行状态的变化，归根到底，都是力和力矩作用的结果。飞机的平衡、稳定性和操纵性就是阐述飞机在力和力矩的作用下，飞机状态的保持和改变的基本原理。

4.1　飞机的平衡

　　飞机的平衡是指作用于飞机上的所有外力的代数和等于零，且各力对重心所构成的力矩的代数和也等于零的飞行状态。所以，飞机的平衡包括"作用力的平衡"和"力矩的平衡"两个方面。如果把飞机当作一个质点，飞机质心（重心）移动速度的变化，取决于作用在飞机上的外力是否平衡，属于"作用力平衡"问题；如果把飞机当作一个刚体，飞机绕重心角速度的变化，取决于作用在飞机上的外力矩是否平衡，属于"力矩平衡"问题。在以下讨论平衡的过程中，都假设飞机的受力是平衡的，只讨论"力矩平衡"问题。

　　匀速直线运动是飞机的一种平衡状态。飞机做匀速直线运动的第一个条件是发动机推力或拉力等于阻力，以保持飞机的速度不变；第二个条件是升力等于飞机的重力，以保持飞机的高度不变；第三个条件是作用于飞机重心的所有力矩之和等于零，以保持姿态不变，如图 4.1 所示。

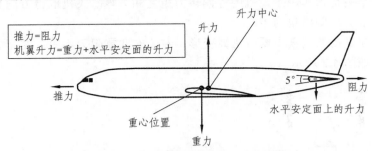

图 4.1　飞机匀速直线运动时的平衡条件

　　飞机的平衡包括俯仰平衡、方向平衡和横侧平衡。

4.1.1　飞机的俯仰平衡

　　飞机的俯仰平衡是指作用于飞机上的各俯仰力矩之和为零。飞机取得俯仰平衡后，不绕横轴转动，迎角保持不变，如图 4.1 所示影响俯仰平衡的因素很多，主要包括：加减油门、收放襟翼、收放起落架和重心变化。

　　加减油门会改变拉力或推力的大小，从而改变拉力力矩或推力力矩的大小，影响飞机的俯仰平衡。但需要指出的是，加减油门后，飞机是上仰还是下俯，不能单看拉力力矩或推力力矩对俯仰平衡的影响，需要综合考虑加减油门所引起的机翼、水平尾翼等力矩的变化。

　　收放襟翼会引起飞机升力和俯仰力矩的变化，从而影响俯仰平衡。比如，放襟翼时，一方面因机翼升力增大和压力中心后移（因机翼后缘襟翼部分上下压力差增加较多），飞机的下俯力矩增大，力图使机头下俯；另一方面由于通过机翼的气流下洗角增大，水平尾翼的负迎角增大，负升力增大，飞机上仰力矩增大，力图使机头上仰。放襟翼后，究竟是下俯力矩大还是上仰力矩大，这与襟翼的类型、放下的角度以及水平尾翼位置的高低、面积的大小等特点有关。为了减轻放襟翼对飞机的上述影响，各型飞机对放襟翼时的速度和放下角度都有一定的规定。

　　收放起落架会引起飞机重心位置的前后移动，飞机将产生附加的俯仰力矩。比如，放下起落架，如果重心前移，飞机将产生附加的下俯力矩；反之，重心后移，将产生附加的上仰力矩。此外，起落架放下后，在机轮和减震支柱上还会产生阻力，这个阻力对重心形成下俯力矩。上述力矩都将影响飞机的俯仰平衡。收放起落架时，飞机到底是上仰还是下俯，需要综合考虑上述力矩的影响。

　　飞行中，人员和货物的移动、燃油的消耗等都可能会引起飞机重心位置的前后变动。重心位置的改变势必引起各俯仰力矩的改变，主要是影响机翼产生的力矩变化。所以重心前移，下俯力矩增大，飞机下俯；反之，重心后移，上仰力矩增大，飞机上仰。

　　综上所述，飞行中，影响飞机俯仰平衡的因素是经常存在的。为了保持飞机的俯仰平衡，飞行员可以前后移动驾驶盘偏转升降舵或使用俯仰配平和调整片，利用偏转升降舵产生操纵力矩，以保持俯仰力矩平衡。

4.1.2　飞机的方向平衡

　　飞机的方向平衡是指作用于飞机的各偏转力矩之和为零。飞机取得方向平衡后，不绕立轴转动，侧滑角不变或侧滑角为零。

　　影响飞机方向平衡的因素主要有机翼变形，左、右两翼阻力不等，左、右两边发动机工作状态不同等，如图 4.2 所示。

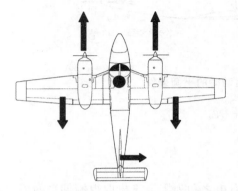

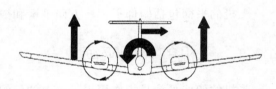

图 4.2　飞机纵轴（OX）、飞机横滚运动方向　　　图 4.3　飞机横轴（OY）、飞机俯仰运动方向和
以及横滚操纵面　　　　　　　　　　　　　　俯仰操纵面

4.1.3   飞机的横侧平衡

飞机的横侧平衡是指作用于飞机的各滚转力矩之和为零。飞机取得横侧平衡后，不绕纵轴滚转，坡度不变或坡度为零。

影响飞机横侧平衡的因素主要有机翼变形、两翼升力不等、油门改变导致螺旋的反作用力矩随之改变、重心左右移动（如两翼的油箱、耗油不均）、两翼升力作用点至重心的力臂改变等形成的滚转力矩的改变，如图4.3所示。

4.2   飞机的稳定性

4.2.1   稳定性的定义、条件和分类

1. 稳定性的定义

在研究飞机的稳定性之前，先看看一般物体的稳定性，一个稳定的物体必须具备一定的条件。图4.4（a）中的小球，如果受到微小扰动而偏离平衡位置，在扰动消失后，小球在平衡位置附近来回摆动，且摆动的幅度越来越小，最后停止在原来的平衡位置上，我们称这样的小球是稳定的。图4.4（b）中的小球，如果受到微小扰动而偏离平衡位置，在扰动消失后，小球进一步偏离平衡位置，我们称这样的小球是不稳定的。图4.4（c）中的小球，如果受到微小扰动而偏离平衡位置，在扰动消失后，小球可以在任意位置停止下来，我们称这样的小球是中立稳定的。

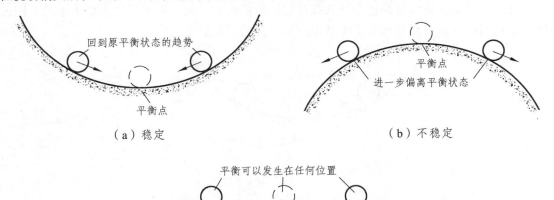

（a）稳定   （b）不稳定

（c）中立稳定

图4.4   稳定、不稳定及中立稳定

所以，稳定性是指物体在受到微小扰动后能够自动回到原平衡状态的能力。

2. 稳定性的条件

从图4.4我们可以看出，小球要具有稳定性，必须具备两个条件：

一是有稳定力矩，即物体受扰偏离原平衡状态后，自动出现的、力图使物体回到原平衡状态的力矩。在图 4.4（a）中，当小球不在平衡位置时，重力（G）沿切线方向的分力形成了一个力矩，使小球具有自动恢复原来平衡位置的趋势。这个力矩叫作稳定力矩。

二是有阻尼力矩，即物体受扰后的运动过程中，自动出现的、力图使物体最终回到原平衡状态的力矩，称为阻尼力矩。在图 4.4（a），小球在来回地摆动中，作用于小球的空气阻力对小球也构成一个力矩，阻止小球滚动，这个力矩叫阻尼力矩。阻尼力矩的方向与小球滚动的方向始终相反，所以，小球滚动的幅度越来越小，最后完全消失，小球回到原来的平衡位置上。

由上述分析可知，稳定力矩是稳定性的必要条件，而且有了阻尼力矩，才能使小球的滚动停止下来。这就是说，只有在稳定力矩和阻尼力矩的共同作用下，才能充分保证物体具有稳定性。

3. 稳定性的分类

按时间响应的特点，可将稳定性分为静稳定性和动稳定性。

（1）静稳定性。如果物体受扰后出现稳定力矩，具有回到原平衡状态的趋势，则称该物体是静稳定的。所以，静稳定性研究的是物体受扰后的最初响应问题，它是指当飞机运动改变后恢复稳定的趋势。

（2）动稳定性。扰动运动过程中如果出现阻尼力矩，能最终使物体回到原平衡状态，则称物体是动稳定的。所以，动稳定性研究的是物体受扰运动的时间响应历程问题，即相对于中立位置或稳定位置的自然摆动的长期响应。

4. 物体在不同的稳定条件下的响应情况

图 4.5 所示为物体具有静稳定性和动稳定性时的响应情况。根据阻尼力矩大小的不同，物体在受扰动后可以逐渐回到原平衡状态或经振荡后回到原平衡状态。

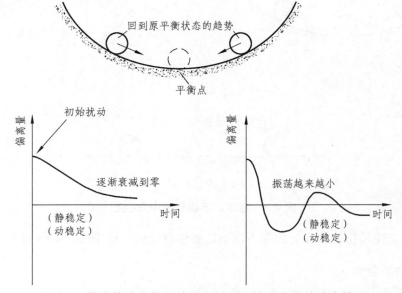

图 4.5　具有静稳定性和动稳定性的物体受扰后的响应情况

　　图 4.6 所示为物体具有静不稳定性和动不稳定性时的响应情况。根据阻尼力矩大小的不同，物体在受扰动后可以逐渐偏离原平衡状态或在振荡逐渐增加的情况下进一步偏离原平衡状态。

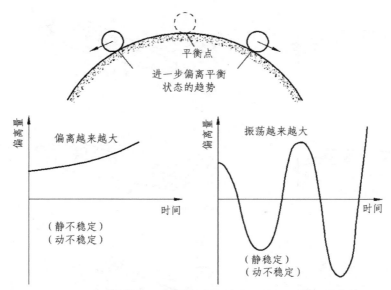

图 4.6　物体具有静不稳定性和动不稳定性的响应情况

　　图 4.7 所示为物体具有动中立稳定性的响应情况。根据静稳定性的不同，物体在受扰动后可以保持在偏离状态不变，或者在原平衡位置做等幅振荡。

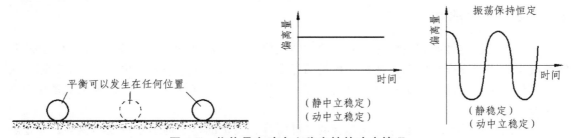

图 4.7　物体具有动中立稳定性的响应情况

4.2.2　飞机的稳定性

　　在飞行中，飞机经常会受到各种各样的扰动（如阵风、发动机工作不均衡、舵面的突然偏转等）而使飞机偏离原来的状态，偏离后，如果飞机能自动恢复原来的状态，则称飞机是稳定的或飞机具有稳定性。否则，称飞机是不稳定的。飞机的稳定性也分为静稳定性和动稳定性。

4.2.2.1　飞机的静稳定性

　　飞机的静稳定性研究飞机受扰后的最初响应问题，即研究飞机是否具有回到原稳定状态的趋势问题。飞机受扰后如果能够自动出现稳定力矩，使飞机具有回到原平衡状态的趋势，则称飞机是静稳定的；飞机受扰后如果自动出现的力矩使飞机具有进一步偏离原平衡状态的趋势，则称飞机是静不稳定的；飞机受扰后可能增加也可能减小最初的振荡，则称飞机是静中立稳定的，如图 4.8 所示。

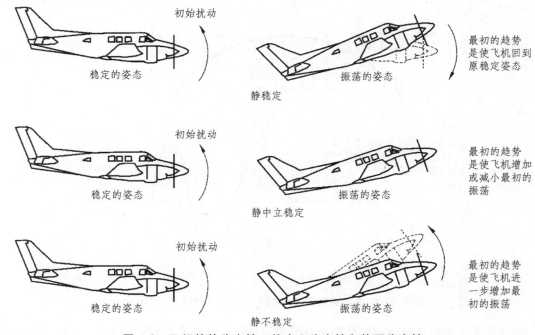

图 4.8　飞机的静稳定性，静中立稳定性和静不稳定性

4.2.2.2　飞机的动稳定性

飞机的动稳定性研究飞机受扰运动的时间响应历程问题。扰动过程中如果出现阻尼力矩，最终使飞机回到原平衡状态，则称飞机是动稳定的；如果出现的力矩使扰动进一步加剧，则称飞机是动不稳定的；如果不存在阻尼力矩，飞机的扰动始终保持恒定，则称飞机是动中立稳定的。

飞机的稳定性是飞机本身必须具有的一种特性，飞机的稳定性不是一成不变的，而是随着飞行条件的改变而变化的。在一定的飞行条件下，飞机具有足够的稳定性；而在另一些飞行条件下，飞机的稳定性减弱，甚至由稳定变成不稳定。同时，飞机的稳定性与飞机的操纵性有密切的关系，要学习飞机的操纵性，必须首先懂得飞机的稳定性。

4.2.2.3　飞机绕三轴的稳定性

飞机在横轴、纵轴和立轴上的稳定性分别称为俯仰稳定性、横侧稳定性和方向稳定性。本书以俯仰稳定性为例说明飞机稳定力矩和阻尼力矩的产生以及稳定性存在的条件。其他轴上的稳定与俯仰稳定类似，这里不再阐述。

1. 飞机的俯仰稳定性的定义

飞机的俯仰稳定性是指飞机受到小扰动而导致迎角变化，扰动消失后，飞机具有自动恢复原迎角的特性。

（1）焦点的概念。

在计算机翼俯仰力矩时人们发现，随迎角的增大，机翼升力增大，但升力作用点（压力中心）前移，即相对机翼前缘的力臂缩短。那么，机翼升力对机翼前缘的力矩是增大还是缩小呢？

通过分析表明：机翼剖面上存在一个点，可认为机翼升力作用在这个点上，同时伴随一个不变的俯仰力矩，重要的是，这个点的位置不随迎角改变而改变，这就给机翼俯仰力矩的计算带来了极大的方便。如图 4.9 所示，迎角改变导致的机翼附加升力着力点就是机翼的焦点。对于机翼来说，机翼焦点在距其前缘 1/4 弦长处。

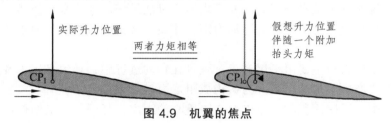

图 4.9　机翼的焦点

全机也有同样的效果，当迎角改变时，会导致飞机各部分升力和全机升力大小发生改变，并且每项升力和全机升力着力点位置发生改变（即压力中心位置改变）。计算全机俯仰力矩时，可认为升力作用在全机焦点处，伴随一个不变的俯仰力矩。当飞机迎角改变时，飞机附加升力的着力点称为飞机的焦点。

飞机压力中心位置随迎角变化而变化（中小迎角下，迎角增加，压力中心前移）；而飞机焦点位置在亚音速情况下，不随迎角变化而变化。飞机焦点的定义如图 4.10 所示。

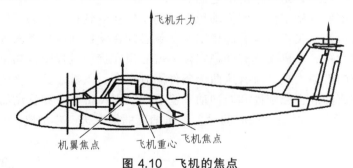

图 4.10　飞机的焦点

（2）飞机的俯仰稳定性（俯仰静稳定性）。

飞机要产生俯仰稳定力矩，必须保证在迎角增加时，全机附加升力的着力点处于全机重心之后，即全机焦点位于全机重心之后。全机焦点与全机重心的位置相差越远，同样迎角改变量下的俯仰稳定力矩越大，俯仰稳定性越强。俯仰稳定性不能保持高度不变，只能保持迎角不变。

（3）俯仰稳定力矩的产生。

飞机的俯仰稳定力矩主要是由平尾产生的。假如飞机受扰，机头上抬，飞机迎角增大，则平尾所产生的升力增量向上，绕飞机中心产生低头力矩，力图使飞机恢复原来的迎角，如

图 4.11 所示；如果飞机受扰，机头下俯，飞机迎角减小，则平尾所产生的升力增量向下，力图使飞机抬头，回到飞机原来的迎角。

图 4.11　飞机受到干扰上仰后俯仰稳定力矩的产生

（4）飞机俯仰阻尼力矩的产生。

稳定力矩只说明飞机是静稳定的，并不表示飞机能最终回到原来平衡状态；只有飞机在受扰运动过程中具备消除扰动运动的阻尼力矩，才表示飞机能最终回到原来状态，即飞机是动稳定的。

飞机的俯仰阻尼力矩主要由平尾产生。飞机在转动过程中，导致平尾出现附加的上下速度分量，导致平尾产生附加的上下升力，构成阻尼力矩。

在飞机设计中，平尾面积的大小以及它距重心的距离，是调整飞机俯仰稳定性的主要手段之一。

（5）飞机俯仰静稳定性的条件。

当飞机迎角改变时，飞机附加升力的着力点称为飞机的焦点。飞机要产生俯仰稳定力矩，必须保证在迎角增加时，全机焦点位于全机重心之后。全机焦点与全机重心的位置相差越远，同样迎角改变量下的俯仰稳定力矩越大，俯仰稳定性越强。

所以，飞机的俯仰静稳定性的条件是全机焦点在全机重心之后。飞机之所以具有俯仰稳定性，即焦点在重心之后，是由平尾决定的。

（6）具有不同俯仰静稳定性和俯仰动稳定性的飞机在受到初始扰动后的响应情况。

由上面的分析可知，飞机要具有静稳定性，就必须在受扰后自动出现力图使飞机回到原稳定状态的稳定力矩；飞机要具有动稳定性，就必须在扰动过程中自动出现力图使飞机最终回到原稳定状态的阻尼力矩。只有这两个条件同时存在，飞机才具有稳定性。

如果飞机具有俯仰静不稳定性和俯仰动不稳定性，则飞机在受到扰动而偏离原位置后的响应情况如图 4.12 所示。经过一段时间后，飞机偏离的情况进一步加剧。

图 4.12　具有静不稳定性和动不稳定性的飞机，在受到扰动偏离原位置后的响应情况

如果飞机具有中立静稳定性和中立动稳定性，则飞机在受到扰动而偏离原位置后的响应情况如图 4.13 所示。经过一段时间后，飞机偏离的情况保持不变。

如果飞机具有静稳定性和动不稳定性，则飞机在受到扰动而偏离原位置后的响应情况如图 4.14 所示。飞机具有回到原状态的趋势，但在回到原状态的过程中，由于飞机具有动不稳定性，飞机将反方向偏离原状态。此后，飞机的静稳定性又使飞机具有再次回到原状态的趋势，并再次反方向偏离原状态，如此反复，飞机将以原状态为中心，反复振荡，且振幅越来越大。

图 4.13 具有中立静稳定性和中立动稳定性的飞机，在受到扰动偏离原位置后的响应情况

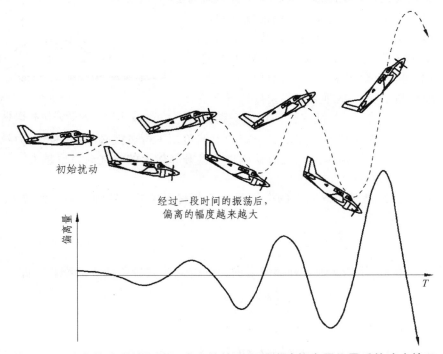

图 4.14 具有静稳定性和动不稳定性的飞机受扰动偏离原位置后的响应情况

2. 飞机的横侧稳定性

飞机的横侧稳定性是指飞机受扰使坡度发生改变，扰动消失后，飞机具有自动趋向恢复原坡度的特性。

3. 飞机的方向稳定性

飞机的方向稳定性是指飞机受扰使侧滑角改变，扰动消失后，飞机有自动趋向恢复原来侧滑角的特性。

4.3 飞机的操纵性

飞机除应具有必要的稳定性外，还应具有良好的操纵性，以保证飞行员实现有意识的飞行。

　　所谓飞机的操纵性，通常是指飞机在飞行员操纵升降舵、方向舵和副翼的情况下改变飞机飞行状态的特性。操纵动作简单、省力、飞机反应快，则操纵性是好的；反之，操纵动作复杂，笨重，飞机反应慢，则操纵性是不好的；倘若操纵后，飞机根本没有反应，或者反应是错误的，则飞机是不能操纵的。

　　研究飞机的操纵性，是要研究飞机飞行状态的改变与杆舵行程（即舵面偏转角度）和杆力大小之间的基本关系、飞机反应快慢以及影响因素等。

　　飞行员操纵驾驶杆，要施加一定的力，这个力简称杆力。如图 4.15 所示，当飞行员向前推驾驶盘，升降舵向下偏一个角度时，升降舵上产生一个向上的空气动力 F，对升降舵铰链形成一个力矩（铰链力矩），这个力矩迫使升降舵和驾驶盘返回中立位置。为保持升降舵偏角不变，亦即保持驾驶盘位置不变，飞行员必须用一定的力（P）推驾驶杆，以平衡铰链力矩的作用。反之，为保持升降舵处于一定的上偏角，飞行员就必须用一定的力拉驾驶杆。

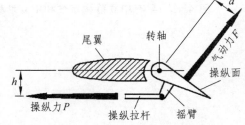

图 4.15　铰链力矩和操纵力矩

　　飞行中，升降舵偏转角越大，气流动压越大，升降舵上的空气动力也越大，从而铰链力矩越大，所需杆力也就越大。

　　所谓铰链力矩 M 就是操纵面上的空气动力 F 与它到操纵面转轴距离（力臂）d 的乘积，如图 4.15 所示，即

$$M = F \times d \tag{4.1}$$

　　所谓操纵力矩 M_P 就是加到转轴摇臂上的力 P 与它到转轴距离 h 的乘积，即

$$M_P = P \times h \tag{4.2}$$

　　在操纵过程中，操纵力矩应与铰链力矩相平衡，即

$$P \times h = F \times d \tag{4.3}$$

或

$$P = \frac{F \times d}{h} \tag{4.4}$$

式中，P 就是杆力。

　　为了减小舵面空气动力对转轴形成的铰链力矩，飞机上使用了补偿装置；为了消除杆力，飞机上采用了配平装置。这两点将在自动俯仰配平系统一章中介绍。

4.4　飞行操纵警告系统

　　飞行操纵警告系统的功用是在潜在危险发生前警告飞行员，以避免事故发生。主要的飞行操纵警告系统有失速警告系统和起飞警告系统。

　　飞机起飞时，当任一油门杆前推而某些飞行操纵组件不在正确位置时，起飞警告系统会

给驾驶员提供音响警告信号。

空速处于最小飞行速度且接近失速状态时，失速警告系统会操纵驾驶杆抖杆器，提示机组人员。

4.4.1 自然失速警告

当飞机的迎角接近临界迎角时，由于气流分离而形成的漩涡周期性地形成，并脱离机翼表面，将引起飞机、杆、舵的抖动现象。这种现象称为自然失速警告。

4.4.2 人工失速警告系统

由于失速是一种具有潜在危险的反常飞行现象，有必要在即将失速时向机组提供警告，即当飞机速度在失速速度以上的某个速度上时（如 1.3 倍的失速速度）发出失速警告，这种警告称为人工失速警告。人工失速警告系统包括失速警告喇叭、失速警告灯、抖杆器以及迎角传感器。

迎角传感器一般安装在机翼前缘驻点附近，用于探测飞机的迎角，如图 4.16 所示。当飞机迎角小于失速迎角时，流过迎角传感器风标的气流是向下的，风标将保持下偏，与该风标相连接的电门断开；当迎角增加，接近失速时，驻点下移，直到流过风标的气流向上，风标被吹开，电门闭合，点亮红色的失速警告灯，启动音响警告信号和抖杆器。

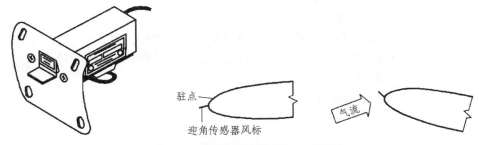

驻点

迎角传感器风标

气流

图 4.16 失速警告传感器的安装位置及原理

抖杆器包含两个振动马达，每个驾驶杆一个，如图 4.17 所示。

4.4.3 失速警告测试开关

失速警告测试电门允许随时检查系统的工作。测试电门如图 4.18 所示，在地面时，按压测试电门，空/地电门被旁通，每个测试电门测试各自的失速警告系统，并检查迎角传感器和襟翼位置传感器的工作是否正常，两个驾驶杆都会抖动。

抖杆器
振动马达

图 4.17　失速警告抖杆器

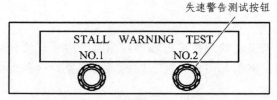

失速警告测试按钮

STALL　WARNING　TEST
NO.1　　　　　NO.2

图 4.18　失速警告测试电门

复习思考题

1. 飞机的平衡条件是什么？
2. 飞机三轴的平衡是如何实现的？影响飞机三轴平衡的因素有哪些？
3. 物体具有稳定性的条件是什么？
4. 静稳定性和动稳定性的定义和区别是什么？
5. 简述稳定、中立稳定和不稳定对扰动的响应情况。
6. 飞机具有稳定性的条件是什么？
7. 飞机的俯仰稳定性是如何实现的？
8. 简述具有不同静稳定性和动稳定性的飞机对扰动的响应情况。
9. 什么是飞机的操纵性？操纵性与稳定性之间的关系是什么？
10. 飞机操纵警告系统的作用是什么？
11. 失速警告系统的原理是什么？

5 自动驾驶仪系统

自动驾驶仪（Autopilot）英文是由 Auto（自动）和 pilot（飞行员）两个词语组成，原意是用自动设备取代飞行员控制飞机。实际上一直到现在，在有人驾驶的飞机上，作为自动飞行控制系统基本组成部分的自动驾驶仪并没有完全取代飞行员的职能，只有最完善的自动飞行控制系统才能完全取代驾驶员，实现全自动飞行。

5.1 自动驾驶仪的功能

5.1.1 自动驾驶仪的基本功能

自动驾驶仪的基本功能是指自动驾驶仪和飞机都处于正常状态时的控制功能，总的来说就是稳定和改变飞机的姿态，进而稳定和改变飞机的轨迹。具体功能可列举如下：

（1）自动保持三轴稳定，即自动保持航向角、俯仰角于某一希望角度，倾斜角保持为零，进行直线飞行（平直飞行、爬高或下滑）。

（2）飞行员可以通过旋钮或其他控制器给定期望航向角或俯仰角，使飞机自动改变航向并稳定于该航向，或使飞机上仰或下俯并保持给定俯仰角。

（3）自动将飞机保持在某一高度上，进行定高飞行。

（4）飞行员通过控制器给自动驾驶仪设定目标高度，自动驾驶仪自动操纵飞机爬高或下降到该目标高度，并将飞机自动保持在目标高度上。

（5）按甚高频全向信标台（VOR）的无线电信号自动操纵飞机进入 VOR 航道，并跟踪该航道；按 ILS 的信号完成飞机着陆前的进近。

（6）按飞行管理计算机系统或其他导航系统要求，实现按预定的航路飞行，保持航迹。

5.1.2 自动驾驶仪的辅助功能

自动驾驶仪的辅助功能如下：

（1）超控功能。当自动驾驶仪的伺服系统处于卡死或无法操作的状态时，应允许飞行员超控自动驾驶仪。

（2）自动同步功能。在投入自动驾驶仪之前，飞机本身处于平直飞行的配平状态，必须让自动驾驶仪的反馈信号与测量信号的总和回零，以避免自动驾驶仪接通后对飞机形成冲击。

（3）BIT 功能。在自动驾驶仪的部件及系统中，可设置 BIT（Built in Test）检测信号，以检查某部件或全系统工作是否正常。

（4）马赫数配平功能。飞机在跨音速区飞行时，升降舵操纵特性有一个正梯度区，从而使操纵特性不稳定，这时，需要启动马赫数配平系统来控制水平安定面或升降舵，以改善其操纵特性。

5.2　自动驾驶仪的模型

自动驾驶仪是一个典型的反馈控制系统，它代替飞行员操纵飞机飞行。所以，在介绍自动驾驶仪操纵飞机之前，需了解飞行员是如何操纵飞机的，并需要先对反馈控制系统进行简单的介绍。

假设要求飞机做水平直线飞行，飞行员是如何控制飞机的呢？假设飞机受干扰（如阵风）后偏离原姿态（例如飞机抬头），飞行员用眼睛观察到陀螺地平仪上俯仰姿态的变化，用大脑做出将飞机修正回原俯仰姿态的决定。该决定通过神经系统传递到手臂，手臂前推驾驶杆，使升降舵向下偏转，产生相应的低头力矩，该力矩使飞机往原俯仰姿态（平飞）修正。飞机开始改平后，飞行员又从仪表上看到这一变化，逐渐把驾驶杆收回原位，升降舵也会逐渐回中。当飞机回到原水平姿态时，驾驶杆和升降舵也回中立位。以上过程如图 5.1 所示，飞行员与飞机构成了闭环系统。

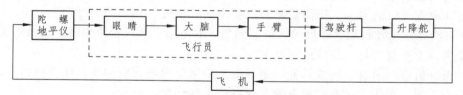

图 5.1　飞行员与飞机构成的闭环系统

从图 5.1 可看出，这是一个反馈系统，即闭环系统。图中虚线表示驾驶员，如果用自动驾驶仪代替飞行员操纵飞机飞行，自动驾驶仪必须包括与虚线框内 3 个部分相应的装置，并与飞机组成一个闭环系统，如图 5.2 所示。该系统中的敏感元件相当于飞行员的眼睛，用于感知飞机姿态是否偏离原来状态；放大计算装置相当于飞行员的大脑，用于计算将飞机修正回原状态的措施，

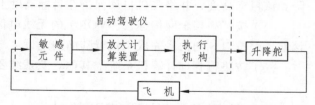

图 5.2　自动驾驶仪与飞机构成的闭环系统

执行机构相当于飞行员的手臂，负责执行修正措施。

该系统操纵飞机的原理如下：假设飞机受到了外界干扰，偏离了原始状态，敏感元件感受到飞机偏离原状态的方向和大小，并输出相应信号，经放大装置处理，产生将飞机修正回原状态的指令。执行机构（如舵机）根据该指令驱动操纵面（如升降舵）偏转。操纵面偏转后产生力矩，该力矩使飞机往原状态方向修正。由于整个系统是按负反馈原则连接的，其结果是使飞机趋向原始状态。

由此可见，该系统中的敏感元件、放大计算装置和执行机构可代替飞行员的眼睛、大脑神经系统与肢体，自动地操纵飞机飞行。这 3 部分组成的系统就是自动驾驶仪系统。

5.3 自动驾驶仪的组成

正如飞行员通过推杆或拉杆，驱动升降舵偏转，操纵飞机俯仰；通过向左或向右压盘，驱动副翼偏转，操纵飞机滚转；通过向左或向右蹬方向舵，驱动方向舵偏转，操纵飞机转弯的操纵原理一样，自动驾驶仪也是通过 3 套控制回路分别去驱动飞机的副翼、升降舵和方向舵，从而实现对飞机三轴的控制。每套自动控制回路称为自动驾驶仪的一个通道。控制升降舵的回路，称为升降舵通道或俯仰通道；控制副翼的回路，称为副翼通道或横滚通道；控制方向舵的回路，称为方向舵通道或航向通道。3 个通道既独立，又相互联系，相互响应，共同完成对飞机的控制。图 5.3 所示为一种具有 3 个通道的自动驾驶仪的组成图，图中的传感器部、计算机和伺服机构分别相当于图 5.2 中的敏感元件、计算元件和执行机构。为了方便飞行员和自动驾驶仪计算机之间的沟通，在该系统中还有自动驾驶仪控制装置，包括自动驾驶仪控制板和预选航向旋钮。

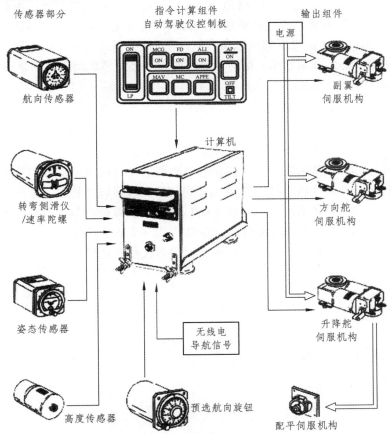

图 5.3 三通道自动驾驶仪的组成

在有的飞机上，自动驾驶仪只有横滚通道和俯仰通道，而对方向舵的控制则由横滚通道和偏航阻尼器来共同完成。

从图 5.3 可以看出，自动驾驶仪的每个通道主要由测量装置、信号处理元件、放大装置、执行机构和控制显示装置、回输装置等组成，其简图如图 5.4 所示。各组成部件的功能如下：

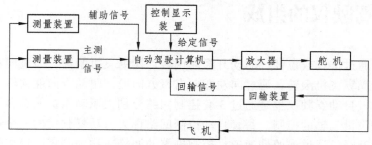

图 5.4　自动驾驶仪一个通道的组成

5.3.1　测量装置

各种敏感元件，用于测量飞机的运动参数，反映飞机的实际状态，包括主测装置和辅助测量装置。主测装置用来感受飞机偏离初始位置的角位移信号，如图 5.3 中利用航向传感器测量飞机的航向角，利用姿态传感器测量飞机的俯仰角和横滚角。在大多数中小型飞机上，一般用航向/姿态系统来测量飞机的姿态角和航向角，而大型运输机上则利用惯性基准系统来测量俯仰角、横滚姿态角及偏航角；辅助测量装置用来感受飞机偏离原状态的角速度和/或角加速度信号，如利用速率陀螺测量角速度。

5.3.2　信号处理元件

信号处理元件亦称计算装置，其功用是把各种敏感元件的输出信号和从控制装置输入的给定信号进行比较，处理为符合控制规律要求的信号。包括综合装置、微分器、积分器、限幅器及滤波器等，同时还可兼顾机内检测（BIT），甚至故障检测与报警等任务。在现代大中型飞机上使用的数字式自动驾驶仪中，这一功能由飞行控制计算机 FCC（Flight Control Computer）完成，因此，飞行控制计算机 FCC 成为当代数字式自动驾驶仪中十分重要的一个分系统。

5.3.3　放大器

放大器对信号处理元件输出的微小信号进行功率放大，为执行机构提供足够的功率需求。

5.3.4　舵　机

舵机是自动驾驶仪的执行机构，或伺服系统，其功用是根据放大元件的输出信号驱动舵面偏转。常用的自动驾驶仪的舵机有电动舵机和电动-液压舵机两种。

5.3.5 回输装置

回输装置使舵面的偏转角度或/和舵面的偏转角速度与自动驾驶仪计算机的输出信号成一定的函数关系，改善舵机的性能。在一些资料上将该装置称为反馈装置。

5.3.6 控制显示装置

控制显示装置是飞行员与自动驾驶仪交换信息的主要手段，主要包括控制板和飞行方式通告牌。控制板用于飞行员向自动驾驶仪下达一定的指令，而显示装置则用于自动驾驶仪向飞行员反馈其工作方式或状态。

5.4 自动驾驶仪的回路

自动驾驶仪一般由 4 个反馈回路构成，即舵回路、稳定回路、控制（制导）回路和同步回路。

5.4.1 舵回路

将舵机或舵面的偏转信号反馈回计算装置，就形成了舵回路。其功用是保证 A/P 的输出和输入成一定的比例关系，减少铰链力矩对舵机工作性能的影响，改善舵机的性能。舵回路一般包括舵机、反馈部件和放大器。典型舵回路的方框图如图 5.5（虚线框内）所示。

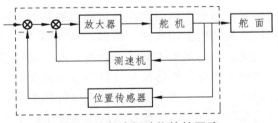

图 5.5 自动驾驶仪的舵回路

在图 5.5 所示的舵回路中存在着两个负反馈回路：其一，由舵面位置传感器将舵机输出的角位置信号反馈到舵回路的输入端，使舵面偏转角度与自动驾驶仪计算机的输出信号成正比关系，这样的舵回路称为位置反馈式舵回路，或硬反馈式舵回路；其二，是由测速机将舵机输出的角速率信号反馈到放大器，使舵面偏转角速度与自动驾驶仪计算机的输出信号成正比关系，这样的舵回路称为速率反馈式舵回路，或软反馈式舵回路。

5.4.2　稳定回路

如果测量部件测量的是飞机的飞行姿态信息，则姿态测量部件和舵回路就构成了自动驾驶仪；自动驾驶仪和被控对象（飞机）又构成了稳定回路。稳定回路的主要作用是稳定和控制飞机的姿态角。典型稳定回路的方框图如图5.6所示。

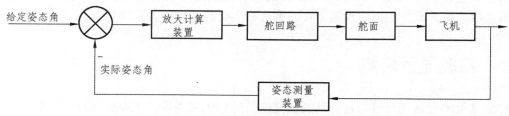

图5.6　自动驾驶仪的稳定回路

5.4.3　控制回路

稳定回路加上测量飞机重心位置信号的元件以及表征飞机空间位置几何关系的运动学环节，就组成了控制飞机质心运动的回路，称为控制回路，或称制导回路。控制回路的功用是控制飞机的轨迹和速度。典型飞行控制系统的制导回路如图5.7所示。

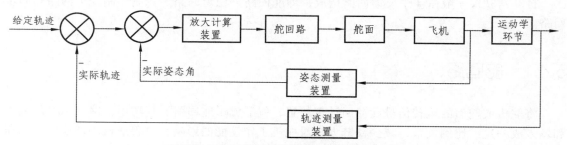

图5.7　自动驾驶仪的控制（制导）回路

由图5.7可见，因为控制（制导）回路是在稳定回路的基础上构成的，也就是说，是在飞机的角运动稳定与控制回路的基础上构成的，所以，具有图5.7结构的自动驾驶仪是通过控制飞机的角运动来改变飞机重心的运动（即飞行轨迹）的。这种通过姿态的变化来控制飞行轨迹的方式，是目前大多数大气层飞行器控制飞行轨迹的主要方式。

此外，在自动驾驶仪衔接之前，飞机本身处于平直飞行的配平状态，必须让自动驾驶仪的反馈信号与测量信号的总和回零，才能避免投入后形成冲击或动作，这称为自动驾驶仪的同步功能。完成同步动作的回路称为同步回路。

5.4.4　同步回路

同步回路在自动驾驶仪衔接时，保证系统输出为零，即自动驾驶仪的工作状态与当时飞行姿态同步。

同步回路必须保证 A/P 舵机位置与 A/P 指令一致，以及操纵面位置与自动驾驶仪舵机位置一致，以确保 A/P 舵机位置、操纵面位置和自动驾驶仪计算机指令三者一致，即三者同步。同步的目的是避免在自动驾驶仪衔接瞬间对飞机造成冲击。

为了实现同步，在自动驾驶仪中需要对应的两个监控器来监控自动驾驶仪的性能。这两个监控器分别是自动驾驶仪舵机位置监控器和舵面位置监控器。

其中，自动驾驶仪舵机位置监控器用于比较舵机位置和自动驾驶仪指令之间是否一致，舵面位置监控器用于比较舵面位置和自动驾驶仪舵机位置之间是否一致。自动驾驶仪同步回路如图 5.8 所示。

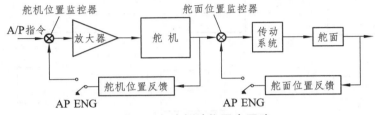

图 5.8　自动驾驶仪同步回路

自动驾驶仪必须在同步功能完成后，才能打开锁定活门（Detent Solenoid），使 A/P 衔接上。所以，自动驾驶仪包含舵回路、稳定回路、控制回路和同步回路等 4 个回路。

但是，在很多资料中，认为舵回路是包含在自动驾驶仪内部的，同步回路是在自动驾驶仪接通之前工作的，所以，在这些资料中认为自动驾驶仪只有稳定回路和制导回路，由于稳定回路位于制导回路的内部，也将稳定回路称为内回路，而将制导回路称为外回路。

另外，在很多资料上认为内回路的作用是控制飞机绕重心的转动，即稳定和控制飞机的姿态，而外回路的功用是控制飞机重心的运动，即控制飞机的轨迹。

5.5　自动驾驶仪的控制通道

根据自动驾驶仪能够控制飞机的轴的数量，可以将自动驾驶仪分为单通道自动驾驶仪，双通道自动驾驶仪和三通道自动驾驶仪。

5.5.1　副翼控制通道

单通道自动驾驶仪只提供横滚控制（绕纵轴的控制），即只控制飞机的副翼。由于它们的局限性，这些系统通常被称为 "Wings Leveler（机翼改平器）"。图 5.9 所示是自动驾驶仪副翼（横滚）通道的结构原理图，图中忽略了舵回路和同步回路。

飞机的实际横滚姿态由横滚姿态传感器[垂直陀螺（Vertical Gyro，VG）]，或惯性导航系统（Inertial navigation System，INS）探测到，并输送到比较器，并在比较器中与目标值进行比较，并产生偏差信号。目标值通过自动驾驶仪控制板输入比较器。

偏差信号被输送到自动驾驶仪计算机，该计算机计算出具体的调节信号——副翼的偏转量，并通过调节装置（副翼伺服器）驱动副翼偏转，从而控制飞机的横滚姿态角。

自动驾驶仪调节器还收到额外的信号，比如飞机速度信号（图中未画出），该信号用于调节增益的大小。

飞机的实际横滚姿态还受到风等干扰因素的影响。

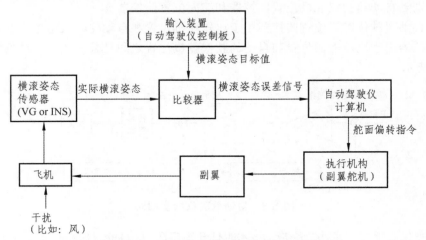

图 5.9　自动驾驶仪副翼通道的原理图

5.5.2　升降舵控制通道

双通道的自动驾驶仪除了控制飞机的横滚姿态外，还控制飞机的俯仰姿态（飞机绕横滚轴的转动）。这样的双通道自动驾驶仪是单机组的飞机执行仪表飞行的最低设备要求。图 5.10 所示是自动驾驶仪升降舵通道的结构图，图中忽略了舵回路和同步回路。

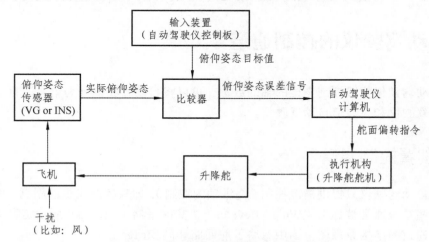

图 5.10　自动驾驶仪升降舵通道的原理图

和横滚通道一样，飞机的实际俯仰姿态角由俯仰姿态传感器[垂直陀螺（Vertical Gyro，VG）]，或惯性导航系统（Inertial Navigation System，INS）探测到，并输送到比较器，在比较器中与目标值进行比较，产生偏差信号。目标值通过自动驾驶仪控制板输入比较器。

偏差信号被输送到自动驾驶仪计算机,该计算机计算出具体的调节信号——升降舵的偏转量,并通过调节装置(升降舵伺服器)驱动升降舵偏转,从而控制飞机的俯仰姿态角。

自动驾驶仪调节器还收到额外的信号,比如飞机速度信号(图中未画出),该信号用于调节增益的大小。

飞机的实际俯仰姿态还受到风等干扰因素的影响。

5.5.3 方向舵控制通道

三通道自动驾驶仪除了控制飞机的横滚和俯仰外,还控制飞机绕立轴的转动。飞机绕立轴的转动是通过自动驾驶仪方向舵通道来完成的。

自动驾驶仪的方向舵控制有两种方案。方案 1 的工作情况如图 5.11 所示。在该方案中输入自动驾驶仪方向舵通道计算机的是飞机的侧滑角,计算机根据侧滑角的大小和方向计算出方向舵偏转指令,再由方向舵伺服系统驱动方向舵偏转,以便将侧滑角修正为零。在该方案中,方向舵通道的主要作用是修正侧滑角,而非控制。

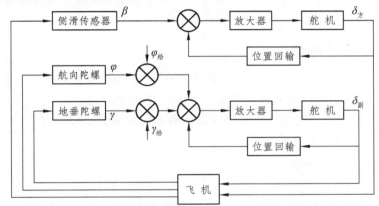

图 5.11 自动驾驶仪方向舵通道控制方案 1——方向舵通道中仅输入侧滑角信号

方案 2 的工作情况如图 5.12 所示。在该方案中,输入方向舵通道计算机的信号有来自副

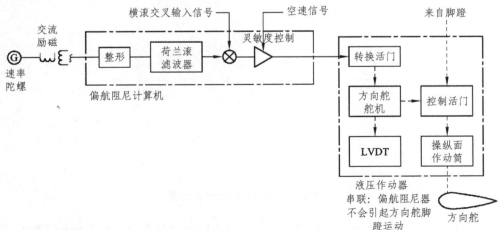

图 5.12 自动驾驶仪方向舵通道控制方案 2——方向舵通道中同时输入坡度角和偏航速率信号

翼通道的横滚姿态信号和来自偏航速率陀螺的偏航速率信号。方向舵通道计算机根据横滚姿态信号计算机计算出方向舵偏转指令，以实现协调转弯（转弯时保持侧滑角为零）的目的。如果由于受到风等的干扰出现了侧滑，飞机将出现绕立轴的转动，偏航速率陀螺将感受到飞机绕立轴的转动角速度，计算机将根据该信号计算出使侧滑角修正回零的方向舵驱动指令。所以，这种在方向舵控制通道中同时使用坡度信号和偏航速率作为输入信号控制飞机的方向舵时，既能够实现协调转弯的功能，又能够实现侧滑角修正的功能。

5.5.4　自动驾驶仪各通道之间的关系

1. 协调转弯的概念

　　飞机在水平面内连续改变飞行方向，要保证滚转与偏航两者综合影响最小，即 $\beta=0$，并能保持飞行高度的一种动作，称为协调转弯。在实际飞行过程中，飞机的横滚运动与偏航运动紧密联系，相互交叉耦合，在转弯过程中，如果飞机纵轴与速度向量不能一起转动（即不协调）就会产生侧滑角。侧滑角不仅增大阻力，不利于导航和机动，而且乘客也感到不舒服，故要求协调转弯。

2. 协调转弯的参数条件

　　飞机协调转弯时，各个参数之间满足如下条件：① 稳态滚转角等于常数；② 航向稳态角速度等于常数；③ 稳态升降速度等于零；④ 稳态侧滑角等于零。对于一定的滚转角和飞行速度，只有一个相应的转弯角速度可以实现协调转弯。如图 5.13 所示的协调转弯，根据作用在飞机上的力，可得以下公式

$$L\sin\varphi = m\dot{\psi}v \tag{5.1}$$
$$L\cos\varphi = G = mg \tag{5.2}$$

式中，L 为升力；G 为重力；v 为空速；$\dot{\psi}$ 为飞机转弯速率；φ 为飞机坡度。

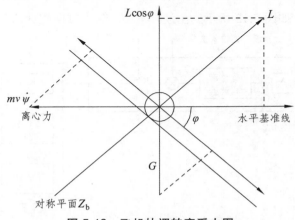

图 5.13　飞机协调转弯受力图

　　上面式子说明了协调转弯时，在垂直方向上升力的分力与重力平衡，保持飞机在水平面内飞行，升力的水平分力与飞机转弯的离心力平衡，这样飞机以恒定的转弯角速度在水平面

内做圆周运动。可得到协调公式为

$$\dot{\psi} = \frac{g}{v} \tan\varphi \qquad (5.3)$$

式 5.3 说明：对于一定的滚转角和飞行速度，只有一个相应的转弯角速度可以实现协调转弯，所以，可以在自动驾驶仪的方向舵通道中输入横滚姿态信号来实现协调转弯时的转弯角速度控制。

3. 飞机带坡度时的升力补偿（正矢）

为了使飞机在水平面内转弯不掉高度，自动驾驶仪自动控制飞机时，采用了使升降舵向上偏转的方法，增加飞机的迎角，从而增加升力，使升力垂直分量始终与重力（G）平衡。

飞机平飞时的受力情况如图 5.14 所示。飞机正在保持平飞，由两个机翼产生的升力的总和等于飞机的重力，因此飞机既不爬升，也不下降，所有的升力方向都是垂直于机翼表面向上的。

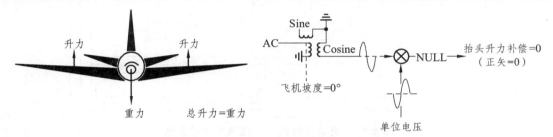

图 5.14　机翼水平，不需要进行升力补偿

如果飞机带坡度转弯，其受力如图 5.15 所示。假设飞机正处在 30°左倾斜，飞行速度与图 5.14 中的飞机相同。这样，飞机产生的升力不变。由于此时不是所有的升力都垂直向上，如果没有升力补偿，该飞机将开始下降。

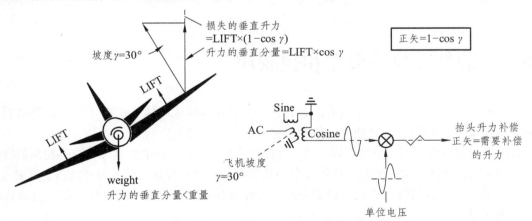

图 5.15　飞机坡度较大时，升力补偿信号的产生原理

飞机右机翼上方的矢量三角形说明，虚线部分就是飞机压坡度后损失的升力。损失的升力是坡度的函数，它就是 1 减去坡度角的余弦，在工程中被称为正矢。这个值代表了需要采取某种方式增加的升力，以保证飞机不会掉高度。

补偿通常采取使飞机抬头的方法，以增加迎角，从而增加机翼上的升力。如果自动驾驶仪在控制飞机，无论什么时候，只要飞机带坡度，就会有一个使飞机抬头的信号（正矢）输入到俯仰通道，以补偿由于那个坡度值所损失的升力，它被称为"抬头升力补偿"或"正矢"。

所以，在自动驾驶仪控制飞机时，如果自动驾驶仪有 3 个通道，则 3 个通道之间的关系如图 5.16 所示。从图 5.16 可见，自动驾驶仪在控制飞机时，飞机的坡度信号会同时输送到方向舵通道，以便将侧滑角控制为零，并将坡度信号输送到升降舵通道，以进行升力补偿。

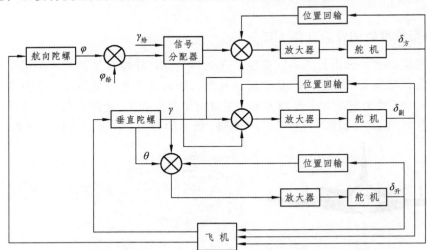

图 5.16　自动驾驶仪 3 个通道之间的关系

目前的大多数飞机上，自动驾驶仪只有俯仰通道和横滚通道，而没有方向舵通道。对方向舵的控制是通过偏航阻尼器配合横滚通道完成的。在这样的自动驾驶仪中，横滚通道需要向俯仰通道提供坡度信号，以便进行升力补偿，同时，横滚通道也要向偏航阻尼器提供坡度信号，以实现无侧滑的转弯。关于偏航阻尼器的内容详见后续章节。

5.6　自动驾驶仪的类型和控制律

自动驾驶仪的输出信号（操纵面的偏转角或偏转角速度）与输入信号（姿态角的偏差）之间的动态关系，称为自动驾驶仪的控制规律，简称控制律。

自动驾驶仪可以控制飞机的姿态，也可以控制飞机的轨迹，只能实现飞机姿态控制的自动驾驶仪称为角位移式自动驾驶仪。能够控制飞机轨迹的自动驾驶仪，称为轨迹式自动驾驶仪。

在本书中，将自动驾驶控制飞机姿态的功用称为控制，而将自动驾驶仪控制飞机轨迹的作用称为制导。

5.6.1　角位移式自动驾驶仪的控制规律

角位移式自动驾驶仪的输入信号是姿态角的偏差信号，输出信号是舵面的偏转信号。根据角位移式自动驾驶仪的输出信号和输入信号之间的关系，可以将角位移式自动驾驶仪分为比例式自动驾驶仪、积分式自动驾驶仪和均衡反馈式自动驾驶仪。由于各通道在原理上基本相似，本书只以俯仰通道为例说明各类自动驾驶仪的控制规律和特点。

5.6.1.1　比例式自动驾驶仪

1. 简单的比例式自动驾驶仪

（1）控制律。

以俯仰通道为例，如果升降舵的偏转角增量（偏转角度）与飞机俯仰角偏差成正比，称为简单的比例式自动驾驶仪。其控制规律为

$$\Delta \delta_e = L_\theta (\Delta \theta - \Delta \theta_g) \tag{5.4}$$

式中，$\Delta \delta_e$ 为升降舵偏转角度；L_θ 为飞机俯仰角偏差到升降舵偏转角度之间的传递系数；$\Delta \theta$ 为飞机的俯仰角偏差；$\Delta \theta_g$ 为机组通过开关、电门等向自动驾驶仪下达的姿态给定信号，也称为基准信号。

由于是位置反馈式舵回路造成这种比例关系，故也称位置反馈（硬反馈）式自动驾驶仪。

（2）角位移式自动驾驶仪稳定飞机姿态的原理。

角位移式自动驾驶仪稳定飞机是指如果飞机受到干扰偏离原始状态，自动驾驶仪将飞机修正到原状态的过程。在自动驾驶仪稳定飞机的过程中飞行员只需要将自动驾驶仪接通，而不需要向自动驾驶仪输入其他任何指令，即在公式（5.4）中 $\Delta \theta_g$ 为零的情况。所以，在自动驾驶仪稳定飞机过程的控制规律为

$$\Delta \delta_e = L_\theta \Delta \theta \tag{5.5}$$

在稳定飞机的过程中，自动驾驶仪的工作过程如图 5.17 所示。

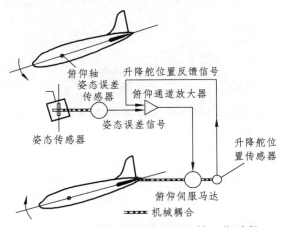

图 5.17　自动驾驶仪稳定飞机的工作过程

假设飞机原始状态为：飞机平飞，姿态传感器测量的姿态信号为零，升降舵中立，回输信号为零。

假设飞机受到瞬间的垂直气流的扰动，飞机下俯。姿态传感器将感受到飞机俯仰姿态的

改变，并产生正比于姿态变化量的电信号——测量信号。当飞机下俯时测量信号为负。测量信号将会被送到计算机。

计算机根据式（5.5）计算出使飞机修正回原始状态的舵面偏转角的指令信号（为负），送到舵机。

舵机驱动舵面上偏（负的方向），舵面偏转的同时，产生舵面位置反馈信号。由于舵回路采用的是负反馈，所以，舵面位置反馈信号为正。当舵面位置反馈信号等于测量信号时，舵面将上偏至最大。

舵面上偏，产生抬头力矩。飞机在抬头力矩的作用下开始往平飞状态修正，导致测量信号减小，并小于舵面位置反馈信号，这将导致输入计算机的信号变为正，计算机将计算一个使舵面反向运动的信号，使舵面从最大偏转位置往中立位置回收。

舵面回收过程中，舵面位置反馈信号将减小，但是，舵面仍然处于上偏的状态，仍然对飞机产生抬头力矩，飞机将继续改平。如果舵回路的时间常数选择合适，使舵面回到中立位置时，飞机刚好改平。

（3）比例式自动驾驶仪操纵飞机姿态的原理。

角位移式自动驾驶仪操纵飞机是指自动驾驶仪根据指令将飞机从初始姿态角改变到给定姿态角，并最后将飞机稳定在给定姿态角上的过程。给定姿态信号一般通过自动驾驶仪控制板上的开关和电门输入。角位移式自动驾驶仪的控制板很简单，如图5.18所示，其中的俯仰角姿态给定电门用于向自动驾驶仪下达俯仰姿态角给定信号，横滚姿态给定电门用于向自动驾驶仪下达横滚姿态角给定信号。

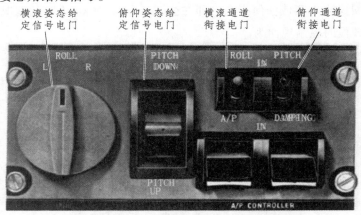

图 5.18　角位移式自动驾驶仪的控制板

假设初始状态为飞机平飞时，舵面中立，回输信号为零，测量信号也为零。

假设飞行员通过自动驾驶仪控制板上的俯仰姿态给定信号电门向自动驾驶仪输入一个指令制导驾驶仪操纵飞机上仰的给定信号，计算机接受这一姿态给定信号，经计算、放大后输至舵机，舵机带动舵面向上偏转，如图5.19所示。

舵面偏转产生回输信号，当回输信号等于姿态给定信号时，舵面停止偏转。

舵面上偏，产生抬头力矩，飞机在抬头力矩作用下开始抬头，这时测量装置（地垂陀螺）测出飞机的上仰信号，并输送到计算机，该信号与俯仰姿态给定信号方向相反，经计算机计算后送至舵机，使舵机带动舵面反向偏转一些，但总舵面仍是向上偏转状态，只不过小一些罢了。

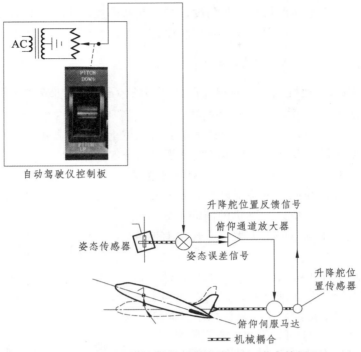

图 5.19　角位移式自动驾驶仪操纵飞机姿态的原理

舵面的回收，使回输信号减少，飞机在舵面的作用下继续上仰，测量信号增大，如此反复，当测量信号与俯仰姿态给定信号相等时，升降舵回到中立位置，回输信号为零。此时，自动驾驶仪操纵飞机达到所需状态。飞机上仰的角度可以从地平仪上反映出来。

（4）缺点。

由简单比例式自动驾驶仪的控制律和飞机固有的惯性可知，飞机受干扰上仰后，自动驾驶仪使升降舵向下偏转，产生低头力矩。在升降舵低头力矩的作用下，飞机上仰速度逐渐减小为零。此时，飞机上仰的角度和舵面偏转的角度均为最大值。以后，随着飞机仰角逐渐减小，升降舵相应地回收。当飞机回到给定俯仰角时，俯仰角偏差信号为零，舵面偏转角也为零。但是，由于飞机本身的惯性，飞机下俯的角速度不为零，因此，飞机不能稳定在给定俯仰角上，必然产生过调，使飞机的俯仰角往反方向变化，使舵机带着升降舵向上偏转，进而使飞机上仰。如此周而复始，飞机的稳定过程是振荡的。又由于空气的阻力作用，这种振荡为衰减振荡。飞机俯仰角偏差和升降舵偏转角度的变化规律如图 5.20 所示，从图中可以看出，升降舵偏转角度和飞机姿态的稳定都是衰减振荡的。

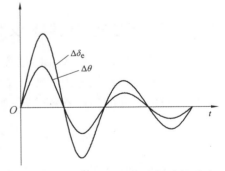

图 5.20　简单比例式自动驾驶仪稳定飞机的过程

2. 比例加阻尼式自动驾驶及其控制规律

为了减小调节过程的振荡次数，提高自动驾驶仪控制飞机的稳定性，在比例式自动驾驶仪中引入了飞机的姿态角速度信号，与角度信号一起共同控制飞机。具有这种控制律的自动驾驶仪称为比例加阻尼式自动驾驶仪，其控制律为

$$\Delta \delta_e = L_\theta (\Delta\theta - \Delta\theta_g) + L_{\dot\theta}\Delta\dot\theta \tag{5.6}$$

式中，$L_{\dot\theta}$ 为飞机俯仰角速度到升降舵偏转角度之间的传递系数；$\Delta\dot\theta$ 为飞机俯仰角速度；其他参数的含义与式（5.5）中参数的含义相同。

　　由于角速度是角度的微分，所以角速度信号在相位上要超前角度信号 90°，飞机俯仰角和俯仰角速度的变化规律及升降舵转角的变化规律如图 5.21 所示。

　　飞机俯仰角偏差增大的阶段（$t_0 \sim t_1$），俯仰角速度信号和俯仰角信号方向相同，升降舵转角比没有俯仰角速度信号时要大一些。所以，飞机的俯仰角偏差能够很快地被制止住，俯仰角的最大偏差，比没有俯仰角速度信号时要小一些。

　　飞机恢复给定俯仰角阶段（$t_1 \sim t_2$），俯仰角速度信号改变方向，使升降舵先迅速回收，以致产生向上的偏转角，阻止飞机向给定俯仰角恢复，减小过调量。

　　比较图 5.20 和图 5.21 可以看出，简单比例式自动驾驶仪在控制飞机姿态的过程中，俯仰角偏差和升降舵转角同时达到最大值，同时达到零值，同时改变方向。而比例加阻尼式自动驾驶仪在控制飞机姿态的过程中，升降舵转角总是超前于姿态角一些，即俯仰偏差角为零时（起始时），升降舵已经偏转一定的角度；俯仰偏差角还没有达到最大值时，升降舵转角已经达到最大值；俯仰偏差角恢复为零时，升降舵转角已经改变了方向。升降舵的迅速偏转、迅速回收、提前"反舵"，起到了阻止飞机来回摆动的作用，减小了振荡次数，有效地缩短了稳定时间，提高了稳定性。

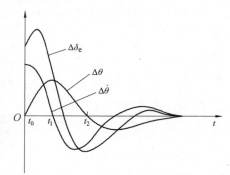

图 5.21　比例式加阻尼式自动驾驶稳定飞机的过程

5.6.1.2　积分式自动驾驶仪的控制规律

　　舵回路采用硬反馈（舵面位置反馈）时，在常值干扰力矩 M_f 作用下会出现静差，这时由于必须有一恒定舵偏角才能平衡干扰力矩。假设稳定后舵偏角为 $\Delta\delta_e(t \to \infty)$，且力矩和舵面偏转角度之间的传递系数是 k，则

$$\Delta\delta_e(t \to \infty) = \frac{1}{k}M_f \tag{5.7}$$

　　由式（5.5）可知，一定有一个恒定姿态角与之对应，该恒定姿态角为

$$\Delta\theta(t \to \infty) = \frac{1}{L_\theta}\Delta\delta_e(t \to \infty) = \frac{1}{L_\theta} \cdot \frac{1}{k}M_f \tag{5.8}$$

　　所以，比例式自动驾驶仪在常值干扰作用下，会存在稳定的姿态角误差。误差的大小与常值干扰力矩成正比，与姿态角和舵面偏转角度之间的传递系数成反比。

　　若不用硬反馈，而改用速度反馈，使舵面偏转角速度与俯仰角的偏差成正比，其控制规律为

$$\Delta \dot{\delta}_{e} = L_{\theta}(\Delta \theta - \Delta \theta_{g}) \qquad (5.9)$$

两边积分，得

$$\Delta \delta_{e} = L_{\theta}\int_{0}^{t}(\Delta \theta - \Delta \theta_{g})\mathrm{d}t \qquad (5.10)$$

从式（5.10）可知，这样的自动驾驶仪在控制飞机的过程中，舵面偏转的角度与姿态角偏差的积分是成比例的，所以，称为积分式自动驾驶仪。由于舵回路速度反馈造成这种积分关系，故也称速度反馈（软反馈）式自动驾驶仪。

在积分式自动驾驶仪中也可以引入俯仰角速度信号，此时，控制律为

$$\Delta \dot{\delta}_{e} = L_{\theta}(\Delta \theta - \Delta \theta_{g}) + L_{\dot{\theta}}\Delta \dot{\theta}$$

两边积分，得

$$\Delta \delta_{e} = L_{\theta}\int_{0}^{t}(\Delta \theta - \Delta \theta_{g})\mathrm{d}t + L_{\dot{\theta}}\Delta \theta \qquad (5.11)$$

式（5.10）和式（5.11）中的第一项具有相同的作用，即在系统进入稳态后，靠俯仰角偏差的积分信号产生舵偏角，使俯仰角偏差的静差为零，即用于消除静差。式（5.11）中的第二项则是为了产生控制力矩，纠正姿态误差。

在积分式自动驾驶仪中，如果要增加系统的阻尼，则必须引入俯仰角偏差的角加速度信号，此时，其控制律为

$$\Delta \dot{\delta}_{e} = L_{\theta}(\Delta \theta - \Delta \theta_{g}) + L_{\dot{\theta}}\Delta \dot{\theta} + L_{\ddot{\theta}}\Delta \ddot{\theta} \qquad (5.12)$$

两边积分，得

$$\Delta \delta_{e} = L_{\theta}\int_{0}^{t}(\Delta \theta - \Delta \theta_{g})\mathrm{d}t + L_{\dot{\theta}}\Delta \theta + L_{\ddot{\theta}}\Delta \dot{\theta} \qquad (5.13)$$

式（5.13）中的第三项相当于比例加阻尼式自动驾驶仪中的阻尼项，在系统中起阻尼作用。

5.6.1.3　均衡式反馈自动驾驶仪

均衡式反馈自动驾驶仪的低频特性接近于积分式自动驾驶仪的特性，高频特性则接近于比例式自动驾驶仪的特性，它的舵偏转角度既正比于俯仰角偏差，又正比于俯仰角偏差的积分，是一种兼有比例式自动驾驶仪特性和积分式自动驾驶仪特性的自动驾驶仪。

5.6.2　轨迹式自动驾驶仪的控制规律

飞行控制的最终目的是使飞机以足够的准确度保持飞机飞行轨迹或跟踪预定的飞行轨迹。控制飞机运动轨迹的系统称为制导系统，它是在角运动系统的基础上形成的。飞机的运动轨迹控制如图 5.22 所示，系统的输入量是预定轨迹参量，输出量是飞机的实际轨迹参量。若飞机偏离给定轨迹，制导装置将测出其偏差，并以一定的控制规律控制角运动，使飞机以要求的准确度回到给定的轨迹。制导的准确度取决于飞机执行什么任务，远程导航稳定轨迹

的误差在几百米。而全天候着陆的时候，要求准确执行飞机轨迹，这时误差要求小于 10 m，甚至 1 m。

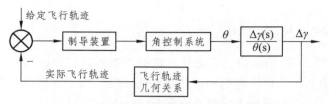

图 5.22　轨迹控制式自动驾驶仪一般结构图

比如，图 5.23 所示是高度控制系统的原理图。由于飞机在远距离航行以及进场着陆的初始阶段均需要保持高度的稳定，高度控制系统执行高度剖面中的某个轨迹，而且处于控制状态。飞行高度的稳定与控制不能由俯仰角的稳定与控制来完成，因为飞机受到纵向常值干扰力矩（如垂直风等）时，硬反馈式舵回路俯仰角稳定系统存在俯仰角以及航迹倾斜角静差，不能保持高度。角稳定系统在垂风气流的干扰下同样也会产生高度漂移。

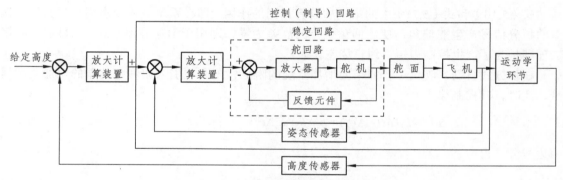

图 5.23　高度稳定系统构成

高度稳定系统必须由图 5.23 所示的高度传感器向自动驾驶仪计算机输入飞机高度信号，还必须有高度给定信号。自动驾驶仪计算机将根据高度之差计算所需的俯仰姿态信号，这个信号将作为稳定回路的输入信号，通过改变飞机的俯仰姿态来实现对飞机高度稳定的控制。

如果姿态稳定回路具有足够的稳定性，则高度稳定/控制回路可以直接作为外回路建立在姿态稳定回路的基础上。高度稳定系统通过一个可变的控制变量来代替先前固定不变的姿态控制器的给定值 θ_g。

高度稳定系统仅是对基准高度发生小偏离的情况设计的，因此每当飞行高度变化较大时，驾驶员都要首先切断高度稳定系统，然后操纵飞机进行过渡机动，当稳定在新的规定高度后再接通高度稳定系统。由此可见，这类高度稳定系统仍然不能实现弯曲航迹的自动飞行。要实现弯曲航迹的自动飞行，则需要用具有非线性功能的轨迹自动生成装置来扩展高度稳定系统。

飞行速度和升降速度的稳定和控制与高度的稳定和控制类似，只是给定装置和轨迹传感器不同。这里不再讨论。

5.6.3 轨迹控制中自动飞行控制系统与导航系统的关系

要依靠自动飞行控制系统实现对飞机轨迹的控制，需要从外围向自动飞行控制系统输入目标轨迹，比如 VOR 航道、LOC 航向道，或来自飞行管理计算机的飞行计划航路。在设定了目标轨迹并选择了适当的方式之后，导航系统将根据传感器和系统提供的参数计算出飞机与目标航迹之间的相对位置关系和偏离目标航迹的情况，并计算出机动指令。自动飞行控制系统的计算机在接收到来自导航计算机的机动指令后，再计算飞机的操纵指令——即舵面的偏转指令，从而驱动舵机和舵面偏转，操纵飞机切入、截获和跟踪目标轨迹，实现对轨迹的自动控制。自动飞行控制系统与导航系统的关系如图 5.24 所示。

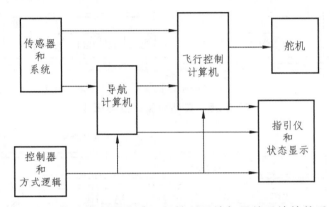

图 5.24 轨迹控制中自动飞行控制系统与导航系统的关系

在图 5.24 中，导航计算机的输入信号通常代表在给定时间的位置、速度或方向的偏离信号或误差信号。自动飞行控制系统计算机结合这些偏离信号或误差信号，以及来自不同传感器和系统（比如姿态和航向基准系统、大气数据计算机系统）的信号，计算出机动飞行指令。这些机动飞行指令或者通过飞行指引仪显示给飞行员看，或者输送到自动驾驶仪舵机，操纵飞机按指令飞行，实现自动飞行轨迹控制。传感器可以单独向导航计算机或自动飞行计算机提供信号，也可以同时向两个计算机提供信号。显示器接收来自导航计算机和自动飞行计算机的指令，并按适当的格式显示给飞行员看。所有这些功能都是在控制器和逻辑系统的控制下完成的。

导航计算机和自动飞行计算机相比较：

（1）导航计算机和自动飞行计算机都能够很好地完成 3 种计算：数学计算，比如乘、除和决策；滤波计算，该计算要求对时间进行积分；逻辑计算，该计算用于方式选择和互锁。

（2）导航计算机和自动飞行计算机在进行以上这些计算方面所处的重要程度是不同的，两个计算机的计算准确度、计算速度、输入和输出的参数的数量，以及平行计算通道的数量都是有区别的。导航计算机主要利用少量的输入参数实施高精度和适当速度的数学计算，提供少量的输出，几乎不能提供平行计算通道。相反，自动飞行计算机需要利用大量的输入参数实施滤波和逻辑计算，提供许多平行计算通道，并提供大量的输出参数。自动飞行计算机对计算精度只做适当的要求，但是，对计算速度的要求是很高的。

5.6.4　自动驾驶仪的控制板和制导方式

自动驾驶仪的制导方式是通过选择控制板上的方式电门实现的，不同机型的自动驾驶仪控制板不同。图 5.25 和图 5.26 所示分别是两种飞机上的自动驾驶仪的控制板。在自动驾驶仪控制板上主要有制导驾驶仪接通电门、方式选择电门、方式通告牌，以及测试电门等。

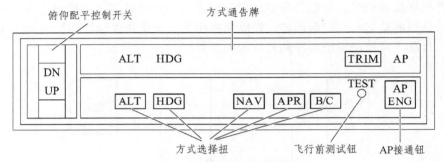

图 5.25　自动驾驶仪控制板 1

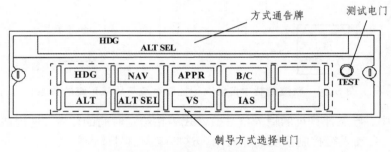

图 5.26　自动驾驶仪控制板 2

5.6.4.1　AP 接通钮（AP ENG）

按下，接通 AP；再按，断开 AP。

5.6.4.2　方式选择钮

按下某一按钮，选择 AP 制导方式。不同的自动驾驶仪其制导方式不同。总体来说，将制导方式分为两类，其中一类用于控制飞机的垂直轨迹，另外一类用于控制飞机的水平轨迹。控制飞机垂直轨迹的一类统称为俯仰方式，控制飞机水平轨迹的一类统称为横滚方式。在任何时候，只能接通一个俯仰方式，也只能接通一个横滚方式，但可以同时接通一个俯仰方式和一个横滚方式。

1. 典型的俯仰方式

ALT 为高度保持方式，自动驾驶仪控制飞机的俯仰姿态，将飞机高度保持在目前的高度上。

ALT SEL 方式，为高度选择方式，自动驾驶仪控制飞机的俯仰姿态，将飞机操纵到预定的目标高度上，并在目标高度上改平。

VS 方式，为升降速度方式，自动驾驶仪控制飞机的俯仰姿态，将飞机的升降速度控制到目标升降速度上。

IAS 方式，为速度方式，自动驾驶仪控制飞机的俯仰姿态，将飞机的速度控制到目标速度上。

2. 典型的横滚方式

HDG 为航向方式，自动驾驶仪控制飞机的横滚姿态，将飞机航向改变到预选的目标航向上，并在预选的目标航向上改平。

NAV 为导航方式，自动驾驶仪控制飞机的横滚姿态，操纵飞机切入、截获并跟踪 VOR 航道。

B/C 为反航道方式，自动驾驶仪操纵飞机从着陆方向的反方向切入、截获并跟踪 LOC 航向道。无 G/S 下滑道截获和跟踪功能。

3. 俯仰控制和横滚控制兼有的方式

APR（或 APPR）方式，为进近方式，自动驾驶仪控制飞机的横滚姿态操纵飞机切入、截获并跟踪 LOC 航向道，并控制飞机的俯仰姿态操纵飞机切入、截获并跟踪 G/S 下滑道。

当按压相应的方式电门时，自动驾驶仪即实现对应轨迹参数的稳定或控制。如果不选择任何方式，自动驾驶仪则回到姿态角的稳定功能。

5.6.4.3 方式通告牌

当自动驾驶仪接通在某一种方式时，自动驾驶仪计算机将向机组通告自动驾驶仪的工作状态。这些通告合称为自动驾驶仪方式通告。如图 5.25 中的方式通告为 ALT 和 HDG，表示该自动驾驶仪接通的俯仰方式是 ALT，而接通的横滚方式是 HDG，而通告中如果出现绿色的 AP，则表示自动驾驶仪已经接通。而图 5.26 中俯仰方式的通告为 ALT SEL，而横滚方式的通告为 HDG。

在某些飞机上，自动驾驶仪的方式通告不在控制板上，而在其他位置。如图 5.27 所示是某型飞机自动驾驶仪和飞行指引仪的方式通告牌。

值得注意的是：飞行中，驾驶员应以飞行方式通告牌的显示来判断自动驾驶仪的工作方式，而不是以方式控制板上按下的开关来判断自动驾驶仪的工作方式。另外，不是按压下什么方式电门就一定得通告为该方式，比如，当选择 APP（或 APPR）方式时，横滚方式的通告为 LOC，俯仰方式的通

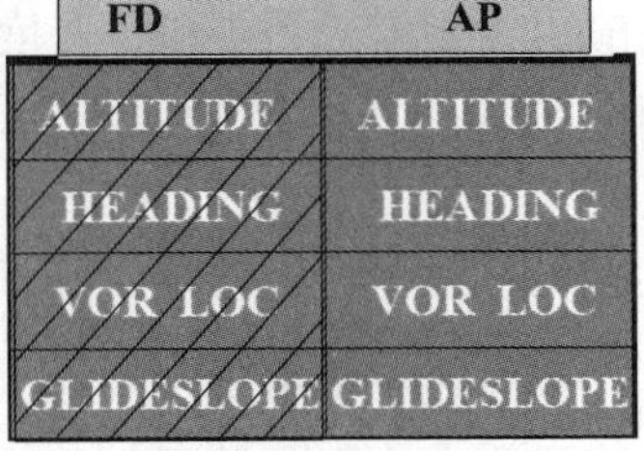

图 5.27 自动驾驶仪和飞行指引仪的方式通告牌

告为 G/S，表示当前横滚方式的作用是操纵飞机切入、截获并跟踪 LOC 航向道，俯仰方式的作用是操纵飞机切入、截获并跟踪 G/S 下滑道。

自动驾驶仪控制板上其他电门的功能如下：

（1）测试钮（TEST）：用于 AP 的飞行前测试。

（2）俯仰配平控制开关：拨动此开关，可操纵飞机俯仰，提供辅助的俯仰操纵功能。

5.7　自动驾驶仪的伺服作动系统

5.7.1　伺服作动系统的功能

自动驾驶仪伺服作动系统的功用是将计算机产生的指令信号转换成飞机操纵面的偏转机械信号，以控制飞机的运动。

计算机输出的指令信号驱动伺服作动系统，再由伺服作动系统驱动飞机的操纵面，从而改变飞机的姿态。无论自动驾驶仪以什么方式工作，总有一套伺服作动系统处于某种工作方式，驱动飞机的操纵面，以使飞机达到期望的姿态值。在某些资料上将自动驾驶仪的伺服作动系统称为自动驾驶仪舵机，或自动驾驶仪执行机构。

5.7.2　伺服作动系统的组成

伺服作动系统包括放大器、舵回路及舵面的驱动装置以及舵机反馈装置，如图 5.28 所示。放大器的作用是将计算机输出的信号进一步放大，以驱动舵机偏转。

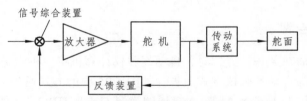

图 5.28　自动驾驶仪伺服作动系统框图

舵回路的作用前面已经介绍，舵回路中主要的部件是舵机，舵机是舵回路的执行元件，它输出力矩（或力）和角速度（或线速度），驱动舵面偏转。飞行控制系统中常采用电动舵机和电动-液压舵机两种。

5.7.2.1　电动舵机

电动舵机以电力为能源，通常由电动机（直流或交流）、测速装置、位置传感器、齿轮传动装置和安全保护装置等组成。图 5.29 说明了控制飞机操纵面的直流电动舵机的原理。如果自动驾驶仪已经衔接，伺服电机齿轮箱将机械地与操纵钢索啮合在一起，而操纵钢索又将驾驶舱内的操纵机构和操纵面的作动器连接在一起。离合器是由电磁活门控制的。伺服电机驱动一个测速发电机，以便将信号以负反馈的形式反馈到放大器中，形成反馈信号，从而保证了对操纵速度的限制，使操纵更为平滑。

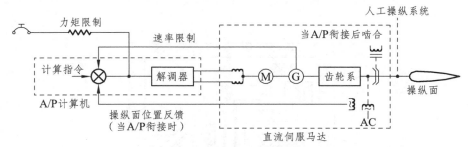

图 5.29 直流电动舵机的原理

一个正弦线圈随动同步器在自动驾驶仪衔接前由伺服电机驱动到零信号位。这是为了保证在自动驾驶仪衔接时输送到放大器的指令信号为零，完成衔接前的同步动作。当自动驾驶仪衔接时，来自伺服电机同步器"为零"的信号代表操纵面处于中立位置，所以，在自动驾驶仪衔接前，飞行员必须将操纵面移动到中立位置。

假设在操纵面处于中立位置时衔接自动驾驶仪，则随动同步器的信号与操纵面的偏转角度成比例，相位表示了操纵面的偏转方向。

如果自动驾驶仪计算机感觉到操纵面应该向上偏转，计算机输出的就是将操纵面向上偏转的指令。来自随动同步器信号的相位与计算的指令信号相位相反，所以，当来自随动同步器的信号等于计算的指令信号时，操纵面停止偏转。

5.7.2.2 电动-液压伺服作动系统

液压伺服作动系统以高压液体作为能源，驱动舵面偏转。它可以直接推动舵面偏转，也可以通过液压助力器带动舵面偏转。

图 5.30 所示为一个可以由自动驾驶仪直接控制的液压伺服作动系统。转换活门是一种电控液压活门，它控制着被称为自动驾驶仪舵机的活塞组件，活塞组件又控制舵机的主控制活门。

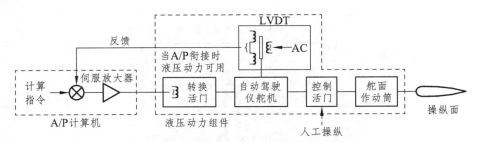

图 5.30 由自动驾驶仪直接控制的液压动力组件

自动驾驶仪舵机线性电压差动传感器（Linear Voltage Difference Transducer，LVDT）向计算机反馈自动驾驶仪舵机活塞位置信号。操纵面的位置信号也可以用作反馈信号。

1. 转换活门

图 5.31 是图 5.30 中使用的转换活门的详细图。在图的左上部是绕在"C"形铁心上的线圈的横截面图。励磁线圈的信号来自自动驾驶仪计算机输出的舵面偏转指令信号。

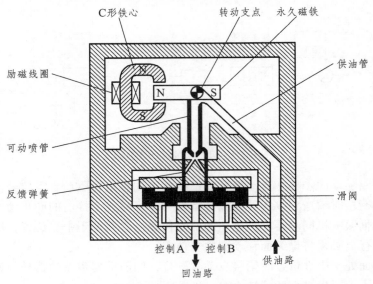

图 5.31 转换活门的原理（指令信号为零时）

在自动驾驶仪接通期间，液压流体从图右下角的供油路进入，流经可动喷管，并通过处于管路正下方的分离器分开。

如果自动驾驶仪计算机产生的舵面偏转指令信号为零，则线圈中没有电信号，"C"形铁心就不会被磁化，可动喷管将处于图中所示的中立位置。在这个位置，滑阀两端的压力是相等的，所以，控制端口 A 和控制端口 B 都被滑阀关闭，输出的控制信号都等于零。

如果自动驾驶仪计算机产生的舵面偏转指令信号不为零，则该指令信号将送到转换活门中的励磁线圈，将"C"形铁心磁化，"C"形铁心的磁场与永久磁体的磁场相互作用，使永久磁体带着可动喷管绕支点沿顺时针或反时针方向转动。假设电信号磁化的结果是使"C"形铁心的顶部为北极，底部为南极，则永久磁体带着可动喷管往逆时针方向转动，如图 5.32

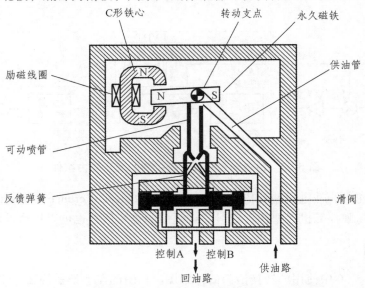

图 5.32 转换活门的原理（指令信号不为零时）

所示。这将引起滑阀右端的压力大于左边的压力，所以滑阀将向左边移动，直到从反馈弹簧反馈回来的压力足够将滑阀移动回中立位置。当滑阀移动到左边时，控制端口 B 与供油路连接，控制端口 A 与回油路连接，所以，B 端口压力大于 A 端口压力。

如果电信号的极性相反，则滑阀将向右移动，B 端口压力小于 A 端口压力。

控制端口 B 和控制端口 A 的压力将作用到自动驾驶仪舵机的两侧。

所以，转换活门的功用是将自动驾驶仪计算的舵面偏转指令信号转换为驱动舵面偏转的液压信号。

2. 操纵面作动筒

图 5.33 所示为一个液压控制操纵面的作动筒示意图，可以由飞行员直接操纵或由自动驾驶仪电动操纵。

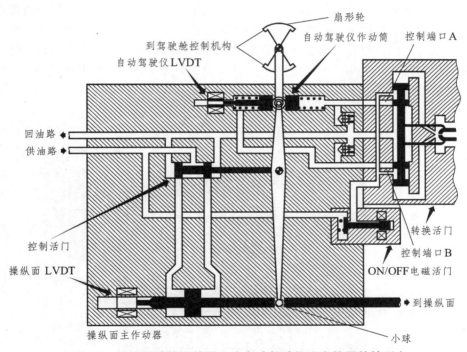

图 5.33　舵机驱动舵面的原理（自动驾驶仪没有接通的情形）

图右上角所示转换活门的下面一部分与自动驾驶仪舵机连接在一起，在它的正下方是"ON/OFF"电磁活门，当自动驾驶仪接通时，电磁活门将打开，向转换活门供压。

图顶部的 LVDT 的信号代表自动驾驶仪舵机被转换活门驱动的快慢，底部的 LVDT 与主作动筒的活塞杆连接在一起，主作动筒的活塞杆又是真正驱动操纵面的部件，所以，这个 LVDT 的信号代表了操纵面的位置。

（1）人工操纵时操纵面的作动原理。

人工操纵飞机时，自动驾驶仪电磁活门处于关闭位置，液压信号不会传递到自动驾驶仪舵机的两侧，如图 5.33 所示，所以飞行员可以用驾驶舱内的操纵机构操纵飞机。

驾驶舱内的操纵钢索驱动顶部的扇形轮。假设该部件顺时针转动，转动时，将与之相连的连臂往左边移动，这将使自动驾驶仪舵机向左移动，压缩左边的弹簧。但是，因为自动驾驶仪未接通，所以这个运动将不起作用。然后，下面较长的连臂将围绕其底部的小球转动。

当下面较长的连臂的顶部运动到左边时，它将控制活门移动到左边，这将使主作动筒活塞的左边与供油路连接在一起，同时使主作动筒活塞的右边与回油路连接在一起。

然后主作动筒活塞将向右移动，同时带动下面较长的连臂向右移动，将控制活门移动到中立位置，或关闭位置。主作动筒活塞将移动操纵面，直到控制活门关闭其端口。

驾驶舱内控制机构在同一方向的进一步移动又会引起控制活门向左移动，进而引起主作动筒活塞向右移动，到控制活门再次关闭。操纵面偏转的角度由驾驶舱内控制机构的位移决定。操纵面偏转的方向则由驾驶舱内控制机构的移动方向决定。

（2）自动驾驶仪工作时操纵面的作动原理。

当自动驾驶仪接通后，自动驾驶仪驱动舵面偏转的原理如图 5.34 所示。假设自动驾驶仪计算机的指令经转换活门后是控制端口 B 的压力大于控制端口 A 的压力，则右边黑色的滑阀将向上滑动，使液压系统的供油路与自动驾驶仪作动筒的左端口连接，回油路与自动驾驶仪作动筒的右端口连接，使自动驾驶仪作动筒不停地往右边移动。当它移动到右边时，它将在自动驾驶仪作动筒 LVDT 中产生反馈信号。当该 LVDT 的反馈信号等于计算的指令信号时，转换活门的信号变为零。

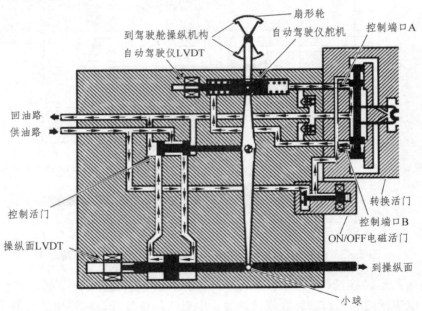

图 5.34　自动驾驶仪舵机驱动舵面的原理（自动驾驶仪接通后的情形）

当自动驾驶仪作动筒移动到右边时，将把它上面的连臂带到右边，转动与钢索连接的扇形轮，并驱动相应的驾驶舱操纵结构。所以，在自动驾驶仪操纵飞机的过程中，驾驶舱内的操纵机构是要随自动驾驶仪的工作而动的，以便于飞行员监控自动驾驶仪的工作情况。同时，下面较长的连臂将围绕其底部的球转动。当下面较长的连臂的顶部运动到右边时，它将控制活门移动到右边。这将使主作动筒活塞的左边与供油路连接在一起，同时使主作动筒活塞的右边与供油路连接在一起。然后主作动筒活塞将向左移动，同时带动下面较长的连臂向左移动，将控制活门移动到中立位置，或关闭位置。主作动筒活塞将驱动操纵面偏转。

自动驾驶仪作动筒中产生的信号大小决定了操纵面转动的快慢，当操纵面的 LVDT 信号等于自动驾驶仪作动筒的输出信号时，控制活门关闭其端口，舵面停止偏转。当操纵面转动时，产生一个空气动力的反馈信号，那就是陀螺测量到的飞机姿态信号。当该信号等于计算的指令信号时，飞机的姿态就满足了指令要求。

5.8　自动驾驶仪横滚通道各方式的原理

在本书中，对使用的符号有如下的规定：当提到的情况存在，或条件满足时，表示相应的开关处于三角形位置上。比如，当说到自动驾驶仪接通时，开关的位置如图 5.35（a）所示；当说到自动驾驶仪未接通时，开关的位置如图 5.32（b）所示。

（a）自动驾驶仪接通时的符号　　　　　　　　（b）自动驾驶仪未接通时的符号

图 5.35　本教材中条件是否满足的符号说明

5.8.1　A/P 接通前横滚通道的同步

在衔接自动驾驶仪之前伺服马达回路的同步动作以及自动驾驶仪保持接通瞬间飞机坡度的原理如图 5.36 所示。

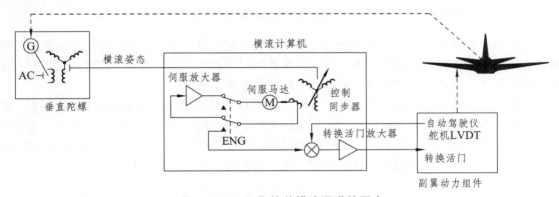

图 5.36　A/P 衔接前横滚通道的同步

在衔接前，副翼动力组件中的电磁阀是关闭的，转换活门没有液压动力，自动驾驶仪舵机的 LVDT 输出信号为零。

当自动驾驶仪未接通时，伺服放大器和伺服马达工作。计算机中的控制同步器电枢中的合成磁场是由来自垂直陀螺的倾斜姿态信号决定的，工作中的伺服马达回路保证控制同步器转子处于与电枢中合成磁场垂直的位置。

假设机翼水平时，控制同步器转子也处于水平方向上。此后，假设飞机的倾斜姿态是右倾 20°，垂直陀螺的发送同步器转子相对于其电枢必须顺时针转动 20°，控制同步器转子中的合成磁场也顺时针转 20°，伺服马达回路引起控制同步器转子跟踪合成磁场，转子也顺时针转 20°。

所以，在自动驾驶仪衔接前的任何时候，控制同步器转子的位置是与飞机倾斜姿态角对应的，即自动驾驶仪的横滚通道是同步的。

5.8.2 A/P 稳定接通瞬间的横滚姿态的原理

当自动驾驶仪接通时，伺服放大器的输出将不再与伺服马达连接，伺服马达保持不动。如图 5.37 所示。现在，从控制同步器转子上输出的任何信号都被送到转换活门放大器。接通时，副翼动力组件中的电磁活门是打开的，转换活门有液压动力驱动副翼。接通瞬间，控制同步器转子输出为零，因为它已经被伺服回路同步操作保持在那个位置了。

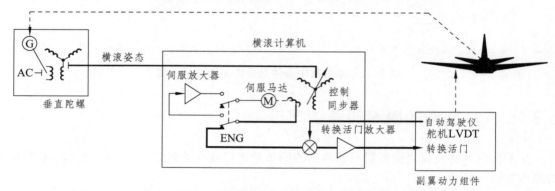

图 5.37 A/P 衔接后，横滚通道稳定接通瞬间飞机横滚姿态的原理

自动驾驶仪接通后，飞机坡度的任何变化都将引起垂直陀螺发送同步器转动电枢磁场的转动，进而引起控制同步器的磁场的转动，在控制同步器转子中产生非零信号，信号的方向是让副翼往恢复接通自动驾驶仪接通瞬间的横滚姿态方向转动。如果 A/P 接通瞬间飞机具有 20° 的右坡度，自动驾驶仪将保持这个横滚姿态。如果右机翼上升，则垂直陀螺将转动控制同步器电枢中的磁场，在控制同步器转子中产生某一方向的非零信号，信号的方向是让副翼往恢复接通自动驾驶仪接通瞬间的横滚姿态方向转动。该信号引起转换活门放大器驱动转换活门，使副翼偏转，直到坡度恢复到 20°。

5.8.3 用转弯旋钮操纵飞机压坡度的原理

图 5.38 所示为自动驾驶仪横滚通道中用转弯旋钮操纵飞机转弯的原理。

转动转弯旋钮，从它的电位计输出的信号就是要求机翼向相应方向倾斜的指令信号。旋钮转角越大，要求的坡度越大，旋钮的转动方向就是机翼倾斜的方向。

假设使用转弯旋钮转弯前，飞机处于机翼水平的姿态。现在我们已经将转弯旋钮逆时针转到底，该信号一直驱动伺服马达转动，直到从正弦同步器输出的反馈信号等于并抵消掉转弯旋钮的指令信号。这时，控制同步器转子也逆时针转动了 30°。

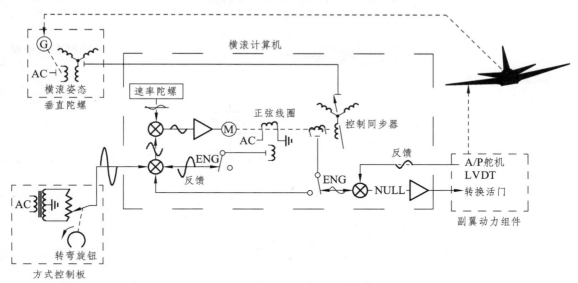

图 5.38 转动转弯旋钮后，伺服电机驱动控制同步器转子转动，迫使飞机压坡度的原理

由于飞机姿态还是机翼水平状态，控制同步器转子不再与控制同步器电枢中的合成磁场垂直，转子上将产生非零信号，这就确定了飞机的坡度指令。该信号输入到伺服放大器，驱动自动驾驶仪舵机转动。当来自自动驾驶仪 LVDT 的反馈信号等于飞机的坡度指令时，引起输入到转换活门放大器的信号变为零。这意味着转换活门已经将自动驾驶仪舵机移动了足够的量，以使副翼偏转足够的量，使飞机按控制同步器转子转动的速率滚转。

在坡度改变的过程中，速率陀螺也产生一个反向的信号，该信号进一步削弱输入到计算机伺服放大器的信号。之后，飞机将连续改变，直到达到左机翼向下 30° 的横滚姿态。

当飞机坡度达到 30° 左坡度时，垂直陀螺发送器发送信号，并将控制同步器电枢合成磁场从机翼水平的位置逆时针转动了 30°，与控制同步器转子垂直，控制同步器转子的输出信号变为零。正弦线圈的反馈信号也是 30° 信号，它抵消转弯旋钮输入的坡度指令信号。速率陀螺探测到稳定的坡度，也没有信号输出，所以，伺服马达放大器中不再有信号输入。

同步器转子已经停在了 30° 位置，飞机坡度也达到了左 30°。因为转换活门放大器没有输入信号，来自舵机 LVDT 的反馈信号已经使转换活门驱动其舵机回到了零信号位置，副翼也回到流线型位置，所以飞机将保持 30° 左坡度飞行。

5.8.4 转弯旋钮、坡度限制器、横滚速率限制器和测速发电机的作用

坡度限制器、横滚速率限制器和测速发电机的作用如图 5.39 所示。

为了简便，我们对转弯旋钮的指令信号做一个夸张的假设。我们假设转弯旋钮可以要求 45° 的坡度。转弯旋钮的信号通常连接到下游的坡度限制器，坡度限制器的作用是根据特定的工作方式要求，将飞机的转弯坡度限制到一个值，坡度的最大限制值通常是 25° ~ 30°。当方

式改变时坡度限制器的限制动作将自动改变。当坡度限制器的输出信号被正弦线圈的信号抵消时，意味着在该方式下允许的最大坡度是由伺服同步器引起的。

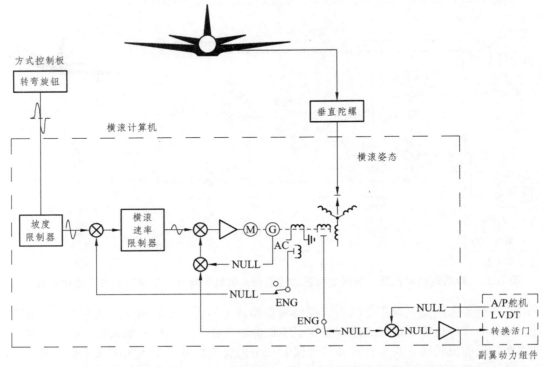

图 5.39　转弯旋钮突然接入 45°的信号，但同步器转子和飞机姿态还没有变化

　　横滚速率限制器输出的最大信号会使伺服马达驱动它的同步器转子的速度不超过该方式要求的速度。控制同步器转子转动的速率是飞机改变它的横滚姿态的速率。横滚速率输出范围为 1.5（°）/s ～ 7（°）/s。

　　这些伺服马达通常驱动测速发电机，测速发电机的输出反馈到伺服放大器，使横滚速率限制器起作用，并使横滚运动柔和。

　　图 5.39 所示的情况是转弯旋钮的信号突然接入，伺服马达还没有来得及将它的同步器转子从机翼水平的位置转动。转弯旋钮的信号被坡度限制器减小到了机翼左倾 30°，滚转速率限制器进一步将这个信号减小，以保证伺服马达驱动其同步器转子的速率不会超过 5（°）/s。

　　同步器转子还没有开始转动，所以，转换活门放大器中没有信号输入，飞机的姿态信号不会改变，伺服马达测速发电机也没有信号输出。机翼依然保持水平，副翼依然保持流线型。

　　在图 5.40 中，同步器转子以 5（°）/s 的速率转动，飞机也以 5（°）/s 的速率滚转。但是飞机姿态角总是滞后于控制同步器转子一定的角度，使控制同步器转子产生非零的输出信号。该信号经转换活门放大器，驱动自动驾驶仪舵机，直到它的 LVDT 反馈信号等于控制同步器转子的输出信号，并抵消该信号。

　　当伺服马达已经将解算器转子和控制同步器转子驱动到了左机翼向下 30° 的位置时，如图 5.41 所示。正弦线圈的输出信号抵消坡度限制器的输出信号，伺服放大器中不再有信号输入。测速发电机和马达停止转动，飞机的坡度角等于控制同步器转子转动的角度，转换活门放大器中没有信号输入。坡度限制器已经限制了飞机坡度的最大值。

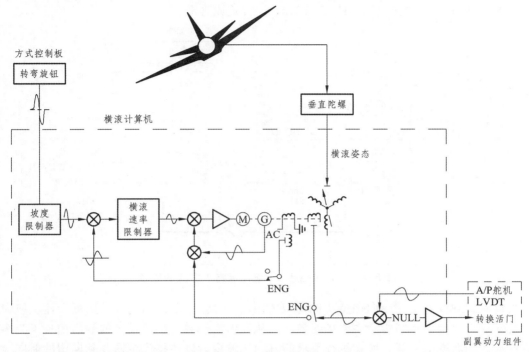

图 5.40 横滚速率限制器将同步器转子和飞机的转动速率限制在 5°/s，但飞机姿态还未达到 30°

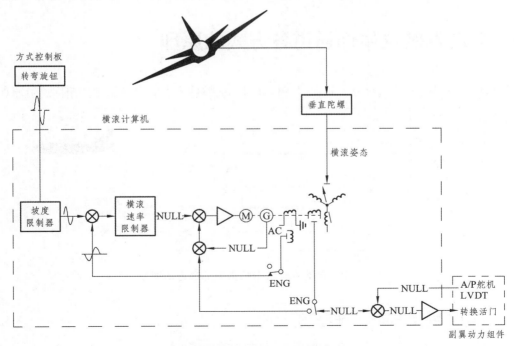

图 5.41 坡度限制器已经将飞机的坡度限制在了 30°

5.8.5　自动驾驶仪航向保持方式

图 5.42 所示为"航向保持（HDG HOLD）"方式原理图。

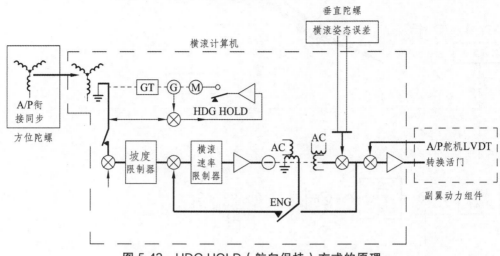

图 5.42　HDG HOLD（航向保持）方式的原理

当自动驾驶仪处于"航向保持（HDG HOLD）"时，左上角的伺服马达被卡住。航向的任何改变都将引起控制同步器中磁场的转动，从而引起控制同步器转子的输出信号不为零。该信号被送到坡度限制器，使飞机按要求的方向压坡度，以便将飞机恢复到期望的航向上。

5.9　自动驾驶仪俯仰通道各方式的原理

图 5.43 所示为一个简化了的，正在保持接通时刻的俯仰姿态的自动驾驶仪俯仰通道原理图。

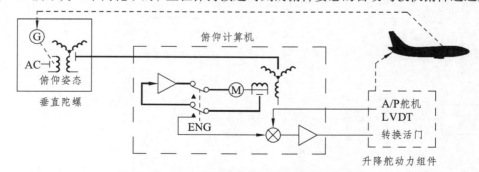

图 5.43　自动驾驶仪衔接前俯仰通道的同步

5.9.1　A/P 衔接前俯仰通道的同步

自动驾驶仪衔接前俯仰通道的同步原理如图 5.43 所示。来自垂直陀螺的俯仰姿态信号送到俯仰计算机中伺服马达回路的控制同步器的电枢中。伺服马达回路保持其控制同步器转子与电枢转子磁场垂直。所以，同步器转子的位置总是与飞机的俯仰姿态是一致的。这就是自动驾驶仪衔接前俯仰通道的同步。

5.9.2　A/P 衔接后保持俯仰姿态的原理

在衔接时，控制同步器转子的输出信号从伺服马达回路中脱开，送到转换活门伺服放大器，同时，伺服马达被卡住。此后，如果飞机的俯仰姿态和接通瞬间的俯仰姿态不一样，控制同步器中的磁场就不再与转子垂直，将产生某一方向的信号。该信号送到伺服放大器，转换活门以及升降舵动力组件中的自动驾驶仪作动系统，按要求驱动升降舵，以使飞机恢复到自动驾驶仪接通瞬间的俯仰姿态上，并使同步器中的磁场恢复到与转子垂直的状态。自动驾驶仪衔接后俯仰通道姿态保持的原理如图 5.44 所示。

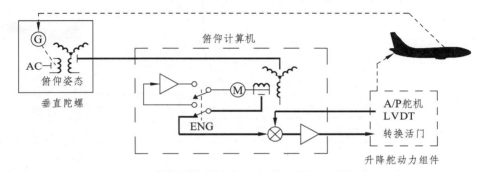

图 5.44　自动驾驶仪衔接后俯仰通道姿态保持的原理

5.9.3　高度保持方式的原理

在高度保持方式接通时，自动驾驶仪俯仰通道需要进行同步。关于同步的问题这里不再阐述。

当飞行员接通高度保持方式时，来自中央大气数据计算机（Center Air Data Computer — CADC）的高度误差信号就接入了俯仰通道计算机中。飞机一旦偏离目前的高度，就会产生高度误差信号，并接入了俯仰通道计算机中，这个信号立即送到转换活门伺服放大器，按要求偏转升降舵，以便使飞机回到期望的高度上。

升降舵偏转后，自动驾驶仪舵机 LVDT 信号增加，当自动驾驶仪舵机 LVDT 信号能够抵消高度误差信号时，舵就已经偏转到了足够的量，如图 5.45 所示。

升降舵偏转后，使飞机俯仰姿态改变，引起俯仰控制同步器转子产生非零信号，该信号使舵机反转，舵面开始回收。这是一个快速的过程。几秒钟之内，在第一个信号相加处，当高度误差信号抵消伺服回路的姿态误差信号时，舵面回中，如图 5.46 所示。

在这种方式下，经过 20～30 s 的较长一段时间后，输入到俯仰通道伺服回路的高度误差信号驱动控制同步器转子往对应于要求保持高度的新的俯仰姿态方向转。

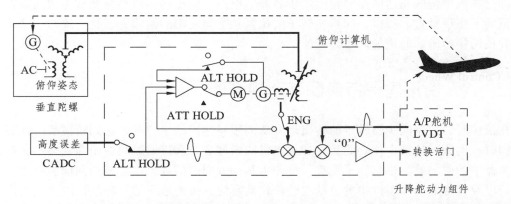

图 5.45   自动驾驶仪俯仰通道高度保持方式，A/P 舵机 LVDT 信号抵消高度误差信号的原理

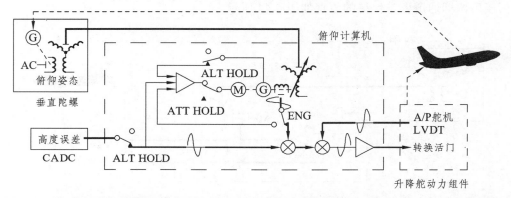

图 5.46   自动驾驶仪俯仰通道高度保持方式，姿态误差信号增加，AP 舵机 LVDT 信号减小

控制同步器转子的转动使来自控制同步器转子的俯仰姿态误差信号减小时，高度误差信号逐渐地将飞机恢复到期望的高度上。当伺服马达回路将控制同步器驱动到新的期望俯仰姿态上时，高度误差信号已经减小到零，如图 5.47 所示。

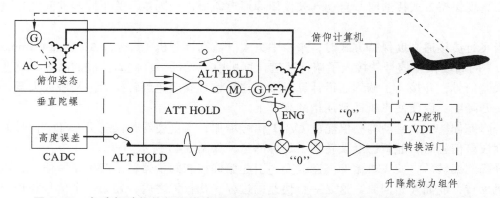

图 5.47   自动驾驶仪俯仰通道高度保持方式，姿态误差信号抵消高度误差信号

在其他俯仰通道的方式中也使用上述伺服马达回路的慢速方式，如升降速度保持方式、指示空速保持方式、下滑道截获方式等。

5.10   自动驾驶仪驾驶盘操纵方式的原理

　　有些飞机的自动驾驶仪在横滚通道和俯仰通道上都有一种特殊的方式，称为驾驶盘操纵方式（Control Wheel Steering，CWS）。当自动驾驶仪处于驾驶盘操纵（CWS）方式时，如果有一个大约超过 4 lb 的外力施加到了驾驶盘/驾驶杆上，驾驶盘/驾驶杆力传感器就会将驾驶盘/驾驶杆上的力转变成电信号，该信号送到自动驾驶仪伺服作动系统，由自动驾驶仪控制飞机的操纵面偏转。所以，在自动驾驶仪的 CWS 方式中，驾驶盘/驾驶杆是由飞行员人工控制的，但飞机的舵面则是由自动驾驶仪伺服机构控制的。

5.10.1   CWS 力传感器

　　图 5.48 所示为形成"驾驶盘/驾驶杆操纵力"电信号的原理。力传感器安装在控制回路中，或者更复杂一点是安装在驾驶盘的上面，以便它感觉施加到驾驶盘/驾驶杆上的力的情况。图 5.49 所示为某型飞机上横滚和俯仰力传感器在飞机上的安装位置。

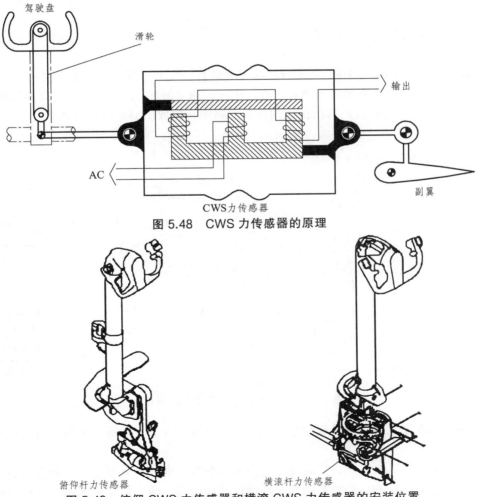

图 5.48   CWS 力传感器的原理

图 5.49   俯仰 CWS 力传感器和横滚 CWS 力传感器的安装位置

传感器外边的波形轮廓表示它的长短是可以改变的，如果推它，长度会变短，如果拉它，长度会变长。传感器盒子的一端与磁感应线圈的电枢连接，而另一端与铁心连接。

当自动驾驶仪工作在"驾驶盘操纵"方式时，传感器向横滚和俯仰通道提供信号，按飞行员的要求操纵副翼和升降舵，从而使飞机的横滚姿态和俯仰姿态达到期望值。

当没有外力作用时，电枢处于中间位置，输出信号为零；如果外力推盒子，磁感应传感器的输出是一个方向；如果外力拉盒子，磁感应传感器的输出则是另一个方向。

横滚 CWS 的工作情况是：一旦飞行员在驾驶盘上持续施加外力，副翼舵机就会持续转动，增加飞机的坡度。当他松开驾驶盘后，自动驾驶仪回到横滚姿态保持方式。如果飞行员在驾驶盘上往反方向施力，则将引起 CWS 信号反向，进而副翼舵机往反方向转动，驱动舵面反方向偏转，使飞机回到机翼水平状态或往另外一个方向压坡度。

俯仰 CWS 的工作情况是：一旦飞行员在驾驶杆上持续施加外力，升降舵舵机就会持续转动，增加飞机的俯仰姿态角。当他松开驾驶盘后，自动驾驶仪回到横滚姿态保持方式。如果飞行员在驾驶盘杆往反方向施力，则将引起 CWS 信号反向，进而引起升降舵舵机反方向转动，驱动升降舵往反方向偏转。

5.10.2　横滚通道驾驶盘操纵方式的原理

横滚通道 CWS 的原理如图 5.50 所示。左下角有一个电平探测器一直在探测 CWS 力传感器的信号，当它探测到施加在驾驶盘上的力超过大约 4 lb 时，探测器将激活传感器的开关，这个开关的作用是将传感器的输出接入到指令回路中，并取消姿态保持方式。

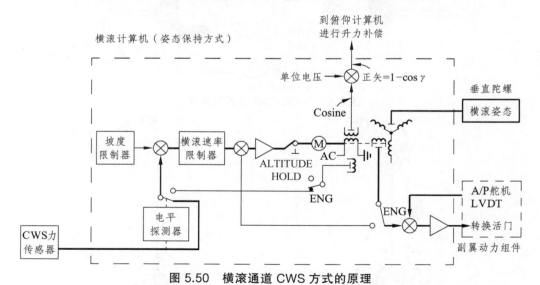

图 5.50　横滚通道 CWS 方式的原理

探测器还断开正弦线圈的反馈信号，所以，一旦施加外力，计算机伺服器就连续运转，引起坡度的增加。

如果飞行员想将飞机改平，他就反方向操纵驾驶盘。电平探测器工作，取消姿态保持方式，来自力传感器的反方向信号驱动伺服马达反方向转动，使飞机往机翼水平方向滚转。

　　在 CWS 方式坡度限制器被旁通，并有正矢信号输入到俯仰通道计算机，进行升力补偿。

　　一旦飞行员松开驾驶盘，横滚通道回到姿态保持方式，自动驾驶仪将飞机保持在松开驾驶盘瞬间所获得的飞机横滚姿态上。姿态保持方式的原理如图 5.51 所示。姿态保持开关处于三角形位置，嵌住伺服马达不让其转动。一旦控制同步器转子不能转动，飞机的横滚姿态也就不能改变了。

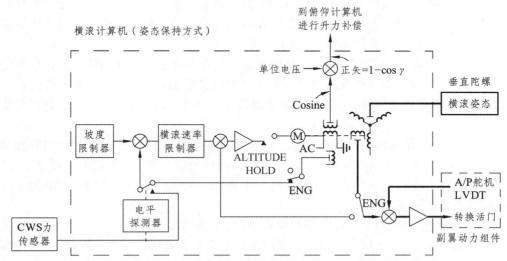

图 5.51　飞行员松手后自动驾驶仪保持松手瞬间飞机姿态的原理

5.10.3　俯仰通道驾驶盘操纵方式的原理

　　俯仰通道 CWS 方式的原理与横滚方式 CWS 的原理类似，这里不再讲述。

5.11　自动驾驶仪的使用

5.11.1　法规中关于自动驾驶仪使用的限制

　　大型飞机公共航空运输承运人运行合格审定规则（民航局令第 195 号）CCAR-121-R4：第 121.587 条 使用自动驾驶仪的最低高度。

　　（a）对于航路上飞行，除本条（b）款和（c）款规定外，在离地高度低于飞机飞行手册中注明的巡航状态下自动驾驶仪故障时最大高度损失的 2 倍，或者低于 150 米（500 英尺）（取两者之中较高者）时，任何人不得在航路上，包括上升和下降阶段，使用自动驾驶仪。

　　（b）对于进近，当使用仪表进近设施时，在离地高度低于飞机飞行手册中注明的进近状态自动驾驶仪故障时最大高度损失的 2 倍，或者低于批准的该进近设施最低下降高或者决断高之下 15 米（50 英尺）（取上述两者之中较高者）时，任何人不得使用自动驾驶仪。但在下述情况下应当遵守以下规定：

① 当报告的气象条件低于中国民用航空规章规定的基本目视飞行规则气象条件时,在离地高度低于飞机飞行手册中注明的进近状态带进近耦合器的自动驾驶仪故障时最大高度损失之上 15 米（50 英尺）时,任何人不得使用带进近耦合器的自动驾驶仪作仪表着陆系统（ILS）进近;

② 当报告的气象条件等于或者高于中国民用航空规章规定的基本目视飞行规则最低条件时,在离地高度低于飞机飞行手册中注明的进近状态时带进近耦合器的自动驾驶仪故障时最大高度损失,或者低于 15 米（50 英尺）（取两者中较高者）时,任何人不得使用带进近耦合器的自动驾驶仪作仪表着陆系统（ILS）进近。

（c）尽管有本条（a）款或者（b）款的规定,但在符合下列条件的情况下,局方仍可以颁发运行规范,允许使用经批准的带自动驾驶能力的飞行操纵引导系统,直至接地:

① 飞机飞行手册中注明,在带进近耦合器的自动驾驶仪故障时,该系统不会出现任何高度损失（零高度之上）;

② 局方认为,使用该系统直至接地,并不会对本条所要求的安全标准产生其他影响。

（d）尽管有本条（a）款的规定,但在符合下列条件的情况下,局方仍可以颁发运行规范,允许合格证持有人在起飞和初始爬升阶段低于本条（a）款规定的高度使用经批准的带自动驾驶能力的自动驾驶仪系统:

① 飞机飞行手册中规定了经审定的最低接通高度限值;

② 在到达飞机飞行手册中规定的最低接通高度限值或者局方规定的高度（两者取高者）之前,不接通该系统;

③ 局方确认使用该系统不会影响本条要求的安全标准。

5.11.2　自动驾驶仪的接通

（1）在地面自动驾驶的接通被抑制。

（2）接通的高度限制。在飞机到达飞机的飞行手册中规定的最低接通高度限制值或者局方规定的最低接通高度之前,自动驾驶仪是不能够接通的。

（3）接通互锁条件。自动驾驶仪的接通除了具有高度限制之外,飞机的状态和其他配套设备的状态也必须同时满足一定的条件时自动驾驶仪才能够接通。这些必须同时满足的条件满足后自动驾驶仪才能够接通的条件称为自动驾驶仪的接通互锁,比如,某型飞机上的自动驾驶仪接通互锁条件列表如下:

① 直流电源和交流电源的供应具有富余;

② 提供姿态的陀螺已经启动完成;

③ 偏航阻尼器已经接通;

④ 自动俯仰配平系统可用;

⑤ 马赫配平系统可用;

⑥ 没有按压自动驾驶仪的断开按钮;

⑦ 中央大气数据计算机处于工作状态;

⑧ 如果操纵机构（即驾驶盘和驾驶杆、转弯旋钮、俯仰开关等）位于中立位置。

（4）接通方法。在自动驾驶仪的接通高度满足要求，以及其他接通互锁条件都满足的条件下，按压自动驾驶仪控制板（见图 5.25）上的自动驾驶仪接通（AP ENG）电门就可以接通自动驾驶仪。

5.11.3　自动驾驶仪的方式选择

1. 俯仰方式的选择

自动驾驶仪接通后，如果机组没有进一步选择俯仰方式，也没有进一步在驾驶杆上施加力，自动驾驶的俯仰将处于俯仰姿态保持方式，自动驾驶仪将飞机保持在接通自动驾驶仪瞬间的飞机俯仰姿态上。

自动驾驶仪接通后，如果机组没有进一步选择俯仰方式，但在驾驶杆上施加了一定的力，自动驾驶的俯仰将处于驾驶盘操纵方式，自动驾驶仪将根据机组在驾驶杆上增加的力的大小和方向控制飞机的俯仰姿态。

根据需要，机组可以设定一定的目标值，并选择某一个俯仰方式，让自动驾驶仪按该方式的控制逻辑将飞机控制到目标垂直轨迹上。这些俯仰方式主要有高度方式、高度选择方式、速度方式、升降速度方式等。

2. 横滚方式的选择

自动驾驶仪接通后，如果机组没有进一步选择横滚方式，也没有进一步在驾驶盘上施加力，自动驾驶的横滚将处于横滚姿态保持方式，自动驾驶仪将飞机保持在接通自动驾驶仪瞬间的飞机横滚姿态上，或将飞机的坡度改平。一般情况下，当接通自动驾驶仪瞬间飞机的坡度值大于一定值（比如，某型飞机为 6°）时，实施坡度保持，当接通自动驾驶仪瞬间飞机的坡度值小于等于一定值（比如，某型飞机为 6°）时，实施坡度改平。

自动驾驶仪接通后，如果机组没有进一步选择横滚方式，但在驾驶盘上施加了一定的力，自动驾驶的横滚将处于驾驶盘操纵方式，自动驾驶仪将根据机组在驾驶盘上增加的力的大小和方向控制飞机的横滚姿态。

根据需要，机组可以设定一定的目标值，并选择某一个横滚方式，让自动驾驶仪按该方式的控制逻辑将飞机控制到目标水平轨迹上。这些横滚方式主要有 HDG，NAV 等。

3. 进近着陆时的方式选择

在进近时，如果能够进行 ILS 进近，可以选择 APP（或 APPR）方式。

5.11.4　自动驾驶仪的断开

1. 正常断开

在飞行中，如果不再需要驾驶仪控制飞机，可以按压驾驶盘外侧把手上的自动驾驶仪断开电门。这是断开自动驾驶仪最常用的方法。驾驶盘外侧把手上的自动驾驶仪断开电门如图 5.52 和图 5.53 所示，按钮通常为红色，上面标有自动驾驶仪断开的字符。

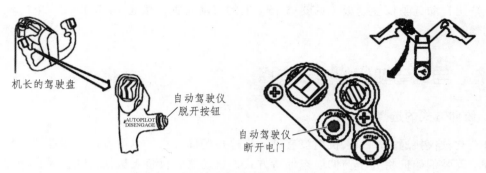

图 5.52　驾驶盘上自动驾驶仪的脱开开关

2. 自动断开

当自动驾驶仪接通互锁的某一个或某一些条件不满足时，或驱动自动驾驶仪舵机的电源或液压系统出现故障时，自动驾驶仪会自动断开。

3. 不正常断开

当自动驾驶仪已经接通后，再次按压自动驾驶的接通按钮，或人工按压任意一个俯仰配平电门，都将导致自动驾驶仪断开。

4. 杆力/盘力断开

当飞行员在驾驶盘/驾驶杆上输入与自动驾驶相反的长而轻的力或短而重的力，将导致自动驾驶仪断开。

5. 临时断开

某些飞机上的自动驾驶仪安装有临时断开按钮（Touch Control Sterring，TCS，或 Touch Wheel Sterring，TWS），该按钮也称为自动驾驶仪超控按钮，一般安装在驾驶盘上，上面标有 TCS，或 TWS 字符，如图 5.53 所示。按压并保持住该按钮，将临时断开自动驾驶仪，驾驶杆/驾驶盘和飞机暂时都由飞行员控制。松开 TCS，将重新接通 AP，自动驾驶仪将飞机保持在松手瞬间的飞机姿态上。

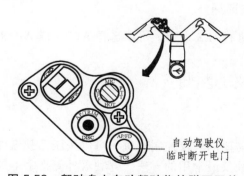

图 5.53　驾驶盘上自动驾驶仪的脱开开关

6. 断开警告

为了提醒驾驶员注意，除临时断开外，在自动驾驶仪断开时，会出现断开警告信号。常用的警告信号有目视警告信号和音频警告信号两种。如图 5.25 和图 5.26 所示的自动驾驶仪控制板上如果出现红色闪亮的 AP 字符就表示自动驾驶仪已经断开了。同时，自动驾驶仪断开警告喇叭也会响起。如图 5.54 所示是某型飞机安装在顶板上的自动驾驶仪脱开警告喇叭。在有些飞机上，自动驾驶仪断开的目视警告信号为闪亮的红色自动驾驶仪警告灯，如图 5.55 所示。

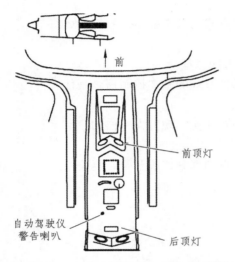

图 5.54　安装在顶板上的自动驾驶仪脱开警告喇叭　　　　图 5.55　自动驾驶仪脱开警告灯

7. 断开警告的复位

当自动驾驶仪断开警告出现时，再次按压驾驶盘上的自动驾驶仪断开电门可以使警告复位，使闪亮的 AP 字符停止闪亮，警告声音消失。

在如图 5.55 所示的自动驾驶仪断开警告灯的灯罩带有按钮，上面标有 P/RST，表示按压该灯罩，可以复位自动驾驶仪的断开警告（Push to Reset，P/RST），使闪亮的红色 AP 灯停止闪亮，断开警告声音消失。

复习思考题

1. 自动驾驶仪的基本功能有哪些？具体体现在哪些方面？
2. 自动驾驶仪的辅助功能有哪些？
3. 自动驾驶仪的模型中包含了哪些基本部件？分别实现哪些功能？
4. 什么是自动驾驶仪的通道？自动驾驶仪具有几个通道？各通道的控制对象和实现的操纵是什么？

5. 三通道自动驾驶仪是如何控制飞机的？两通道自动驾驶仪是如何控制飞机的？

6. 自动驾驶仪每个通道的组成包括哪些部件？各部件的作用是什么？

7. 自动驾驶仪包含几个回路？各回路的作用是什么？

8. 以俯仰通道为例，说明简单比例式自动驾驶仪的控制律。

9. 以俯仰通道为例，说明比例加阻尼式自动驾驶仪的控制律，并简述角速度信号的作用。

10. 以俯仰通道为例，说明积分式自动驾驶仪的控制律，并简述积分式自动驾驶仪在控制飞机方面的优点。

11. 分析自动驾驶仪伺服自动系统的原理。

12. 自动驾驶仪主要的横滚方式有哪些？各方式的基本控制信号是什么？

13. 自动驾驶仪横滚通道是如何实现同步的？

14. 说明自动驾驶仪 CWS 力传感器探测杆力的原理。

15. 自动驾驶仪主要的俯仰方式有哪些？各种方式的基本控制信号是什么？

16. 自动驾驶仪俯仰通道是如何实现同步的？

17. 升力损失的原因是什么？自动驾驶仪中是如何实现升力补偿的？

18. 自动驾驶仪接通的条件有哪些？

19. 自动驾驶仪脱开的方法有哪些？如何使自动驾驶仪脱开警告复位？

6　飞行指引仪系统

　　飞行指引仪系统（Flight Director System，FDS）广泛用于当前各种型号的飞机。它是一种半自动飞行仪表系统，是飞机上各种导航系统的终端处理及显示系统，它接收飞机上航向姿态系统（或惯性导航系统）、导航系统、大气数据计算机系统等设备输出的信息，除向飞行员提供连续的常规的飞行姿态（俯仰、倾斜）、航向及航道、下滑等导航位置显示外，还可给飞行员提供经过逻辑处理与综合计算得到的操纵飞机所需的操纵指令，使飞行员在巡航、着陆、进场飞行时，可根据指引仪表显示的操纵指令，方便准确地操纵飞机，使飞机准确地切入或保持在希望的航迹上。而当飞行指引仪系统与自动飞行控制系统耦合，即飞行指引仪系统与自动驾驶仪系统交联使用时，利用飞行指引系统可以监控自动驾驶仪系统工作正常与否。

　　飞行指引仪系统是夜间或复杂气象条件下飞行的必备设备。

6.1　飞行指引仪系统的组成

　　不同型号的飞行指引仪系统组成略有不同。通常，飞行指引仪系统由飞行指引计算机、姿态指引指示器、指引放大器、方式控制板、飞行方式通告牌等部件组成，图 6.1 中虚框内为飞行指引仪系统的组成，图的左侧部分则是飞行指引仪计算指引信号所需要的外围信号源。

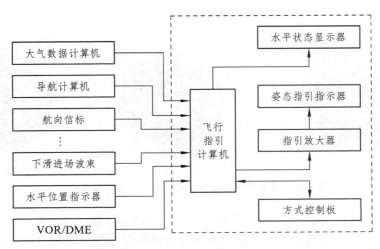

图 6.1　飞行指引仪系统的组成（图中虚框内部分）

6.1.1　飞行指引计算机

飞行指引计算机（Flight Director Computer，FDC）是飞行姿态指引仪的核心部件。它为姿态指引仪提供飞机的俯仰和横侧指令、故障旗收放指令和飞行指引通告牌指示。在某些飞机上，飞行指引计算机是单独的；在另一些飞机上，飞行指引计算机是与自动驾驶仪的计算机合为一体的，称为飞行控制计算机。

6.1.2　姿态指引指示器

姿态指引指示器是飞机姿态指示与飞机姿态指引的综合指示器。为了便于驾驶员观察飞机上其他设备的指示，指示器内也综合有其他信息显示，如无线电高度表的指示、仪表着陆系统的指示等。飞行姿态指引指示器目前使用的有 3 种。一种是机电式姿态指引指示器 ADI，另一种是电子姿态指引指示器 EADI，第三种则是主飞行显示器。飞机的姿态来自垂直陀螺或惯性基准系统。飞行姿态指引针受飞机姿态指引计算机的输出信号驱动。

飞机姿态指引的方式主要有 2 种，分别是十字形指引杆和八字形指引杆，这些指引杆在显示器的显示情况如图 6.2 和图 6.3 所示。

图 6.2 所示是 ADI 上显示的十字形指引杆，它利用俯仰指引杆和横滚指引杆分别进行俯仰姿态指引和横滚姿态指引。在显示器中，飞机符号是固定不动的，指引杆偏离飞机符号的方向是姿态应该修正的方向，指引杆偏离飞机符号的程度，是需要修正的量的大小，偏离越远，需要修正的量就越大。采取措施进行修正时，指引杆会向飞机符号方向移动。当指引杆与飞机符号对齐时，表示姿态已经满足要求。

比如，俯仰指引杆在飞机符号上面，则应操纵飞机抬头，反之应操纵飞机低头。如果采取了正确的姿态修正，俯仰指引杆将向飞机符号移动，当俯仰指引杆移动到与飞机符号对齐时，表示飞机的俯仰姿态符合飞行指引仪对俯仰姿态的要求。假如横滚指引杆在飞机符号左边，则应操纵飞机向左压坡度，反之应向右压坡度，直到横滚指引杆与飞机符号对齐为止。

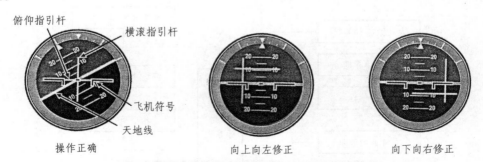

图 6.2　带十字形指引杆的姿态指引仪的指引信号

图 6.3 所示是 ADI 上显示的八字形指引杆。八字形指引杆又称为倒"V"字形指引杆。它利用八字形指引杆与飞机符号的上下关系来进行俯仰姿态指引，利用八字形指引杆与飞机符号的角度关系来进行横滚指引。若八字形指引杆在飞机符号之上，则应操纵飞机抬头，反

之则应操纵飞机低头，以达到预定的俯仰角。若八字形指引杆相对飞机符号右倾斜，则应操纵飞机向右压坡度，反之应向左压坡度，以达到预定的横滚姿态角。当八字形指引杆包围飞机符号时表示达到飞行指引仪指令的飞机姿态角。

八字形指引杆

飞机符号

向上向左修正　　　　　　向下向右修正　　　　　　操作正确

图 6.3　带八字形指引杆的姿态指引仪的指引信号

6.1.3　飞行指引的控制板和指引方式

飞行指引的控制板用于驾驶员接通/断开飞行指引系统以及选择飞行指引的方式。不同型号的飞行指引仪，其控制板也不同。但总体来说，都具有飞行指引仪接通/断开电门和飞行指引仪方式选择电门。图 6.4 所示为典型的飞行指引的控制板，该控制板上还有自动驾驶仪的通/断电门和俯仰配平电门。

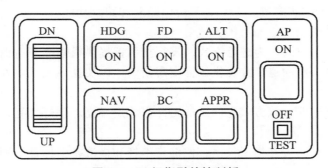

图 6.4　飞行指引的控制板

1. AP 接通电门（AP ENG）

按下，如果接通的条件满足，就可以接通 AP；再按，断开 AP。本章只讨论飞行指引仪的问题，所以，关于自动驾驶仪的问题请参照第 5 章。

2. FD 接通电门（FD）

按下，如果接通的条件满足，就可以接通 FD。再按，断开 FD。

3. FD 的方式选择钮

按下某一按钮，选择 FD 的指引方式。不同的飞行指引仪其指引方式不同。总体来说，将指引方式分为两大类，其中的一大类用于俯仰姿态的指引，另外一大类用于飞机横滚姿态的指引。用于俯仰姿态的指引的一大类统称为俯仰方式，用于飞机横滚姿态的指引一大类统称为横滚方式。在任何时候，只能接通一个俯仰方式，也只能接通一个横滚方式，但可以同时接通一个俯仰方式和一个横滚方式。当接通某一个方式时，该方式电门上的 ON 灯稳定燃亮。该灯燃亮，表示再次按压该电门，可以取消该方式。

（1）典型的俯仰方式。

ALT 为高度保持方式，飞行指引仪提供俯仰姿态指引，以便将飞机高度保持在目前的高度上。

ALT SEL 方式，为高度选择方式，飞行指引仪提供俯仰姿态指引，以便将飞机操纵到预定的目标高度上，并在目标高度上改平。

VS 方式，为升降速度方式，飞行指引仪提供俯仰姿态指引，以便将飞机的升降速度控制到目标升降速度上。

IAS 方式，为速度方式，飞行指引仪提供俯仰姿态指引，以便将飞机的速度控制到目标速度上

（2）典型的横滚方式。

HDG 为航向方式，飞行指引仪提供横滚姿态指引，以便将飞机航向改变到预选的目标航向上，并在预选的目标航向上改平。

NAV 为导航方式，飞行指引仪提供横滚姿态指引，以便操纵飞机切入、截获并跟踪 VOR 航道。

B/C 为反航道方式，飞行指引仪提供横滚姿态指引，以便操纵飞机从着陆方向的反方向切入、截获并跟踪 LOC 航向道。无 G/S 下滑道截获和跟踪功能。

（3）俯仰控制和横滚控制兼有的方式。

APR（或 APPR）方式，为进近方式，飞行指引仪提供横滚姿态指引，以便操纵飞机切入、截获并跟踪 LOC 航向道，并提供俯仰姿态指引，以便操纵飞机切入、截获并跟踪 G/S 下滑道。

当接通某一个方式时，该方式电门上的 ON 灯稳定燃亮。该灯燃亮，表示再次按压该电门，可以取消该方式。

在带十字形指引杆的姿态指引仪上，俯仰指引杆和横滚指引杆是分别通过俯仰方式的选择和横滚方式的选择来显示的，选择一个横滚方式后，横滚指引杆出现，选择一个俯仰方式后，俯仰指引杆出现。如果不选择俯仰方式，则俯仰指引杆不出现，如果不选择横滚方式，则横滚指引杆不出现，如果俯仰方式和横滚方式都不选择，则俯仰指引杆和横滚指引杆都不出现。

在带八字形指引杆的姿态指引仪上，选择一个横滚方式或选择一个俯仰方式后，指引杆都会出现。如果俯仰方式和横滚方式都不选择，则指引杆不出现。

6.1.4　飞行指引仪的方式通告牌

飞行指引方式通告牌用于向机组通告飞行指引系统正在使用何种方式指引飞机的飞行姿态，是驾驶员随时掌握飞行情况的重要显示装置，如图 6.5 所示。自动驾驶仪和飞行指引系统的接通/断开状态及驾驶员接通的各个方式均可在方式通告牌上显示出来。比如，对应于图 6.4 接通的状态，方式通告牌上的 "FD" 灯、"HDG" 灯和 "ALT" 灯燃亮，表示飞行指引仪

已经接通，横滚方式为 HDG 方式，俯仰方式为 ALT 方式。其他方式的接通/断开及相应的通告与此类似。

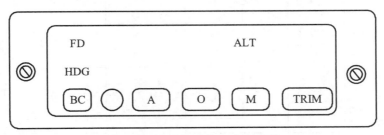

图 6.5 飞行指引仪方式通告牌

在某些飞机上，飞行指引仪的方式通告是在专门的方式通告牌上显示的，如图 6.6 所示。

值得注意的是，飞行中，驾驶员应以飞行方式通告牌的显示来判断飞行指引仪的工作方式，而不是以方式控制板上按下的开关来判断自动驾驶仪的工作方式。另外，不是按压下什么方式电门就一定得通告为该方式，比如，当选择 APP 或（APPR）方式时，横滚方式的通告为 LOC，俯仰方式的通告为 G/S，表示当前横滚方式的作用提供操纵飞机切入、截获并跟踪 LOC 航向道的指引信号，俯仰方式的作用是提供操纵飞机切入、截获并跟踪 G/S 下滑道的指引信号。

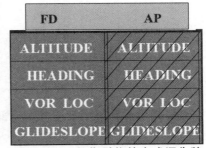

图 6.6 飞行指引仪的方式通告牌

如果自动驾驶仪没有接通，这些方式都只对飞行指引仪起作用，飞行员应该根据飞行指引仪的指引信号操纵飞机。如果自动驾驶仪和飞行指引仪都处于接通状态，则自动驾驶仪计算机也会根据方式的选择和目标值的设定计算舵面的驱动指令，以便自动控制飞机的轨迹。此时，飞行员可以利用指引杆和自动驾驶仪操纵飞机姿态的情况，即指引杆和飞机符号的相对运动情况来监控自动驾驶仪是否在正确地操纵飞机。

6.2 飞行姿态指引系统的工作原理

飞行姿态指引系统的核心是飞行指引计算机，其作用在于将飞机的实际飞行轨迹与预选路线进行比较，算出应飞姿态角。然后，再与实际的姿态角进行比较，将其差值送给指令杆伺服系统，驱动指令杆相对于地平仪上的飞机符号运动，指示出俯仰姿态和横滚姿态需要的修正量。

在飞行指引计算机中，用来计算横滚姿态指令的部分称为横滚指引计算机；用来计算俯仰姿态指令的计算机称为俯仰指引计算机，如图 6.7 所示。它们组成的两个通道，称为飞行指引仪的横滚通道和俯仰通道。两个计算机的输入信号分别来自横向和纵向导航设备、人工控制指令和垂直陀螺系统。

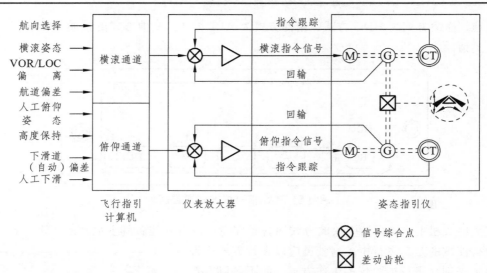

图 6.7　飞行姿态指引系统工作原理图

6.2.1　横滚指令信号

　　飞机指引计算机中的横滚通道部分根据所选择的横滚方式分别接收航向偏差、VOR/LOC 无线电偏差信号等，经过滤波、放大、限幅及综合处理（或者经过飞行指引系统各模态控制律的计算）后产生横滚指令信号。

　　横滚指令信号经伺服放大器变换、放大后，驱动指引指示器的伺服电机、减速器带动八字形指引杆转动（或十字形指引杆的横滚指引杆偏离飞机符号），此即为横滚操纵指令。只要指引计算机横滚通道有输出信号，指针就一直随之倾斜（或偏离）下去。在伺服电机带动指引杆转动（或偏离）的同时，同轴带动横滚指令发送器转子转动。从横滚指令发送器定子输出指令杆倾斜位置负反馈信号给伺服放大器。当负反馈信号与指引计算机横滚通道输出的横滚指令信号相等时，伺服电机停转，指引杆就在某个位置停下来，显示出飞机横滚姿态所需要的修正量，此时横滚操纵指令的计算就完成了。

　　如果驾驶员按横滚指令操纵飞机压坡度。在压坡度的过程中，横滚姿态误差信号减小，横滚姿态指引信号也将减小，指引杆将向飞机符号方向靠拢。当飞机达到预期横滚姿态时，横滚指引信号变为零，横滚指令杆与飞机符号对齐。

　　当飞行员按指引的横滚指令信号操纵飞机后，飞机逐渐向目标轨迹靠近。当飞机快靠近目标轨迹时，轨迹误差信号减小，飞行指引仪又会提供将飞机在目标轨迹上改平的指引信号，该指引信号一般与前面将飞机操纵到目标轨迹的横滚姿态指引方向相反，但量比较小。当飞机已经在目标轨迹上时，飞行指引仪又会提供将飞机保持在目标轨迹上的横滚姿态指引，该横滚姿态指引信号一般为机翼水平。

　　图 6.8 所示是 HDG SEL 方式横滚指引杆的显示情况。假设初始条件为飞机实际航向等于设定的目标航向，飞机处于机翼水平的飞行状态，横滚指引杆与飞机符号对齐。

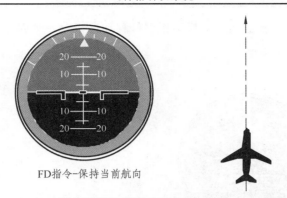

FD指令-保持当前航向

图 6.8 HDG SEL 方式下横滚指引杆的指引情况——假设的初始状态

根据管制人员的要求，飞行员选择一个新的目标航向，且目标航向值大于飞机当前的实际航向值，计算机计算出一个向右压坡度的横滚指引信号，横滚指引杆向右移动，如图 6.9 所示。如果航向变化不大，计算机指令一个小的坡度角；如果航向变化较大，将指令一个较大的坡度角，最大通常可达 30°。

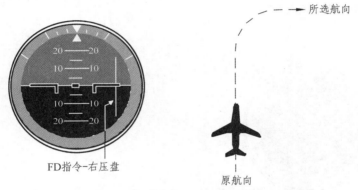

FD指令-右压盘

图 6.9 横滚指引杆的指令——向右压坡度的指令

当飞行员跟随指令向右压坡度后，横滚指引杆将朝中心位置移动。当坡度满足飞行指引计算机的要求时，横滚指引杆回到与飞机符号对齐的状态，如图 6.10 所示。飞机处于按指令的要求坡度转弯的状态，横滚指引杆一直处于正中。

FD横滚指令满足

图 6.10 横滚指引杆的操作——跟随指令压坡度后的显示情况

当飞机接近所选的目标航向时，横滚指引杆移动，指令一个朝左的横滚，也就是减小坡度，如图 6.11 所示。

图 6.11　横滚指引杆的指令——接近目标航向时将飞机改平的指令

飞行员跟随指令向左压盘，减少右坡度值，指引杆逐渐回中。当飞机坡度改平后，飞机保持在目标航向上，如图 6.12 所示。

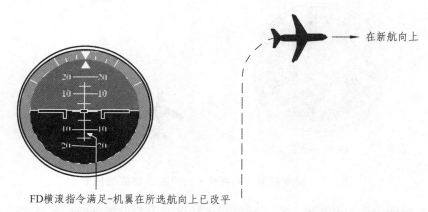

图 6.12　横滚指引杆的指令——保持机翼水平，将飞机保持在目标航向上

图 6.13 所示为 APP 方式时飞行指引仪在切入、截获和跟踪 LOC 航道时提供的横滚姿态指引的情况。

（1）飞机机翼水平，航向道偏离杆右偏，表示跑道中心线在飞机的右边。飞行指引仪根据航向道偏离信号和飞机的姿态信号，计算出需要压右坡度的指引信号。

（2）飞机压右坡度，姿态误差和无线电偏离信号相互抵消。如果坡度角控制合适，横滚指引杆回中。

（3）飞机压右坡度后会转弯，飞机航向会改变，建立合适的切入角（航向角与预选航道之间的差值）。飞机将转向跑道中心线，航道偏离信号减小。当航道偏离信号小于一定值时飞行指引仪会给出将飞机改平的横滚姿态指引，即较小的压左坡度的横滚姿态指引。

（4）飞行员操纵飞机从右坡度的姿态逐渐改为压左坡度的姿态，横滚指引杆逐渐回中。航道偏离杆仍然在右偏的状态。

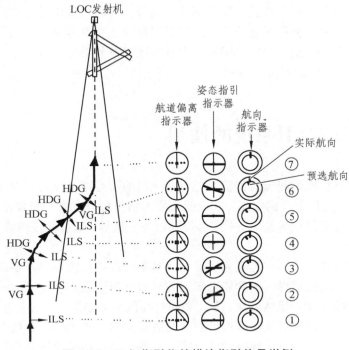

图 6.13　飞机指引仪的横滚指引信号举例

（5）航向道偏离信号逐渐减小，起主导作用的切入角信号误差引起飞行指引计算机给出左坡度指引，以减小与跑道中心线的相对夹角。

（6）飞机压左坡度，并继续向跑道中心线靠拢。

（7）飞机现在在航道上，横滚姿态指引为机翼水平。飞行员操纵飞机保持机翼水平即可。

6.2.2　俯仰指令信号

　　根据飞行指引系统所设定的不同工作模式，指引计算机的俯仰通道分别接收高度偏差信号、升降速度偏差信号、空速偏差信号、下滑道偏离信号等，经过滤波、放大、限幅、综合处理后产生俯仰姿态指引信号。

　　来自指引计算机俯仰通道的俯仰姿态指引信号，经伺服放大器变换、放大后，驱动指引指示器的伺服电机、减速器带动八字形指引杆（或十字指引杆的俯仰指引杆）作上下运动，此即为俯仰姿态指引信号。

　　只要指引计算机的俯仰通道有输出信号，俯仰指引杆就一直随之上下移动。在伺服电机带动指引杆移动的同时，同轴带动俯仰指引发送器转子转动。从俯仰指引发送器定子输出指引杆上下位置负反馈信号给伺服放大器。当负反馈信号与指引计算机俯仰通道输出的指引信号相等时，伺服电机停转，指引杆就在某个位置停下来，显示出飞机俯仰姿态需要的修正量和修正方向，此时俯仰姿态指引的计算和显示就完成了。

　　由俯仰指引杆显示出的俯仰姿态的操纵指令，就是飞机达到设定飞行模态所期望的飞行航迹所需要的俯仰姿态的修正量。如果驾驶员按此指令操纵飞机，飞机的俯仰姿态往指引的方向变化，垂直陀螺及相应的传感器感受到这些信号，并将这些信号传送给指引计算机俯仰通道，经过综合处理使俯仰指引量减小，俯仰指引杆往飞机符号靠拢。当飞机达到预期的航迹位置时，俯仰操纵指令信号为零，俯仰指引杆与飞机符号对齐。方向指引仪俯仰通道的工作原理如图 6.7 中的俯仰通道部分所示。

6.3　飞行姿态指引系统的使用

飞行指引仪可以在地面起飞前就接通。有些飞机的飞行指引仪具有起飞方式，在起飞阶段，飞行指引仪可以提供起飞的姿态指引。起飞姿态指引信号一般为机翼水平，上仰角一定。而有些飞机的飞行指引仪没有起飞方式，必须在起飞完成后，通过按压俯仰方式和横滚方式，才能使指引杆出现。

无论是否具有起飞方式，在起飞完成后飞行员都可以根据需要修正一定的俯仰方式和横滚方式，使飞行指引仪能够提供俯仰姿态指引信号和横滚姿态指引信号。

进近时，则选择 APP（或 APPR）方式来同时提供俯仰姿态指引和横滚姿态指引。

在某些飞机上，飞行指引仪能够提供着陆的航迹指引和复飞的姿态指引。如果有这些方式，飞行员都应该在恰当的时候接通这些方式，以便让飞行指引仪提供合理的指引，使自己能够有更多的时间来进行其他的工作。

复习思考题

1. 说明飞行指引与飞机姿态指引的含义。
2. 飞机姿态指引仪的指引杆有哪两种形式？有何异同？
3. 说明飞行姿态指引系统的功用。
4. 飞机姿态指引仪由哪些主要部件组成？
5. 根据飞行指引系统原理方块图，说明飞行指引的原理。
6. 说明飞机姿态指引仪的使用范围。

7　自动飞行控制系统的组成和原理

7.1　自动飞行控制系统概述

7.1.1　自动驾驶仪和飞行指引仪的比较

在早期的飞机上，自动驾驶仪系统和飞行指引仪系统具有独立的计算机，各自的计算机完成各自指令的计算和输出控制。但是，通过对自动驾驶仪和飞行指引仪原理的分析，不难发现，当自动驾驶仪控制飞机的轨迹时，自动驾驶仪计算机和飞行指引仪计算机在计算同一方式的指令时，所使用的信号源和方法是相同的。不同之处在于它们输出指令的作用不一样。自动驾驶仪输出的指令用于驱动自动驾驶仪某一个通道的舵机，进而控制飞机的某一套舵面，从而改变飞机姿态或航向，在姿态或航向改变后在飞机空气动力学的作用下，飞机向目标轨迹运动，并最终稳定在目标轨迹上。而飞行指引仪输出的指令只用于控制姿态指引指示器上指令杆的运动，指令飞行员如何控制飞机的操纵面。如果飞行员跟随指引杆的指令操纵飞机，飞机最终也必将稳定在目标轨迹上。

由于以上的原因，再加上计算机技术和电子技术的发展，以及飞机自动化程度的提高，目前，大多数大中型飞机上，自动驾驶仪系统和飞行指引仪系统共用一个计算机。该计算机根据机组选择的工作方式和设定的目标轨迹，统一计算自动驾驶仪的输出指令和飞行指引仪的输出指令，并将自动驾驶仪的输出指令输送到自动驾驶仪伺服系统，驱动飞机操纵面的偏转，实现对飞机姿态的控制；将飞行指引仪的输出指令输送到姿态指引指示器，用于驱动指令杆。

用于统一计算自动驾驶仪指令和飞行指引仪指令的计算机通常称为飞行控制计算机（Flight Control Computer，FCC）。飞行控制计算机的发展经历了两个阶段，分别是模拟式飞行控制计算机和数字式飞行控制计算机（Digital Flight Control Computer，DFCC）。与模拟式飞行控制计算机对应的自动飞行控制系统称为模拟式自动飞行控制系统，简称为自动飞行控制系统（Automatic Flight Control System，AFCS），与数字式自动飞行控制计算机对应的自动飞行控制系统称为数字式自动飞行控制系统（Digital Automatic Flight Control System，DAFCS）。早期飞机上多使用模拟式自动飞行控制系统，而现代飞机上多使用数字式自动飞行控制系统。

在一些飞机上将自动飞行控制系统称为自动驾驶飞行指引系统（Autopilot Flight Director，AFDS），而将数字式自动飞行控制系统称为数字式自动驾驶飞行指引系统（Digital Autopilot Flight Director，DAFDS）。

　　飞行控制计算机指令的计算和自动驾驶仪、飞行指引仪信号的分离情况以及自动驾驶仪、飞行指引仪的联合使用与分开使用的情况如图 7.1 所示。

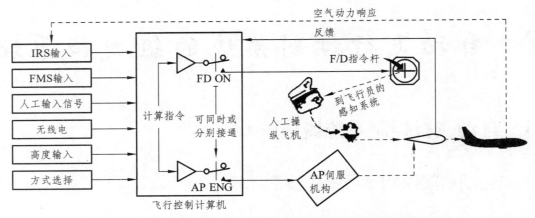

图 7.1　飞行控制计算机的自动驾驶仪指令和飞行指引仪指令及作用

　　从图 7.1 可以看出，在自动飞行控制系统中，如果自动驾驶仪和飞行指引仪都处于接通状态，且自动驾驶仪正在正确地控制飞机，则飞行指引仪的指引杆就应该处于中心位置。所以，在自动驾驶仪和飞行指引仪都接通的情况下，飞行员通过观察指令杆的移动及驾驶杆的运动方向可以监控自动驾驶仪工作是否正常。如果自动驾驶仪没有接通，而只接通了飞行指引仪，飞行员就可以跟随指令杆的指令人工操纵飞机。

7.1.2　自动飞行控制系统的组成

　　在现代中大型飞机上，一般安装两套以上（含）自动飞行控制系统。如果是两套系统，则飞行控制计算机、自动驾驶仪和飞行指引仪都各有两部。如果是 3 套系统，则飞行控制计算机和自动驾驶仪有 3 部，而飞行指引仪只有两部。自动飞行控制系统中自动驾驶仪和飞行指引仪的指令计算总体来说有 2 种情况，一种是用飞行控制计算机计算指令，另外一种是用制导计算机和飞行控制计算机共同来计算指令。

　　图 7.2 所示是某型飞机上的自动飞行控制系统结构图，图中有两个飞行控制计算机，两个自动驾驶仪，两个飞行指引仪，1 个控制板以及相应的显示器。计算机分别称为 FCC1，FCC2，FCC3 或 FCC A，FCC B，FCC C，或 FCC L，FCC R，FCC C，自动驾驶的编号与之对应，飞行指引仪则是 FD1，FD2 或 FD A，FD B，或 FD L，FD R。

　　在某些飞机上，自动飞行的指令是由制导计算机，或某些计算机中的制导功能模块和飞行控制计算机共同完成的。制导计算机，或某些计算机中的制导功能模块根据轨迹偏差计算姿态角指令信号，飞行控制计算机根据姿态角指令信号计算舵面偏转指令信号，并通过自动驾驶仪舵机驱动舵面的偏转，从而实现飞机的制导控制。飞行控制计算机根据姿态角指令信号计算指引杆的驱动信号，实现东西指引仪指引杆显示。制导计算机，或包含有制导功能模块的计算机中的一个或几个计算机将作为主计算机计算方式通告牌的驱动指令。

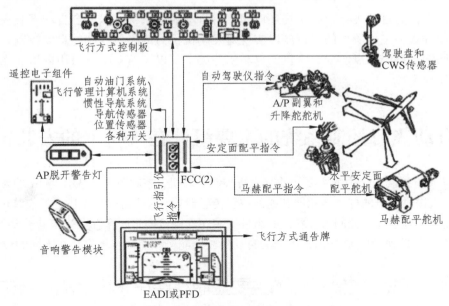

图 7.2 自动飞行控制系统的组成和信号（两套系统）

如图 7.3 所示是某型飞机上的自动飞行控制系统的结构和原理简图。在该图中，飞行管理制导包线计算机（Flight Management Guidance Evelope Computer，FMGEC）中的制导功能模块（Flight Guidance，FG）计算姿态角指令信号，并由飞行控制主计算机（Flight Control Primary Computer，FCPC）计算舵面偏转指令信号，飞行控制主计算机计算的自动驾驶仪指令和飞行指引仪指令分别用于驱动自动驾驶仪舵机和显示器上指引信号的显示。

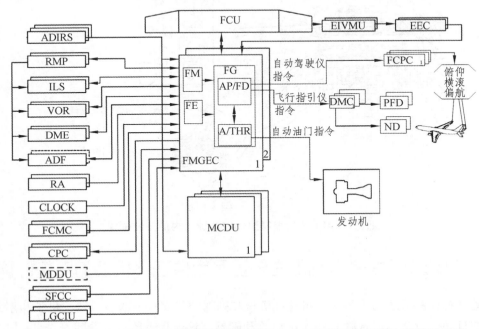

图 7.3 由制导计算机和飞行控制计算机共同完成飞行控制的自动飞行控制系统

　　当然，完善的自动飞行控制系统还应该具有自动油门系统，以配合自动驾驶仪和飞行指引仪的工作方式和飞机所处的飞行航段实现对发动机推力或飞机速度的自动控制。此外，还有自动俯仰配平系统，以实现对飞机的自动俯仰配平，以及偏航阻尼器用以增加飞机绕偏航轴的阻尼和稳定性。

7.2　自动飞行控制系统的主要组件在飞机上的安装位置

　　在自动飞行控制系统中的主要元件有飞行控制计算机，控制组件，显示组件，自动驾驶仪舵机，为计算机提供信号的杆力传感器和舵面位置传感器等。这些组件在飞机上的安装位置视具体的情形而定。总体来说，控制组件和显示组件安装在驾驶舱内，计算机安装在电子设备舱内，杆力传感器安装在驾驶盘/驾驶杆内，不同的自动驾驶仪舵机和舵面位置安装在不同的位置。

7.2.1　自动飞行控制系统的主要控制组件在飞机上的安装位置

　　自动飞行控制系统的主要控制组件有方式控制板（MCP 板）或飞行控制组件（FCU），自动驾驶仪断开电门、起飞/复飞电门和安定面配平切断开关等，如图 7.4 所示。其中，MCP板安装在遮光板上，机长和副驾驶的自动驾驶仪断开电门安装在各自的驾驶盘把手的外侧。速度配平失效通告器和马赫配平失效通告器安装在飞行操纵板上。机长和副驾驶的起飞/复飞（TO/GA）电门安装在中央操纵台的油门杆上。

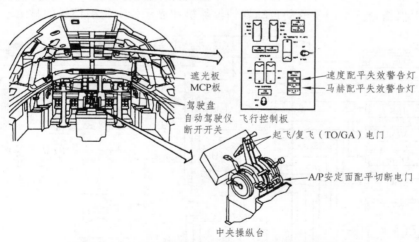

图 7.4　AFCS 的控制组件在驾驶舱内的安装位置

7.2.2　自动飞行控制系统的主要显示组件在飞机上的安装位置

　　自动飞行控制系统的主要显示组件有机长和副驾驶仪表板上的显示器，机长和副驾驶仪表板上的自动飞行状态通告牌（ASA），机长和副驾驶仪表板上的自动着陆警告灯，以及机长仪表板上的安定面失去配平警告灯，如图 7.5 所示。

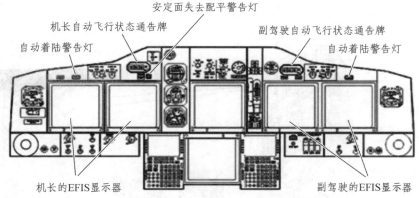

图 7.5　AFCS 的显示组件在驾驶舱内的安装位置

7.2.3　自动飞行控制系统的主要计算组件在飞机上的安装位置

飞行控制计算机（Flight Control Computer，FCC）以及飞行控制计算机的程序开关组件（Program Switch Modules）都安装在电子设备舱内，如图 7.6 所示。和飞行控制有关的另外一个计算机组件——综合飞行系统附件组件（The Integrated Flight System Accessory Unit，IFSAU）也安装在动作设备舱内。

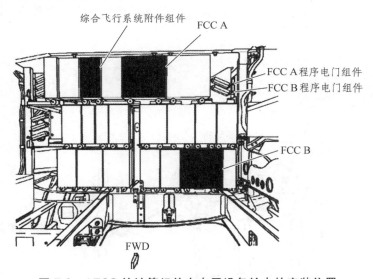

图 7.6　AFCS 的计算组件在电子设备舱内的安装位置

7.2.4　自动飞行控制系统的舵机和舵面位置传感器组件在飞机上的安装位置

1. 尾舱内的 AFCS 舵机和传感器部件

自动驾驶仪升降舵舵机、升降舵位置传感器、安定面位置传感器、马赫配平舵机以及中立位移传感器都安装在尾舱内，如图 7.7 所示。

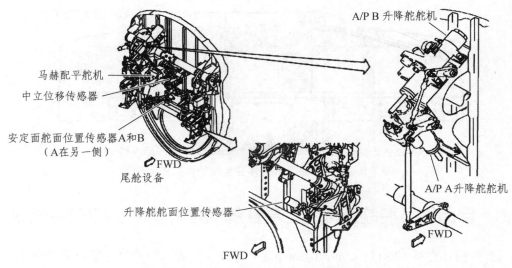

马赫配平舵机
中立位移传感器
安定面舵面位置传感器A和B
（A在另一侧）
FWD
尾舱设备
升降舵舵面位置传感器
A/P B 升降舵舵机
A/P A 升降舵舵机
FWD
FWD

图 7.7　尾舱内的 DFCS 组成部件

2. 主轮舱内部的 AFCS 舵机和传感器部件

自动驾驶仪 A 的副翼舵机和自动驾驶仪 B 的副翼舵机安装在主轮舱内，副翼位置传感器也安装在主轮舱内，如图 7.8 所示。

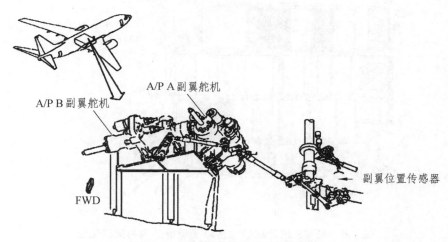

A/P A 副翼舵机
A/P B 副翼舵机
副翼位置传感器
FWD

图 7.8　主轮舱内部的 DFCS 部件

3. 机翼上的 AFCS 舵机和传感器部件

在机翼上安装有扰流板位置传感器，分别测量 4 号扰流板和 9 号扰流板的位置，4 号扰流板位置传感器安装在左机翼 4 号扰流板下方，9 号扰流板位置传感器安装在右机翼 9 号扰流板下方，如图 7.9 所示。

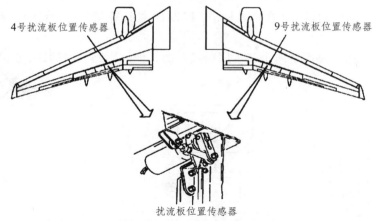

图 7.9 机翼上的 DFCS 部件

7.2.5 自动飞行控制系统的杆力传感器组件在飞机上的安装位置

机长和副驾驶的俯仰 CWS 杆力传感器安装在支架和力矩管前部之间，横滚 CWS 杆力传感器安装在机长驾驶盘的底部，如图 7.10 所示。

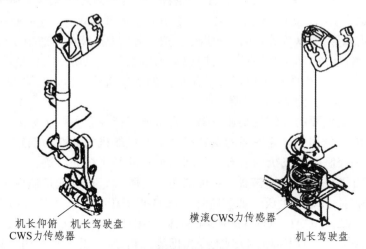

图 7.10 驾驶杆底部的 DFCS 部件

7.3 自动飞行控制系统的指令计算原理

前面已经说明，自动飞行控制系统中可以由飞行控制计算机 FCC 实现自动驾驶仪和飞行指引仪的指令计算与输出，也可以由飞行管理制导包线计算机（Flight Management Guidance Evelope Computer，FMGEC）中的制导功能模块（Flight Guidance，FG）计算姿态角指令信号，并由飞行控制主计算机（Flight Control Primary Computer，FCPC）计算舵面偏转指令信号，飞行控制主计算机计算的自动驾驶仪指令和飞行指引仪指令分别用于驱动自动驾驶仪舵机和显示器上指引信号的显示。在本教材中，仅以 FCC 计算指令为例说明自动飞行控制系统指令的计算原理。

　　FCC 计算控制指令是围绕两个基本回路进行的，即外回路和内回路，如图 7.11 所示。

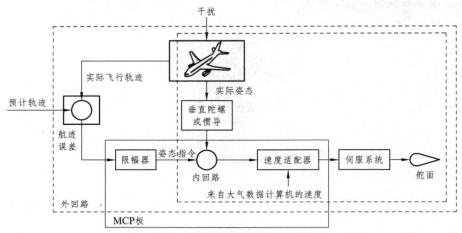

图 7.11　FCC 的内回路和外回路

　　在外回路中，FCC 根据工作方式（如 VERTICAL SPEED，VNAV，SPEED，VERTICAL POSITION，LNAV，HDG SEL，VORLOC）及各方式下的预计轨迹和实际轨迹之差计算相应的控制指令（即姿态指令），这称为外回路的指令生成。外回路生成的姿态指令信号输入内回路。

　　信号从外回路进入内回路必须用姿态限幅器加以限制，以防止飞机危险倾斜和俯仰。倾斜姿态限制大约为 30°。驾驶员可以通过控制板上的旋钮将这一限制值调在 5°~25° 之间。同样，俯仰姿态被限制为上仰 25°，下俯 10°。

　　在内回路中，最重要的部件就是比较器。它将姿态指令和飞机实际姿态进行比较，产生姿态误差信号，该信号用于计算舵面的偏转指令，并经舵机驱动舵面偏转，以改变飞机的姿态。可见，内回路控制的是飞机的姿态，外回路控制的是飞机的轨迹。

　　实际姿态来自飞机的姿态传感器，它可能是垂直陀螺，也可能是惯性基准组件（IRU）。

　　（1）FCC 外回路指令的生成。如前所述，FCC 根据工作方式（如 VERTICAL SPEED，VNAV，SPEED，VERTICAL POSITION，LNAV，HDG SEL，VORLOC），及各方式下的预计轨迹和实际轨迹之差计算相应的控制指令（即姿态指令），并送到其内回路中。

　　（2）FCC 对自动驾驶控制信号的计算及输出。FCC 的内回路根据外回路计算的目标姿态、飞机的实际姿态及姿态变化率等参数，按一定的控制算法计算相应的舵面偏转指令，输出到自动驾驶仪的伺服回路，再由伺服回路通过动力控制组件控制相应的舵面偏转，以实现对飞机运动的控制，为了改善舵机的性能，在计算自动驾驶仪指令时还需要舵机或舵面的反馈信号。

　　（3）FCC 对飞行指引仪指令的计算及输出。FCC 对飞行指引仪计算 F/D 指令的计算与对自动驾驶仪的计算基本相同，但在计算飞行指引仪指令时不需要舵机或舵面的反馈信号。F/D 的指令直接送到 EFIS 信号发生器，由 EFIS 信号发生器进一步处理后显示为 EADI 或 PFD 上的姿态指引杆的驱动信号。

　　（4）FCC 的主从关系和飞行方式通告牌的信号输出。在安装有两套以上（含）自动飞行控制系统的飞机上，除进近、着陆和复飞阶段外，只有一个自动驾驶仪处于接通状态，两个飞行指引仪同时处于接通状态，所有的计算机都处于工作状态。

正常情况下，计算机的指令用于驱动编号相同的自动驾驶仪和编号相同的飞行指引仪的指引杆的显示。除进近、着陆和复飞阶段外，只有一个计算机用于计算飞行方式通告牌的显示，并同时驱动两侧显示器上的飞行方式通告牌。该计算机称为主计算机，而其他的计算机则称为从计算机，计算机的主从关系是按以下逻辑关系确定的：

如果先接通飞行指引仪，再接通自动驾驶仪（这是飞行中最常出现的情况），则最先接通的那个飞行指引仪对应的计算机是主计算机。如果在没有接通飞行指引仪的前提下先接通了一个自动驾驶仪，则该自动驾驶仪对应的那个计算机为主计算机。

在进近、着陆和复飞阶段，如果同时接通多个自动驾驶仪，则对应的计算机都为主计算机，计算机只驱动本侧显示器上的飞行方式通告牌。

计算机在进行自动驾驶仪和飞行指引仪的指令计算时是按俯仰方向的指令和横滚方向的指令分开进行计算的。可以是分别在俯仰计算机和横滚计算机中进行计算，也可以分别在一个计算机中的俯仰通道和横滚通道中进行计算。在本教材中是按两个计算机来进行分析和讨论的。

7.3.1 自动飞行控制系统横滚通道的指令计算

图 7.12 所示为一个假想的，但代表了典型的模拟式横滚计算机的基本示意图。有了这个基本示意图，在后续说明各种横滚方式时只需在本图的基础上用粗线说明信号走向即可。

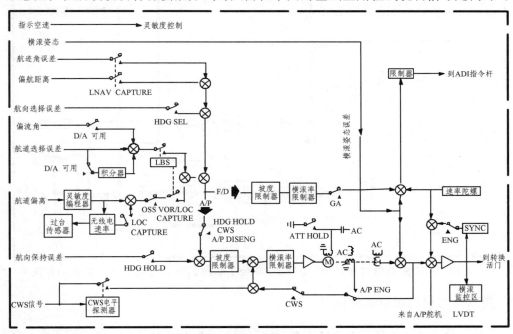

图 7.12　典型的自动飞行控制系统横滚计算机的基本示意图

图左上方的指示空速输入信号用于增益控制。为了满足不同方式和速度条件的要求，计算机需要在许多不同的地方使用增益控制。也可能使用马赫数信号来控制增益。

和模拟式飞行控制计算机相比，数字式飞行控制计算机在硬件上可能有所不同，但功能模块是基本相同的。相同的方式所需要的输入信号也是类似的，所以，本教材重点讨论模拟式飞行控制计算机的横滚通道计算机和俯仰通道计算机。另外，对于模拟式自动飞行控制系统中没有，而数字式自动飞行控制系统中又比较典型的方式，也进行了单独的讨论。

图中已经标出了各横滚方式的方式开关及对应的轨迹输入信号。所有方式都会用到横滚姿态信号。在后续内容中提到某方式时，表示该方式的开关处于三角形位置。

在图的中央标有"F/D"（飞行指引仪）和"A/P"（自动驾驶仪）字样的箭头，这里就是飞行指引仪指令和自动驾驶仪指令信号分开的地方。图的右下部是自动驾驶仪的信号，用于驱动飞机，图的右上部分产生的飞行指引仪指令信号会送到显示器上的横滚指引杆。

7.3.1.1　横滚计算机：AP OFF——FD 接通航向选择（HDG SEL）方式的指令计算原理

自动驾驶仪断开，而飞行指引仪接通在 HDG SEL 方式时横滚通道工作情况如图 7.13 所示。图中自动驾驶仪断开，自动驾驶仪断开电门处于三角形位置。航向选择方式已经接通，HDG SEL 电门位于三角形位置。飞行指引仪接通。

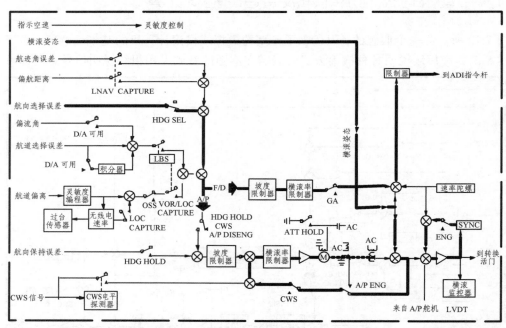

图 7.13　AFCS 横滚通道，A/P OFF，FD 处于航向选择（HDG SEL）方式的原理

1. 自动驾驶仪横滚姿态的同步

由于自动驾驶仪处于断开方式，所以同步回路一直处于工作状态。横滚通道有 2 个同步回路，分别是姿态的同步回路和自动驾驶仪伺服作动系统同步回路，即图中 2 个粗线围成的回路。姿态的同步由伺服马达系统完成。控制同步器电枢合成磁场的方向是由飞机的横滚姿态决定的，伺服马达系统驱动控制同步器转子转动，使其与控制同步器电枢中的合成磁场垂直，从而输出零信号，以达到横滚姿态同步的目的。

2. 自动驾驶仪伺服作动系统的同步

自动驾驶仪伺服作动系统的同步由图中右下方的同步器（SYNC）完成。当自动驾驶仪未接通时，同步器通过信号综合装置连接到转换活门放大器，该同步器将来自转换活门放大器的任何信号反向，并送回信号电路，以保证在自动驾驶仪未接通时伺服放大器的输出总等于零。

这两个同步动作保证了自动驾驶仪接通瞬间，不会引起副翼的突然动作。

3. 飞行指引仪 HDG SEL 的原理

当飞行指引仪工作在航向选择方式时，航向选择（HDG SEL）开关被激活，处于三角形位置，航向选择误差信号被接入信号电路。计算机将根据该信号计算姿态指令信号。姿态指令信号通过坡度限制器、横滚速率限制器、复飞开关后与来自姿态系统或惯性导航系统的横滚姿态信号进行比较，该信号就是飞机横滚姿态应该的修正量，即横滚姿态的指引信号。该信号输送到显示器，以驱动横滚指引杆向左或向右移动。如果飞行员跟随该指令操纵飞机压适当的左坡度或右坡度，飞机将转向选择的航向，减小航向选择误差信号，从而减小指令的坡度角。当航向选择误差信号被消除时，横滚指引杆与飞机符号对齐，表示飞行员对横滚姿态的控制是适当的。

7.3.1.2　横滚计算机：A/P 姿态保持（ATT HOLD）方式的原理

图 7.14 所示为自动驾驶仪处于横滚姿态保持方式的原理图。当自动驾驶仪处于姿态保持方式时，飞行指引仪可以处于任何方式，所以，图中飞行指引仪被忽略了。

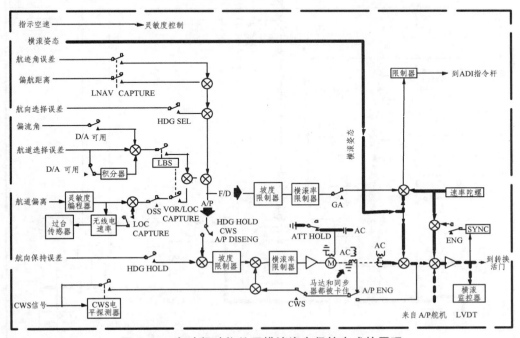

图 7.14　自动驾驶仪处于横滚姿态保持方式的原理

横滚姿态保持方式是自动飞行控制系统横滚通道默认的工作方式。当自动驾驶仪接通在

CWS 方式后，机组没有在驾驶盘上施加一定的杆力，则横滚通道就工作于横滚姿态保持方式。在该方式，自动飞行控制系统将飞机的横滚姿态保持在接通自动驾驶仪瞬间飞机的横滚姿态上。

当自动驾驶仪处于姿态保持方式时，姿态保持开关（Attitude Hold）将伺服马达的合成磁场的输入信号接地，伺服马达不能转动，所以，同步器转子也就不能转动。如果飞机的横滚姿态偏离了自动驾驶仪接通瞬间的横滚姿态，同步静子产生的合成磁场将不再与转子的轴线垂直，所以，转子中将产生电信号。由于同步器转子被伺服马达钳住，不能转动，所以该信号计算机输送到转换活门，并进一步输送到自动驾驶仪舵机，驱动舵面偏转，改变飞机的横滚姿态，直到飞机的横滚姿态恢复到接通瞬间的横滚姿态上，同步器静子中产生的磁场再次与转子轴线垂直，转子中的电信号恢复为零。由于转子中的电信号已经恢复为零，舵机的输入信号也恢复为零，舵机不再转动，飞机的姿态保持在接通瞬间的横滚姿态上。

输入转换活门放大器的信号用虚线表示，因为它只有在飞机的姿态和指令的姿态不一致时才存在。

值得注意的是，在某些飞机上，当使用 CMD 方式接通自动驾驶仪后，如果没有进一步选择横滚方式，自动驾驶仪将退回到 CWS 方式，若此时又没有进一步在驾驶盘上施加一定的外力，则自动驾驶仪也会工作于横滚姿态保持方式。

7.3.1.3　横滚计算机：A/P 驾驶盘操纵方式（CWS）的原理

图 7.15 所示为自动驾驶仪处于驾驶盘操纵方式的原理图。由于自动驾驶仪是接通在 CWS 方式，所有其他横滚方式电门都处于断开状态。

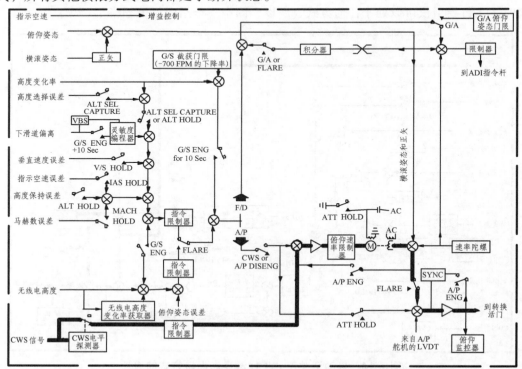

图 7.15　AFCS 横滚通道，自动驾驶仪处于 CWS 方式的原理

当一个大约超过 4 lb 的外力施加到了驾驶盘上时,驾驶盘操纵力传感器的输出信号(CWS 信号),通过由 CWS 电平探测器控制的开关接到了位于横滚速率限制器后面的伺服马达电路。一旦飞行员在驾驶盘上保持施加一定的外力, 伺服马达就会连续转动, 增加飞机的坡度。

当飞行员松开驾驶盘后,自动驾驶仪回到姿态保持方式。

如果飞行员在驾驶盘上往反方向施力,则将引起 CWS 信号反向,进而引起伺服马达往反方向驱动其转子,使飞机回到机翼水平状态或往另外一个方向压坡度。

当自动驾驶仪俯仰通道处于驾驶盘操纵方式时,计算机的其他部分将通过位于坡度限制器上方的开关与自动驾驶仪断开,即其他横滚方式的信号无法接入自动飞行控制系统,所以,飞行指引仪的输入信号会变为零。在有些飞机上,横滚指引杆会与飞机符号对齐,表示横滚指引信号与飞机同步。在有些飞机上,横滚指引杆会消失。

输入和输出转换活门放大器的信号用实线表示,因为一旦 CWS 探测器开始工作,副翼就开始工作。

值得注意的是,在某些飞机上,当使用 CMD 方式接通自动驾驶仪后,如果没有进一步选择横滚方式,自动驾驶仪横滚将退回到 CWS 方式。

7.3.1.4 横滚通道:A/P 处于航向保持(HDG HOLD)方式——FD OFF 的原理

图 7.16 说明了自动驾驶工作在航向保持方式(HDG HOLD)时的指令计算原理。在航向保持方式,自动飞行控制系统提供的指令是使飞机保持在按压航向保持方式电门瞬间的飞机航向上,所以在该方式,控制信号(即输入计算机的信号)是航向保持误差信号,即按压航向保持方式电门瞬间飞机的航向和飞机实际航向之间的角度。

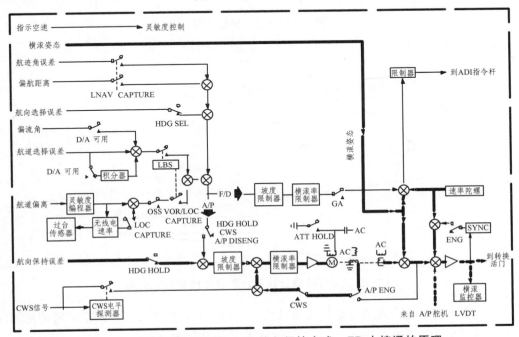

图 7.16　AFCS 横滚通道,AP 航向保持方式,FD 未接通的原理

当航向保持方式接通时，航向保持方式电门处于三角形位置，航向保持误差信号接入电路中。FCC 的横滚计算机根据航向保持误差信号的大小和方向计算指令，经自动驾驶仪去驱动飞机的操纵机构。

7.3.1.5 横滚计算机：A/P——F/D 都处于 VOR/LOC 截获方式

1. VOR/LOC 截获方式的 3 个子方式

VOR/LOC 截获过程一般分为 3 个子方式，分别是切入、截获和跟踪方式。3 个子方式中飞机位置和预选的 VOR 航道或 LOC 航向道波速中心之间的关系如图 7.17 和图 7.18 所示。

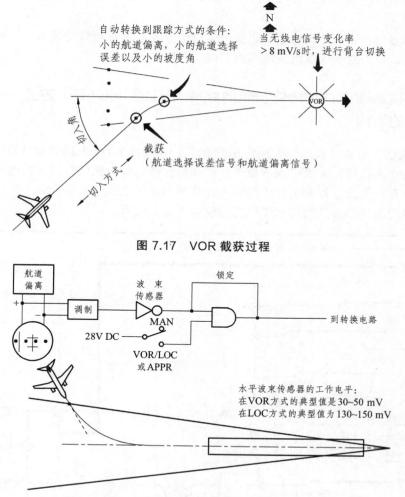

图 7.17 VOR 截获过程

图 7.18 LOC 截获过程及水平波束传感器电路图

区分 3 个子方式的主要信号是航道偏离信号，各子方式自动飞行控制系统所使用的信号如图 7.19 所示。

（1）切入子方式。

预选航道误差信号的定义：预选航道误差信号是指飞机的预选航道和实际航迹之间的角度，当修正偏流角后，可以认为是飞机的预选航道和实际航向之间的角度。该信号常被称为切入角。

在切入子方式下，自动驾驶仪可能处于航向保持方式、航向选择方式或横滚 CWS 方式。通常利用其中的某一横滚方式把飞机航向控制到相对于预选航道的某一角度上，该角称为切入角。飞机即以这一切入角飞向预选航道。图 7.19 中，飞机 A 有大约 45°切入角。在切入阶段，主要的控制信号是切入角信号，即预选航道误差信号。航道偏离信号也会输入计算机，但仅用作切入子方式与截获子方式之间转换的判据。一般情况下，当航道偏离杆偏离大于 1 个点而小于 2 个点时，从切入子方式转换为截获子方式。航道偏离杆偏离 2 个点代表偏离 VOR 波束 10°，或偏离 LOC 波束 2°。

（2）截获子方式。

一旦航道偏离大于 1 个点而小于 2 个点，切入子方式自动断开，截获子方式自动生效。在截获子方式下，主要的输入信号是预选航道误差信号和航道偏离信号。预选航道误差信号是指飞机的预选航道和实际航迹之间的角度，当修正偏流角后，可以认为是飞机的预选航道和实际航向之间的角度。在图 7.19 中，当飞机在波束的右边时，在截获的瞬间，无线电偏离信号要求飞机向左压坡度，预选航道误差信号要求飞机向右压坡度。正常情况下，预选航道误差信号起主要作用，完成向波束中心线的平滑接近。所以，飞机执行的是压右坡度指令。

当飞机和预选的航道逐渐靠近时，航道偏离信号减小，预选航道误差信号减小，但是，预选航道误差信号总是在起主要作用。如图 7.19 所示的飞机 B，航道偏离在 1 个点内，预选航道误差信号为 25°。这 2 个信号联合后仍然要求飞机压右坡度，而且，在飞机到达航道上之前，都保持右坡度。

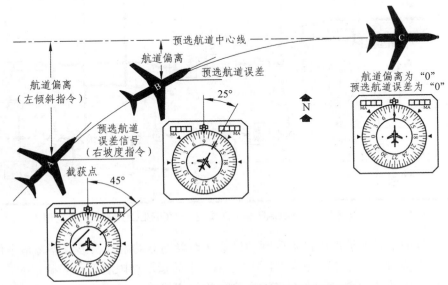

图 7.19　VOR/LOC 截获过程及各信号的定义

如果飞机过冲了，波束截获机动飞行就必须从另一边反转方向。一旦飞机穿越了波束，无线电偏离信号和预选航道误差信号都要求飞机压右坡度，这种情况会持续到预选航道误差信号反向，并与航道偏离信号方向相反，飞机再反方向做机动飞行，但偏离越来越小，直到飞机回到航道上。

在截获方式下，坡度的典型限制值为 25°或 30°，横滚速率的典型限制值为 4（°）/s ~ 7（°）/s。

（3）跟踪方式。

当飞机与预选航道非常靠近，航道偏离杆的偏离在 1 个点以内时，"VOR/LOC"截获子方式自动取消，跟踪子方式自动启动，飞机 C 就处于跟踪子方式。在该方式下使用航道偏离信号和预选航道误差信号计算指令，但是，航道偏离信号起主要作用。

在跟踪方式下，预选航道误差信号很小，坡度限制器的限制值降到 10°，横滚速率的限制值为 1.5（°）/s。

2. 无线电波束截获原理

在图 7.20 中，预选航道误差信号和航道偏离信号都通过其"VOR/LOC"截获开关后综合。它们是 VOR/LOC 截获方式的两个控制信号。从这点开始，计算的指令信号分开，一路到飞行指引仪，另一路到自动驾驶仪。

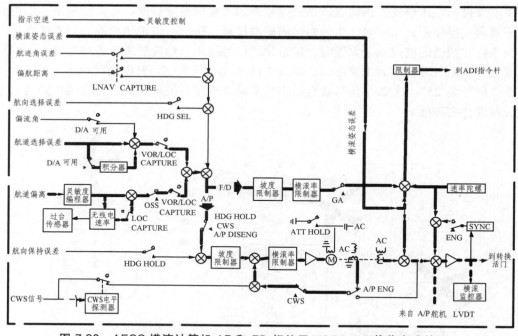

图 7.20　AFCS 横滚计算机 AP 和 FD 都处于 VOR/LOC 截获方式的原理

飞行指引仪的信号经坡度限制器限制和横滚速率限制器的限制，形成姿态指令信号，并送 ADI 的指令杆限制器，在指令杆限制器中，ADI 中的指令被限制到预先确定的最大值。

如果飞行员跟随 ADI 上指令杆的指令，则可操纵飞机压适当的坡度，引起足够的姿态误差信号来平衡计算机通过横滚速率限制器输出的姿态指令信号，姿态误差信号是使指令杆回中的信号，这样可以保持指令杆在中心位置。

自动驾驶仪信号经坡度限制器限制，并和来自伺服马达输出回路中第一个解算器中的正弦线圈的反馈信号相加。从坡度限制器输出的指令信号的幅度决定了伺服马达驱动其转子的快慢，它会一直转动，直到反馈信号等于从坡度限制器输出的指令信号。

右边那个解算器的正弦线圈决定了飞机的坡度，因为如果横滚误差信号不能抵消这个正弦线圈的输出信号，就有信号输入转换活门，驱动副翼偏转，直到横滚姿态误差信号抵消掉来自控制解算器的指令信号。

伺服马达系统右边的信号相加点的输出用虚线表示，因为这个信号只有在有必要操纵副翼时才出现。

7.3.1.6　横滚计算机：A/P——F/D 都处于 LNAV 截获方式

1. LNAV 方式的功用

水平导航控制又可称为平面导航控制，是由飞行管理计算机控制自动飞行控制系统的横滚、自动切入并跟踪生效的飞行计划航路，引导飞机沿给定的飞行计划航路飞行。LNAV 方式的作用和有关参数如图 7.21 所示。

图 7.21　LNAV 方式的作用和有关参数示意图

在 LNAV 截获方式使用的主要信号是偏航距离和航迹角误差信号。偏航距离的使用和 VOR/LOC 方式中的无线电偏离信号的使用方法是一样的。航迹角误差的使用方法和无线电方式中预选航道误差信号的使用方法类似。

和 VOR/LOC 方式类似，LNAV 截获方式也分为切入、截获和跟踪 3 个子方式。区分这 3 个子方式的主要信号是偏航距离。

和 VOR/LOC 方式类似，切入子方式的主要任务是建立或保持合适的切入角，并保持合适的切入角飞向期望航迹。在切入子方式主要的控制信号是航迹角误差信号，偏航距离值用于切入和截获之间的切换。当偏航距离小于一定值时，切入子方式结束，截获子方式生效。

在截获子方式，航迹角误差信号和偏航距离信号都起控制作用，但航迹角误差信号起主要控制作用，偏航距离信号起次要控制作用。当偏航距离信号小于一定值时，截获子方式结束，跟踪子方式生效。

在跟踪子方式，航迹角误差信号和偏航距离信号都起控制作用，但偏航距离信号起主要控制作用，航迹角误差信号起次要控制作用。

2. LNAV 方式的衔接条件

使用水平导航制导控制必须满足一定的衔接标准，并按下 LNAV 电门。LNAV 衔接的第一个条件是 FMC 中必须有生效的飞行计划航路，第二个条件和飞机偏离飞行计划航路的距离有关系。当偏航距离小于 3 NM 时，无论飞机处于什么航向上都可以衔接上 LNAV，如图

7.22 所示。但是，当偏航距离大于或等于 3 NM 时，则要求飞机必须处于小于 90° 的截获航道内，而且必须在生效航路点前切入生效航段，如图 7.23 所示。

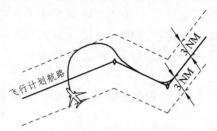

图 7.22　偏航距离<3 NM 时，飞机处于任何航向上都可以衔接 LNAV 方式

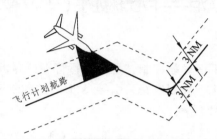

图 7.23　偏航距离≥3 NM 时，飞机必须处于小于 90°的切入航向上且必须在生效航路点前切入生效航段，才能衔接 LNAV 方式

3. 在 LNAV 方式下航路点的转换控制

当飞机的飞行计划航路是由多个航路点组成的航段时，各航段之间何时和怎样进行转换也是非常主要的问题。

有两种可供选择的航路点转换控制方式，一种是飞机不飞过航路点，当飞机接近航路点时，完成航段之间的转换，自动给出飞向下一个航段（或目标点）的控制信号；另一种方式是过点飞行，即当飞机飞越本航段后，才完成飞向下一个航段的转换。

航段之间的控制根据飞机与航路点的距离 S（待飞距离或飞越距离）确定，或依据到航路点的待飞时间或飞越后的时间 DT 确定。转换控制应依据飞行控制系统控制律计算结果确定，由导航计算机计算给出。图 7.24 所示为两种航段之间转换控制方式的示意图。

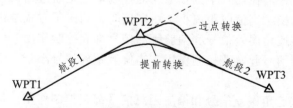

图 7.24　航段之间转换控制方式的示意图

4. LNAV 方式的原理

飞行管理计算机系统计算出偏航距离和航迹角误差后，将这两个信号送到 FCC 的横滚通道计算机，FCC 的横滚通道计算机将根据这两个信号计算操纵指令，在水平导航（LNAV）方式接通的情况下，输出指令到 FD 和 AP，如图 7.25 所示。

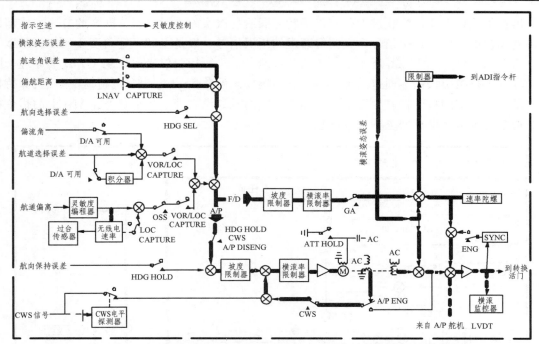

图 7.25　AFCS 横滚计算机 AP 和 FD 都处于 LNAV 截获方式的原理

7.3.1.7　横滚计算机：A/P OFF——F/D 处于复飞（GA）方式

1. 复飞的概念

在仪表飞行程序中规定，在 Ⅰ 类进近中，如果飞行员在到达跑道上方无线电高度 200 ft 前看见跑道，必须看着跑道人工着陆。如果到达这个高度时还没有看见跑道，必须终止着陆，人工复飞。在 Ⅱ 类进近中，如果飞行员在到达跑道上方无线电高度 100 ft 前看见跑道，必须看着跑道人工着陆，如果到达这个高度时还没有看见跑道，必须终止着陆，人工复飞。在 Ⅲ 类进近中，要求多个自动驾驶仪和自动油门系统都处于接通状态。在一定的无线电高度之上，如果某一套自动驾驶仪失效，则必须终止进近，实施复飞。在一定的无线电高度之下出现某一套自动驾驶仪失效的情况，则必须继续进近，直至自动着陆。如果所有的自动驾驶仪和自动油门都没有出现失效，则实现自动着陆。

从上面的解释中不难看出，对"复飞"的全面解释应该是放弃正在进行的进近，绕飞一圈后再重新进行进近的过程。

2. 横滚计算机：A/P OFF，F/D 处于复飞（GA）方式的指令计算原理

当只有一个自动驾驶仪处于接通状态时，该自动驾驶仪是没有自动复飞能力的，一旦启动复飞方式，该自动驾驶仪将自动断开。在多个自动驾驶仪接通的情况下，自动驾驶仪具有完成复飞的机动飞行的能力，但是，一般不允许使用这一功能，而依然建议先断开自动驾驶仪，采取人工复飞。所以，在 AFCS 复飞方式的原理讲解时将自动驾驶仪置于断开状态，而将飞行指引仪置于接通状态。

　　虽然复飞要求飞机终止进近，绕机场转一圈后再次实施进近，但 AFCS 的复飞方式却只提供复飞初始阶段的指引信号，其俯仰通道的指引信号一般是上仰一定角度（比如，某型飞机上为上仰 9°）。如图 7.26 所示是自动驾驶仪断开，飞行指引仪接通在复飞方式的原理。图中，输入飞行指引仪横滚通道的唯一信号是横滚姿态误差信号。只要飞行员操纵飞机保持机翼水平，ADI 上的指令杆就处于中心，如果飞机的机翼没有处于水平状态，ADI 上的指令杆就会指令飞行员将机翼恢复到水平状态。

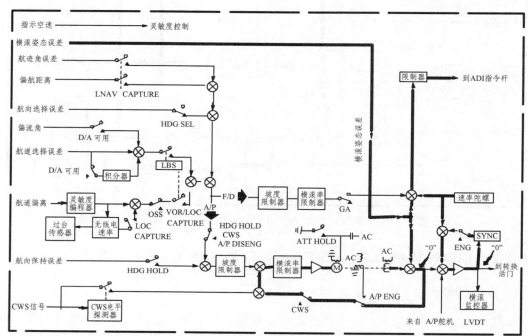

图 7.26　AFCS 横滚通道：自动驾驶仪断开，飞行指引仪接通在复飞方式的原理

3. 横滚计算机：复飞（GA）方式启动方法

　　飞机进近时，当无线电高度低于 2 000 ft 后复飞方式预位，通过按压油门杆手柄上的 TO/GA 电门可以接通复飞方式。在有些飞机上则是通过将油门杆放到 TO/GA 挡位来接通复飞方式的。油门杆手柄上的 TO/GA 电门如图 7.27 所示，油门刻度盘上的 TO/GA 挡位如图 7.28 所示。

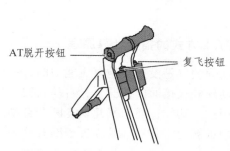

图 7.27　油门杆手柄上的 TO/GA

图 7.28　油门刻度盘上的 TO/GA 挡位

7.3.1.8　横滚计算机：A/P OFF——F/D 处于起飞（TO）方式

起飞阶段，在一定的高度以下，自动驾驶仪的接通是受到抑制的。而飞行指引仪在起飞阶段可以为机组提供起飞的状态指引。在起飞阶段，飞行指引仪的横滚指引信号，以及飞行指引仪起飞方式的接通方法都和复飞方式类似，这里不再阐述。

7.3.2　自动飞行控制系统俯仰通道的指令计算

图 7.29 所示为自动飞行控制系统俯仰计算机的基本示意图。在后续的特定俯仰方式中将用黑粗线来说明各方式使用的信号和功能。所有俯仰方式都会输入俯仰姿态信号，该信号是俯仰通道内回路的基本信号。除拉平方式外，其他俯仰方式都会输入横滚姿态信号，该信号作为正矢信号，在俯仰通道中提供升力补偿量的计算依据。与横滚通道相似，左上角输入的指示空速信号实现增益改变。

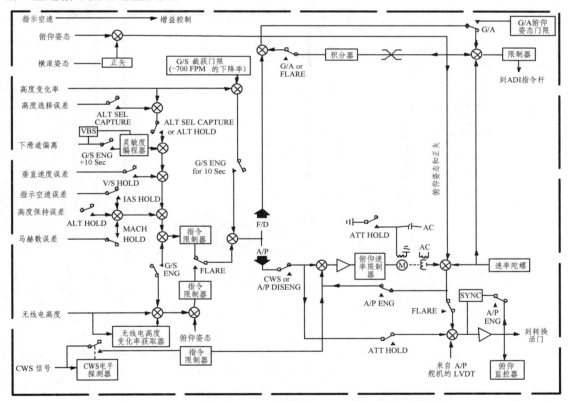

图 7.29　典型的自动飞行控制系统俯仰计算机的基本示意图

图中有 3 个指令限制器，每一个都处于另一个的上方。它们的作用是将它们收到的任何信号限制到一定值，这个值不会引起俯仰姿态超过抬头 15°和低头 10°。

在右上角的限制器不会限制飞机的姿态，只限制俯仰指引杆偏离其中心位置的位移。

图右下角所示的伺服电机回路在现代化的大中型飞机上，特别是数字式飞行控制计算机中实际上是不存在的，但在这样的数字式飞行控制计算机中一定有这样的功能模块来完成相应的功能。在这里使用伺服马达回路，只是为了更容易说明和理解信号的产生和处理原理。

　　在图的中心附近有一个点，在这个点上，飞行指引仪指令信号和自动驾驶仪指令信号分开。飞行指引仪信号向右上走，自动驾驶仪信号向右下走。在信号分离点的左边，是飞行指引仪和自动驾驶仪使用的相同计算机电路和各方式电门和各方式对应的输入信号。当说到某一方式接通时，该方式电门位于三角形位置。

7.3.2.1　俯仰计算机：A/P OFF——FD 升降速度保持（VS）方式

　　在自动飞行控制系统俯仰通道中，自动驾驶仪未接通，而飞行指引仪处于升降速度保持（VS）方式的原理如图 7.30 所示。

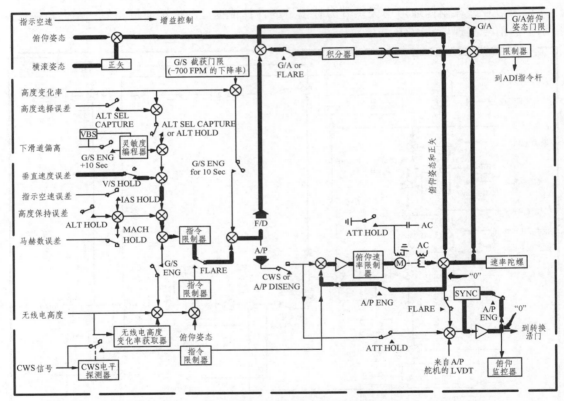

图 7.30　AFCS 俯仰计算机 AP OFF，FD 都处于 VS 方式的原理

1. 自动驾驶仪俯仰姿态的同步

　　由于自动驾驶仪处于断开方式，所以同步回路一直处于工作状态。俯仰通道有 2 个同步回路，分别是姿态的同步回路和自动驾驶仪伺服作动系统同步回路，即图中 2 个粗线围成的回路。姿态的同步由伺服马达系统完成。控制同步器电枢合成磁场的方向是由飞机的俯仰姿态决定的，伺服马达系统驱动控制同步器转子转动，使其与控制同步器电枢中的合成磁场垂直，从而输出零信号，以达到俯仰姿态同步的目的。

2. 自动驾驶仪伺服作动系统的同步

自动驾驶仪伺服作动系统的同步由图中右下方的同步器（SYNC）完成。当自动驾驶仪未接通时，同步器通过信号综合装置连接到转换活门放大器，该同步器将来自转换活门放大器的任何信号反向，并送回信号电路，以保证在自动驾驶仪未接通时伺服放大器的输出等于零。

这两个同步动作保证了自动驾驶仪接通瞬间，不会引起副翼的突然动作。

3. 飞行指引仪垂直速度保持方式的原理

当飞行指引仪工作在垂直速度方式时，通过拇指轮选择的目标垂直速度将和来自中央大气数据计算机的实际垂直速度信号进行比较，如果二者不相等，在输出点就以"垂直速度误差"的形式出现。该误差信号的方向将使飞行指引仪能够按照选择的垂直速度的要求驱动指令杆。

当飞行指引仪工作在垂直速度方式时，垂直速度方式（VS）开关被激活，处于三角形位置，垂直速度方式误差信号被接入信号电路。计算机将根据该信号计算俯仰姿态指令信号。姿态指令信号通过复飞开关后与来自姿态系统或惯性导航系统的俯仰姿态信号进行比较，该信号就是飞机俯仰姿态应该的修正量，即俯仰姿态的指引信号。该信号输送到显示器，以驱动俯仰指引杆向上或向下移动。如果飞行员跟随该指令操纵抬头或低头，飞机在俯仰姿态的变化过程中，将减小升降速度误差信号，从而减小指令的俯仰角。当升降速度误差信号被消除时，俯仰指引杆与飞机符号对齐，表示飞行员对飞机俯仰姿态的控制是适当的。

7.3.2.2　俯仰计算机：A/P 俯仰姿态保持方式

俯仰姿态保持方式是自动飞行控制系统俯仰通道默认的工作方式。当自动驾驶仪接通在CWS 方式后，如果机组没有在驾驶杆上施加一定的杆力，则俯仰通道就工作于俯仰姿态保持方式。在该方式，自动飞行控制系统将飞机的俯仰姿态保持在接通自动驾驶仪瞬间飞机的俯仰姿态上。

图 7.31 所示为自动驾驶仪处于俯仰姿态保持方式的原理图。当自动驾驶仪处于俯仰姿态保持方式时，飞行指引仪可以处于任何方式，所以，图中飞行指引仪被忽略了。

当自动驾驶仪处于俯仰姿态保持方式时，姿态保持开关（Attitude Hold）将伺服马达的合成磁场的输入信号接地，伺服马达不能转动，所以，同步器转子也就不能转动。如果飞机的俯仰姿态偏离了自动驾驶仪接通瞬间的俯仰姿态，同步静子产生的合成磁场将不再与转子的轴线垂直，所以，转子中将产生电信号。由于同步器转子被伺服马达钳住，不能转动，所以该信号输送到转换活门，并进一步输送到自动驾驶仪舵机，驱动舵面偏转，改变飞机的俯仰姿态，直到飞机的俯仰姿态恢复到接通瞬间的俯仰姿态上，同步器静子中产生的磁场再次与转子轴线垂直，转子中的电信号恢复为零。由于转子中的电信号已经恢复为零，舵机的输入信号也恢复为零，舵机不再转动，飞机的俯仰姿态保持在接通瞬间的俯仰姿态上。

输入转换活门放大器的信号用虚线表示，因为它只有在飞机的姿态和指令的姿态不一致时才存在。

值得注意的是，在某些飞机上，当使用 CMD 方式接通自动驾驶仪后，如果没有进一步选择俯仰方式，自动驾驶仪将退回到 CWS 方式，若此时又没有进一步在驾驶杆上施加一定的外力，则自动驾驶仪也会工作于俯仰姿态保持方式。

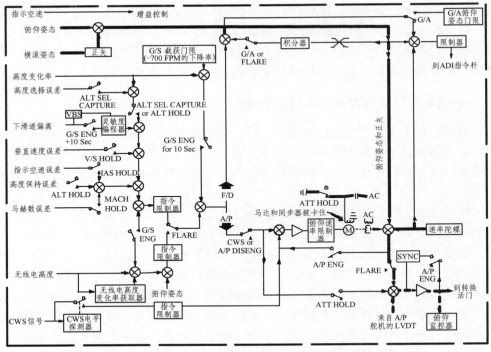

图 7.31　AFCS 俯仰计算机 AP ATT HOLD 方式的原理

7.3.2.3　俯仰计算机：A/P 驾驶盘操纵方式（CWS）

图 7.32 所示为自动驾驶仪的俯仰通道处于驾驶盘操纵方式的原理图。由于自动驾驶仪是接通在 CWS 方式，所有其他俯仰方式电门都处于断开状态。

当一个大约超过 4 lb 的外力施加到了驾驶杆上时，驾驶杆操纵力传感器的输出信号（CWS 信号），通过由 CWS 电平探测器控制的开关接到了位于横滚速率限制器后面的伺服马达电路。一旦飞行员在驾驶盘上保持施加一定的外力，伺服马达就会连续转动，增加飞机的坡度。

当飞行员松开驾驶杆后，自动驾驶仪回到俯仰姿态保持方式。

如果飞行员在驾驶杆上往反方向施力，则将引起 CWS 信号反向，进而引起伺服马达往反方向驱动其转子，使飞机回到俯仰姿态水平或往另外一个方向操纵飞机俯仰。

当自动驾驶仪的俯仰通道处于驾驶盘操纵方式时，计算机的其他部分将通过位于坡度限制器上方的开关与自动驾驶仪断开，即其他俯仰方式的信号无法接入自动飞行控制系统，所以，飞行指引仪的输入信号会变为零。在有些飞机上，俯仰指引杆会与飞机符号对齐，表示俯仰指引信号与飞机同步。在有些飞机上，横滚指引杆会消失。

输入和输出转换活门放大器的信号用实线表示，因为一旦 CWS 探测器开始工作，副翼就开始工作。

值得注意的是，在某些飞机上，当使用 CMD 方式接通自动驾驶仪后，如果没有进一步选择俯仰方式，自动驾驶仪俯仰通道将退回到 CWS 方式。

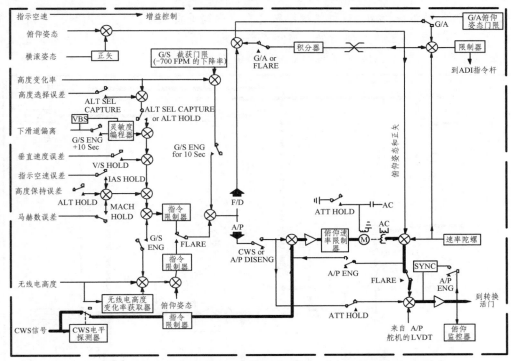

图 7.32　AFCS 横滚通道，自动驾驶仪处于 CWS 方式的原理

7.3.2.4　俯仰计算机：A/P——F/D 都处于升降速度（VS）保持方式

在图 7.33 中，自动驾驶仪和飞行指引仪都处于升降速度保持方式。由于飞行指引仪升降速度保持方式前面已经讨论过了，我们在这里只讨论自动驾驶仪的升降速度保持方式。

当自动驾驶仪未接通时，伺服回路已经将它的同步器转子保持在与飞机俯仰姿态一致的位置上了，即在控制同步器右边的信号相加处的输出信号为零。如果飞机的升降速度等于选择的升降速度，总的来说，送到伺服马达放大器或转换活门放大器的信号为零。舵机不会转动，飞机的俯仰姿态和升降速度也就不会改变。

假设进入垂直速度保持方式瞬间，确实存在升降速度误差信号，则该信号将流经指令限制器，被限制到一个不会超过抬头 15°或低头 10°的值。限制器的输出信号立即输送到转换活门放大器。转换活门驱动自动驾驶仪舵机到足够的量，以便自动驾驶仪舵机 LVDT 的信号能够在转换活门放大器之前的信号相加点上抵消俯仰指令信号。这样就已经驱动了升降舵，升降舵在偏转的过程中连续改变飞机的俯仰姿态，进而改变飞机的升降速度。

当飞机的俯仰姿态改变时，从控制同步器转子上右边的信号相加处就输出一个差动信号，该信号与指令信号方向相反。在飞机姿态改变引起这个差动信号的同时，垂直速度误差信号则因为飞机的实际垂直速度在靠近选择的垂直速度而减小。

与此同时，伺服马达在慢速地往新的期望的俯仰姿态上转动其控制同步器转子，在最初的几秒钟内，发生的变化最大：垂直速度误差信号减小，由此而引起的指令被差动信号抵消一部分，升降舵偏离其流线型位置不远。

但是，飞机的俯仰姿态还在缓慢地改变，升降速度误差信号仍然存在（已经减小了，但仍存在），伺服器仍然在转动。这种情况继续存在，直到垂直速度误差信号消失。然后，伺服器停止转动，同步器转子位置与飞机的俯仰姿态一致。所以，这时没有差动信号，也没有信号输入转换活门放大器，升降舵就回到了流线型位置。

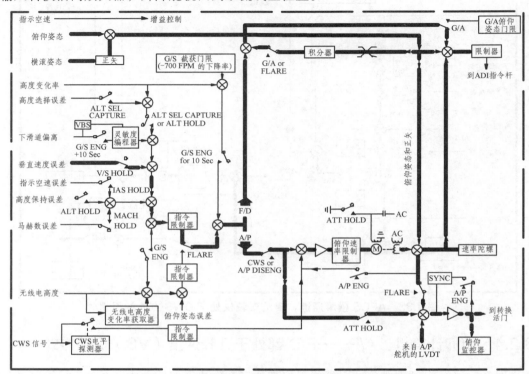

图 7.33　AFCS 俯仰计算机 AP 和 FD VS 方式的原理

7.3.2.5　俯仰计算机：A/P——F/D 都处于高度保持方式（ALTitude Hold Mode）

高度保持方式可以人工选择，也可以自动生成，这两种情况下高度保持方式的作用如图 7.34 所示。人工选择的方法是按压控制板上的高度保持（ALT HOLD）电门。在这种情况下，自动飞行控制系统的指令是将飞机保持在机组接通高度保持方式电门瞬间飞机所在的高度上。高度保持方式自动生成的情况是，当飞机靠近设置的目标高度时，俯仰方式会自动转换为高度截获方式（ALT ACQuire 或 ALT CAPture），当飞机到达设定的目标高度时，俯仰方式会自动转换为高度保持方式（ALT　HOLD）。

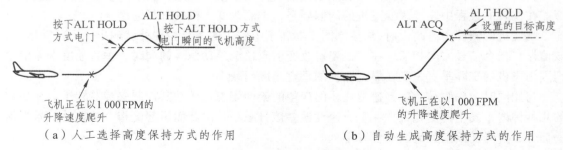

（a）人工选择高度保持方式的作用　　　　（b）自动生成高度保持方式的作用

图 7.34　高度保持方式的作用

人工选择高度保持方式的原理如图 7.35 所示，图中高度保持电门有几个处于三角形位置，自动驾驶仪和飞行指引仪都处于高度保持方式。该方式主要的输入信号是高度误差信号，即飞机的实际高度信号与按下高度保持方式电门瞬间飞机的高度之差。高度误差信号在该方式的作用和升降速度信号在升降速度方式中的作用是类似的。此外，高度保持方式还增加了垂直速率信号（升降速度信号）。垂直速率信号（升降速度信号）是高度的一阶微分信号，这个信号只有在高度变化过程中才存在。高度变化率信号在飞机靠近期望的高度时与高度误差信号方向相反，在飞机离开期望高度时与高度误差信号相加，在高度保持方式过程中起阻尼作用。

自动生成高度保持方式的原理见 7.3.2.6。

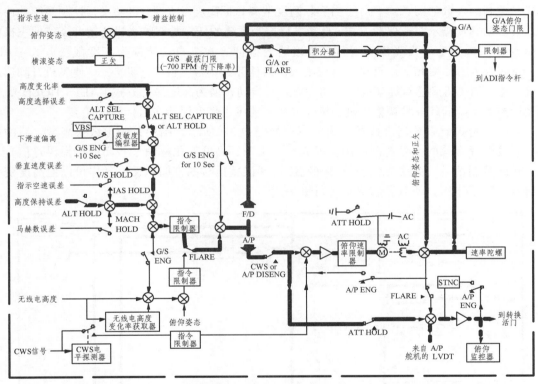

图 7.35 AFCS 俯仰计算机 AP 和 FD 处于 ALT HOLD 方式的原理

7.3.2.6 俯仰计算机：A/P——F/D 高度选择（ALT SEL）方式

在高度选择方式（ALT SEL CAPture）下，自动飞行控制系统提供的指令是截获设定的目标高度，并在目标高度上改平。在到达目标高度之前一定值，会自动生成一个高度截获方式（ALT ACQuire 或 ALT CAPture）。截获点与接近期望高度时的升降速度有关，升降速度越大，截获点离目标高度越远，但不会超过系统预先设定的门限值。高度选择方式（ALT SEL CAPture）接通后自动飞行控制系统的作用如图 7.34（b）和图 7.36 所示。

选择目标高度，并接通高度选择方式电门后，自动飞行控制系统可以用俯仰姿态保持方式、指示空速保持方式、马赫数保持方式、升降速度保持方式或驾驶盘操纵方式接近那个高度。如

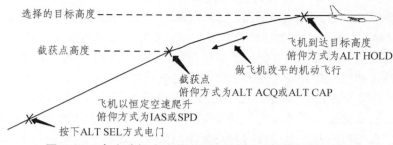

图 7.36　高度选择方式的功用和在不同阶段的控制参数

果是用指示空速保持方式靠近目标高度的，则在接通高度选择方式后自动飞行控制系统的俯仰方式和控制的参数如图 7.27 所示。当实际高度偏离目标高度较大时，自动飞行控制系统的俯仰方式会自动选择指示空速保持方式，自动飞行控制系统的任务是调整飞机的俯仰姿态使飞机的指示空速保持不变。当飞机靠近目标高度时，俯仰方式会自动转换为高度截获方式（ALT ACQuire 或 ALT CAPture），自动飞行控制系统的任务是调整飞机的俯仰姿态，使飞机升降速度调整为零。当飞机到达目标高度时，俯仰方式会自动转换为高度保持方式（ALT　HOLD），自动飞行控制系统的任务是调整飞机的俯仰姿态，使飞机高度保持在目标高度上。

　　自动飞行控制系统高度选择方式的原理如图 7.37 所示，图中只画出截获高度之后的情况。高度选择方式的信号在图中用实线表示了出来。高度变化率信号和高度选择误差信号是该方式的控制信号。高度变化率信号和高度选择误差信号的方向相反，这样可以使高度变化率信号起阻尼作用，使截获的机动飞行更平滑。

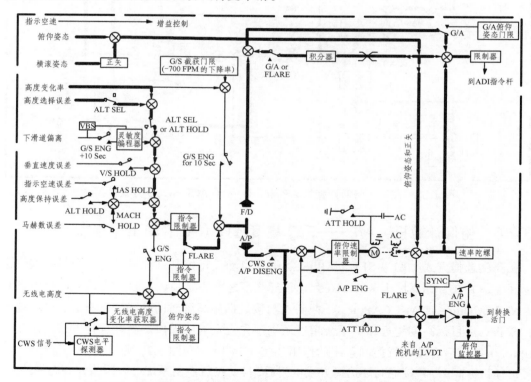

图 7.37　AFCS 俯仰计算机 AP 和 FD 处于 ALT SEL 方式的原理

值得注意的是，在某些飞机上没有高度选择方式，而有另外一种功能和原理与之对应的方式，称为高度层改变方式（FL CHG 或 LVL CHG）。

7.3.2.7　俯仰计算机：A/P——F/D 指示空速保持（IAS HOLD）方式

自动驾驶仪和飞行指引仪在指示空速保持方式的原理如图 7.38 所示，与升降速度保持方式的原理很像，只是控制信号变成了指示空速，这里不再叙述。

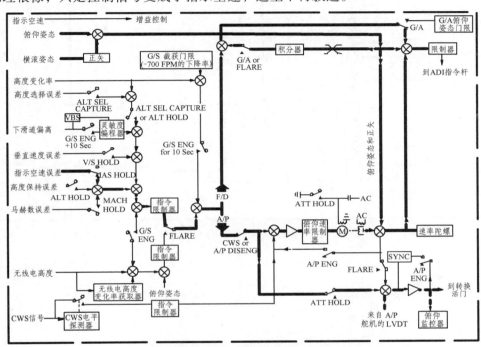

图 7.38　AFCS 俯仰计算机 AP 和 FD 处于 IAS 方式的原理

7.3.2.8　俯仰计算机：A/P——F/D 马赫数保持（MACH HOLD）方式

自动驾驶仪和飞行指引仪在马赫数保持方式的原理如图 7.39 所示，与升降速度保持方式的原理很像，只是控制信号变成了马赫数，这里不再叙述。

7.3.2.9　俯仰计算机：A/P——F/D 下滑道（G/S）方式

1. 下滑道截获的子方式

AFCS 的下滑道方式是在选择了进近方式后自动生成的方式，飞行员没有针对该方式的专门的控制电门。图 7.40 说明了从上面截获下滑道的情况，图 7.41 说明了从下面截获下滑道的情况。图中的垂直"点阵图"是在截获下滑道后 10 s 期间的情况。

下滑道截获方式包含 3 个子方式，即切入、截获和跟踪子方式。当下滑道偏离指针偏离大于 2/3 个点时，处于切入阶段；当下滑道偏离指针偏离 2/3 个点时，截获方式开始，截获方式开始后大约 10 s，跟踪方式开始。

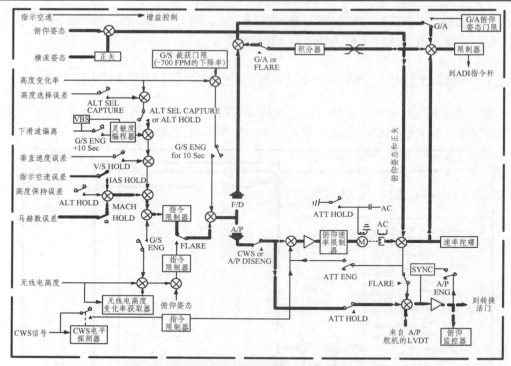

图 7.39　AFCS 俯仰计算机 AP 和 FD 处于 MACH 方式的原理

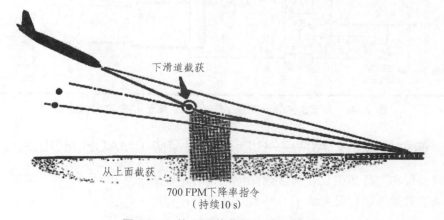

图 7.40　从上面截获下滑道的情况

图 7.41　从下面截获下滑道的情况

在切入子方式，AFCS 的俯仰方式可能是高度保持方式、指示空速保持方式或升降速度保持方式，不同的方式使用的控制信号不同，但一定会使用到下滑道偏离信号，但下滑道偏离信号不是作为控制信号使用，而只作为从切入阶段自动转换为截获阶段的判据。

当下滑到偏离指针偏离 2/3 个点时，截获方式开始。在下滑道截获方式，主要的控制信号是升降速度信号，自动飞行控制系统的指令是调整飞机的俯仰姿态，直到飞机的升降速度达到 700 ft/min。同时会用到计时器，该计时器的计时时间为 10 s，用于控制从截获子方式到跟踪子方式的自动转换。

截获子方式持续 10 s 后跟踪子方式生效。在跟踪子方式，主要的控制信号是下滑道偏离信号，AFCS 的指令是调整飞机的俯仰姿态，以保持下滑道偏离为零。

2. 俯仰计算机：A/P-F/D 下滑道截获后 10 s 之内的原理

图 7.42 显示的是俯仰通道计算机在下滑道截获后 10 s 内（截获子方式）的原理。在""下滑道截获门限（Glideslope Capture Bias）"盒下面标有 "G/S ENG for 10 s" 的开关在截获时闭合，并保持在闭合状态 10 s。"下滑道截获门限"是一个标准的信号，该信号等于 700 ft/min 的升降速度信号。

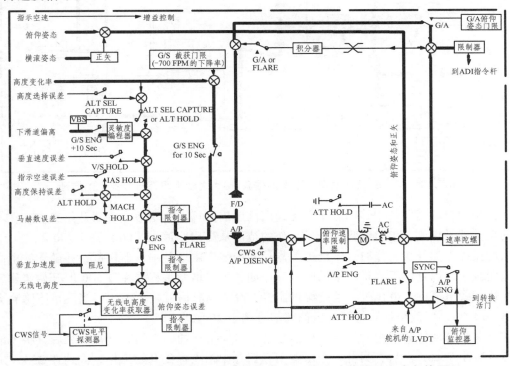

图 7.42　AFCS 俯仰通道：下滑道截获后 10 s 内（截获子方式）的原理

如果飞机从上面截获下滑道，飞机的实际升降速度信号将大于下滑道截获门限（700 ft/min 的升降速度）。从信号相加点输出的差动信号要求升降舵上偏，直到升降速度信号减小到 700 ft/min。这时，差动信号不再存在，升降舵指令信号也不再存在。

在该方式可能会使用到垂直加速度信号，该信号用作阻尼信号，目的是使机动飞行满足期望的柔和性。它的方向和升降速度的方向相反。

3. 俯仰计算机：A/P-F/D 下滑道截获 10 s 后的原理

图 7.43 显示的是下滑道截获 10 s 之后（跟踪子方式）的原理。在该子方式，下滑道截获门限信号脱开，下滑道偏离信号接入指令链路。

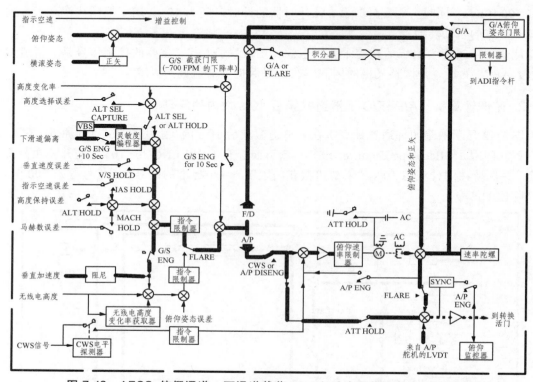

图 7.43　AFCS 俯仰通道：下滑道截获 10 s 之后（跟踪子方式）的原理

在新型的自动驾驶仪中，随着来自无线电高度表的信息，增益编程器开始工作。在不同类型的自动驾驶仪中，增益编程器开始工作的范围从高出跑道 15 000 ft 到 1 000 ft。

当增益程序器开始工作时，下滑道偏离信号的强度由增益编程器控制，并随无线电高度的降低而减小，以补偿下滑道波束的收敛。比如，如果增益编程器在 1 500 ft 开始工作，当飞机到达无线电高度 750 ft 时，增益编程器将下滑道偏离信号减小 50%。当飞机下降到大约离跑道 50 ft 时，增益编程器将下滑道偏离信号减小 100%。

在早期的自动驾驶仪中，增益编程器是基于时间工作的，大约在 100 s 之后，将下滑道偏离信号减小 75%，然后，另外一个增益编程器在中指点标处开始工作，大约在 25 s 之后，将滑道偏离信号再减小 75%。

7.3.2.10　俯仰计算机：A/P——F/D A/P-F/D 拉平（FLARE）方式

1. 拉平轨迹和拉平控制过程

在进近的过程中，当在 AFCS 的控制面板上选择进近模式（APP）时，AFCS 俯仰通道最终的功用是将飞机控制在下滑道上。当飞机继续下降到一定无线电高度时，飞机将不再沿下滑道中心线下降，而改为沿拉平轨迹下降。图 7.44 所示是下滑道轨迹和拉平轨迹之间的比较，以及下滑道截获方式和拉平方式之间转换的时机。

在无线电高度大约 1 500 ft 时，拉平方式自动预位。但 AFCS 提供的依然是沿下滑道中心线飞行的指令，直到无线电高度减小至大约 50 ft。如果拉平的条件满足，在无线电高度大约 50 ft 左右，拉平方式自动生效，AFCS 的俯仰通道将提供沿拉平轨迹下降的指令。

当拉平方式生效后，AFCS 提供的指令是逐渐减小飞机的下降率，到接地时的下降率要减小到大约 2 ft/s。同时，自动油门会减少发动机的可用推力，以保持拉平轨迹。在轮高为 5 ft 时，拉平方式自动断开，转入接地的状态，随后是滑跑模式。

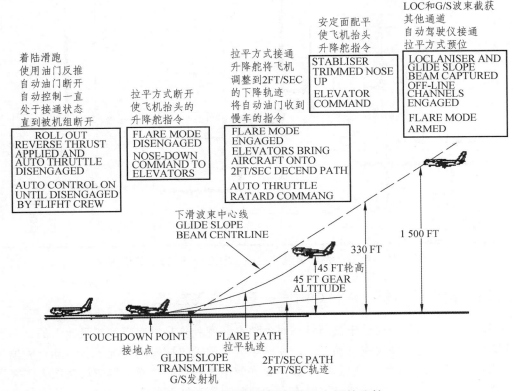

图 7.44　下滑道轨迹和拉平轨迹之间的比较

2. AFCS 俯仰通道拉平（FLARE）方式的原理

图 7.45 所示是 AFCS 俯仰通道"拉平（FLARE）"方式的原理图。拉平方式生效后，图中 2 个标有"拉平（FLARE）"的开关转到其三角形位置，开始工作。其中一个位于右下角的开关会断开伺服马达同步器的输出，另一个位于左下角的开关接入垂直加速度信号、无线电高度信号和未经修改的俯仰姿态误差信号。增益编程器将下滑道偏离信号减小 100%（目的是防止本图中所示的输入到位于底部两个指令限制器之间的信号链路中俯仰姿态误差信号有多次的穿越现象）。

在拉平过程中，俯仰姿态误差信号要求将机头拉到水平状态，无线电高度信号要求飞机低头，升降速度信号要求飞机抬头，而且起支配作用。

如果自动油门系统也在使用中，它会在无线电高度大约 30 ft 时将推力收到后停止位。

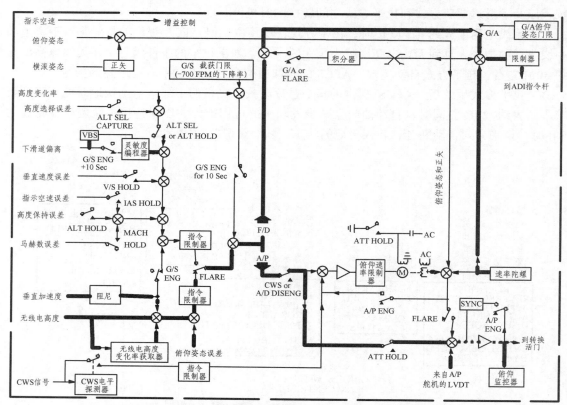

图 7.45　AFCS 俯仰通道"拉平（FLARE）"方式的原理图

7.3.2.11　俯仰计算机：A/P OFF——F/D 复飞方式

当只有一个自动驾驶仪处于接通状态时，该自动驾驶仪是没有自动复飞能力的，一旦启动复飞方式，该自动驾驶仪将自动断开。在多个自动驾驶仪接通的情况下，自动驾驶仪具有完成复飞的机动飞行的能力，但是，一般不允许使用这一功能，而依然建议采取人工复飞。所以，在 AFCS 复飞方式的原理讲解时将自动驾驶仪置于断开状态，而将飞行指引仪置于接通状态。

虽然复飞要求飞机终止进近，绕机场转一圈后再次实施进近，但 AFCS 的复飞方式却只提供复飞初始阶段的指引信号，其俯仰通道的指引信号一般是上仰一定角度（比如，某型飞机上为上仰 9°）。

如图 7.46 所示是自动驾驶仪断开，飞行指引仪接通在复飞方式时俯仰通道的原理。图中，输入飞行指引仪俯仰通道的唯一信号是俯仰姿态信号。

在图的右上角有一个标有"复飞门限（go-around bias）"的盒子，从该盒子输出的信号称为复飞门限信号。在这种飞行指引仪中，要求机头上仰一定角度（比如 9°），这就是 AFCS俯仰通道的指令姿态角,如果飞行员将飞机的俯仰姿态操纵到飞行指引仪指令的俯仰姿态上，俯仰姿态信号就等于并取消复飞门限信号，俯仰指引杆将回中。

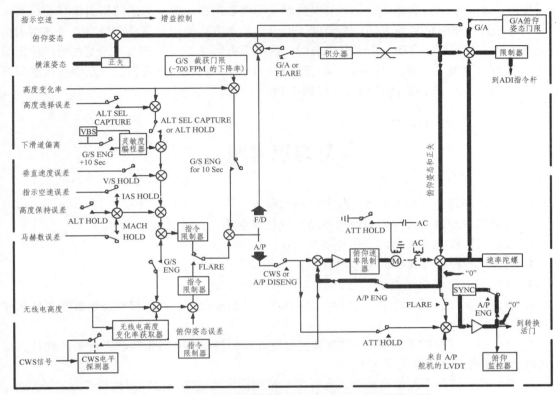

图 7.46　AFCS 俯仰通道 A/P OFF—F/D 方式原理图

7.3.2.12　俯仰计算机：A/P——F/D 垂直导航（VNAV）方式

　　在现代大型运输机上，自动飞行控制系统的俯仰通道的垂直导航（VNAV）方式与横滚通道的水平导航（LNAV）方式对应。在已经接通水平导航（LNAV）的前提下，如果条件成熟，可以接通垂直导航（VNAV）方式。

　　水平导航（LNAV）方式接通时，AFCS 横滚通道的目标轨迹是生效的飞行计划航路上每两个航路点之间的期望航迹。当垂直导航（VNAV）方式接通时，AFCS 俯仰通道的目标轨迹是各航路点上的高度限制值。这些高度限制值是飞行管理计算机根据飞行计划航路的情况、飞机的重量等计算出来的，如果按照这些高度限制值飞行，飞行将是最经济的。

　　垂直导航方式的原理与高度选择方式的原理类似，只是输入的目标高度不同而已。在高度选择方式，目标高度值来自机组在控制板上设定的目标高度；而在垂直导航方式，目标高度值由飞行管理计算机系统计算并提供给自动飞行控制系统。所以，该方式的原理这里不再阐述。

7.3.3　AFCS 的起飞（TO）方式

　　在现代化的大型运输机上，自动飞行控制系统具有起飞方式（TO）。由于自动驾驶仪是不能够用于起飞阶段的，所以，该方式只对飞行指引仪有效。一旦自动飞行控制系统的起飞方式接通，飞行指引仪就能够给飞行员提供起飞的姿态指引。横滚通道的指引信号为机翼水平，俯仰通道的指引信号为上仰一定角度。所以，起飞方式的指引信号和复飞方式的指引信号是类似的，其原理、启动方法也是类似的，这里不再阐述。只是起飞方式是在地面按压油门杆上的 TO/GA 电门，或在地面将油门杆放到 TO/GA 挡位，而复飞则是在空中按压油门杆上的 TO/GA 电门，或在地面将油门杆放到 TO/GA 挡位。

复习思考题

1. 指出自动驾驶仪和飞行指引仪的区别和联系。
2. 自动飞行控制系统是如何处理自动驾驶仪指令和飞行指引仪指令的？
3. 自动飞行控制系统包含了哪些基本部件？
4. 简述飞行控制计算机的基本组成。
5. FCC 具有哪些功能模块？
6. 在自动飞行控制系统中，飞行指引仪有哪几种衔接状态？各衔接状态能够实现什么样的功能？
7. 在自动飞行控制系统中，自动驾驶仪有哪几种衔接状态？各衔接状态能够实现什么样的功能？说明各衔接状态的信号流程。
8. 自动飞行控制系统的横滚方式有哪些？根据横滚通道的原理框图说明各方式的原理。
9. 根据自动飞行控制系统横滚通道计算机的原理框图说明横滚同步的基本原理。
10. 根据自动飞行控制系统俯仰通道计算机的原理框图说明俯仰同步的基本原理。

8　自动飞行控制系统的控制、显示及使用

　　飞行员和自动飞行控制系统之间主要是通过控制组件和显示组件交换信息的。通过控制组件，飞行员可以向系统下达指令；通过显示组件，机组可以了解并监控系统的工作情况。所以，在讨论自动飞行控制系统的使用之前，需要先讨论其控制和显示。

　　自动飞行控制系统的主要显示组件有机长和副驾驶仪表板上的显示器、自动飞行状态通告器（ASA）和自动着陆警告灯，以及机长仪表板上的安定面失去配平警告灯，参见图7.5所示。

8.1　自动飞行控制系统的主要控制组件

　　自动飞行控制系统的主要控制组件有方式控制板（MCP板）或飞行控制组件（FCU）、自动驾驶仪断开电门、起飞/复飞电门和安定面配平切断开关等，参见图7.4所示。

8.1.1　方式控制板和飞行控制组件

　　每个飞机上自动飞行的控制组件都不尽相同，有些飞机上是方式控制板（MCP板），有些飞机上是飞行控制组件。不同的飞机上方式控制板（MCP板）也有所不同。典型MCP板的前面板如图8.1和图8.2所示，典型FCU的前面板如图8.3所示。本教材只对MCP板进行讨论。

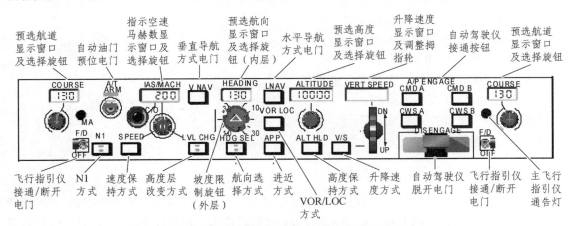

图 8.1　AFCS 典型方式控制板（MCP 板）1

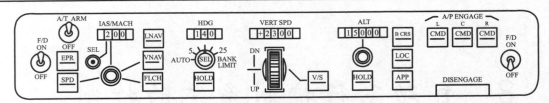

图 8.2　AFCS 典型方式控制板（MCP 板）2

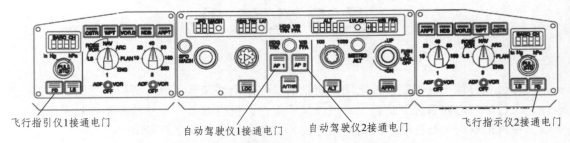

图 8.3　AFCS 典型控制组件——飞行控制组件（FCU）

8.1.1.1　MCP 板的功用

从图 8.1 和图 8.2 可以看出，方式控制板是机组和自动飞行控制系统之间的接口，其主要功能有：

（1）接通/脱开自动驾驶仪。

（2）接通/断开飞行指引仪。

（3）设定自动飞行控制系统的工作方式。

（4）设定对应方式的目标值。

（5）显示设定的目标值。

（6）预位/断开自动油门。

8.1.1.2　MCP 板的主要组成部件

MCP 板的主要组成部件包括：

（1）ARINC 429 数据总线选择器。

（2）通道 A 和通道 B 处理器。

（3）LCD 显示器和控制部件。

（4）方式选择器和自动驾驶仪衔接开关。

（5）自动油门开关和显示器。

（6）自动驾驶仪开关和显示器。

（7）光传感器。

1. ARINC 429 数据总线选择器

当某一个 FCC 成为主 FCC，控制着 MCP 的显示时，该 FCC 将向 MCP 板发送一个 MCP 数据选择信号。然后，MCP 板上的 ARINC 429 数据总线选择器将该 FCC 的数据发送到通道

A 处理器、飞行管理计算机以及自动油门。通常情况下，MCP 板使用 FCC A 的数据，只有 FCC B 发送了一个数据总线选择信号且之前的 FCC A 没有发送该信号时，MCP 板才使用 FCC B 的数据。

MCP 板内包含两个独立的微处理器，一个通道 A 处理器，一个通道 B 处理器。通道 A 处理器从数据总线选择器上接收 FCC 数据，执行 MCP 板的大多数功能。然后，数据才送到 FCC A 和通道 B 处理器。

通道 B 处理器接收来自光传感器的信号，该信号控制着 LCD 显示器背景灯光的亮度和方式选择器上 LED 灯光的亮度。通道 B 处理器还计算自动驾驶仪警告信号，并将该信号发送到机长和副驾驶的自动飞行状态通告器（ASA），通道 A 处理器计算 CWS 警告信号，并将该信号发送到两个 ASA，如图 8.4 所示。在某些飞机上，如果没有 CWS 警告信号，则图中通道 A 处理器的该项功能就取消。

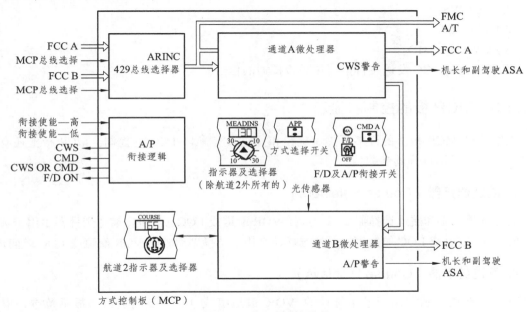

图 8.4 MCP 板的功能

2. 方式选择器、自动驾驶仪衔接电门和飞行指引仪接通电门

飞行指引仪接通电门、自动驾驶仪衔接电门和方式选择器电门向通道 A 处理器发送数据。通道 A 处理器向 FCC A 发送自动驾驶仪衔接和方式选择信号。在衔接自动驾驶仪或选择方式之前，FCC 需要确认所有衔接的必要条件都具备。

3. 方式选择器和灯光通告器

通道 A 处理器接收来自具有控制权的 FCC 的衔接和方式选择数据，并点亮相应方式选择电门上的灯光通告器。

4. LCD 和参数选择器

通道 A 处理器接收航道 1 和航道 2 选择器的数据、高度选择器的数据和航向选择器的数据，并将这些信号发送到 LCD 显示器上。

此外，通道 A 处理器还接收来自指示空速选择器和垂直速度选择器的信号，并将这些信号发送到 FCC。FCC 计算修正空速/马赫数和垂直速度，并发送到 MCP 板，显示在 LCD 显示器窗口内。

5. 自动驾驶仪衔接逻辑

每个 FCC 将数据发送到 MCP，告知 MCP 是否可以衔接自动驾驶（A/P）。为了衔接 A/P，FCC 必须送出一个衔接电磁线圈有效高电平信号及一个衔接电磁线圈有效低电平信号，高电平信号表明 FCC 内的 CPU1 有效；低电平信号表明 FCC 内的 CPU2 有效。每个 FCC 还通知MCP 哪个 FCC 是主 FCC。MCP 利用主 FCC 的数据工作，并将主 FCC 的数据送到其他系统。

当机组选择一个自动驾驶仪的方式时，MCP 板将同时向两个 FCC 发送以下信号之一：

（1）仅 CWS。

（2）仅 CMD。

（3）CWS 和 CMD。

MCP 板也向 FCC 发送飞行指引仪是否接通的信号。

8.1.1.3　MCP 板的控制和显示

机组通过 MCP 板上的许多开关、旋钮和按钮来实施对 FCC 的控制。MCP 板上还有许多显示器用于显示选择的参数值。

1. 航道选择器（Course Selectors）

航道选择器 1 和航道选择器 2 用于选择 VOR 航道或 LOC 航向道，航道选择器 1 用于选择机长的 VOR 航道或 LOC 航向道，航道选择器 2 用于选择副驾驶的 VOR 航道或 LOC 航向道。

2. 航道显示器（Course Displays）

有两个航道显示器用于显示选择的 VOR 航道值或 LOC 航向道值。显示范围一般在 $000° \sim 359°$。

3. 飞行指引仪电门[Flight Director（F/D）Switches]

有两个飞行指引仪电门用于接通和断开 FCC 内部的飞行指引仪功能。机长的飞行指引仪电门通常控制 FCC A。当只接通机长的飞行指引仪时，通常只能在机长的显示器上看到飞行指引仪指令杆。副驾驶的飞行指引仪电门通常控制 FCC B。当只接通副驾驶的飞行指引仪时，通常只能在副驾驶的显示器上看到飞行指引仪指令杆。

4. 主灯（Master Lights）

MCP 板上有 2 个主灯（MA 灯），正常情况下只有一个主灯燃亮，某一侧的主灯燃亮表示该侧的 FCC 为主 FCC，即该 FCC 控制方式选择。比如，机长一侧的主灯燃亮时，表示 FCC A 控制方式选择，如果副驾驶一侧的主灯燃亮时，表示 FCC B 控制方式选择。

5. 自动油门预位电门[Autothrottle（A/T）Arm Switch]

将该电门置于预位时，自动油门预位。有一个电动螺线管将开关保持在预位位。如果将该开关置于断开（OFF）位，就会断开自动油门。

6. 自动油门预位灯（A/T Arm Light）

当自动油门处于预位方式时该灯燃亮。

7. 指示空速/马赫数选择器（IAS/MACH Selector）

指示空速/马赫数选择器用于设置 MCP 速度或 MCP 马赫数。

8. 指示空速/马赫数显示器（IAS/MACH Display）

该显示器显示指示空速或马赫数。指示空速的范围一般为 100～399 kt，增量为 1 kt；马赫数的范围一般为 0.60～0.89，增量为 0.01。

显示器上有一个警告旗，在低速或过速的情况下，位于显示器最左边的一位数字闪亮，以提供警告。

在 VNAV 方式生效时，该显示窗口显示空白。

9. 指示空速/马赫数转换电门（IAS/MACH Change/Over Switch）

指示空速/马赫数转换电门的功用是实现指示空速显示与马赫数显示之间的切换。

当飞机速度大于 0.6 马赫数时，按压该电门，以海里/小时表示的指示空速值将变成马赫数值，或从马赫数值变成以海里/小时表示的指示空速值。如果飞机的速度小于 0.6 马赫数，显示器窗口则只显示以海里/小时表示的指示空速值，该转换电门就不起作用。

10. 航向选择器（Heading Selector）

航向选择器用于设置飞机的目标航向值。

11. 航向显示器（Heading Display）

该显示器显示机组选择的航向，显示范围为 000～359°。

12. 坡度选择器（Bank LIMIT）

坡度选择器允许机组设置允许的最大转弯坡度，可以设置的允许最大转弯坡度值可以是 10°，15°，20°，25°，30°。设置的坡度值在 VOR 方式和航向选择方式有效。

13. 高度选择器（Altitude Selector）

高度选择器用于设置 DFCS 使用的目标高度。

14. 高度显示器（Altitude Display）

该显示器显示机组设置的目标高度值，范围是 0～50 000 ft。

15. 垂直速度拇指轮（Vertical Speed Thumbwheel）

转动垂直速度拇指轮可以设置垂直速度值。向上转动垂直速度拇指轮，设置爬升的垂直速度；向下转动垂直速度拇指轮，设置下降的垂直速度。在 0～1 000 ft/min 范围内，拇指轮的增量为 50 ft/min，在 1 000 ft/min 以上，拇指轮的增量为 100 ft/min。

16. 垂直速度显示器（Vertical Speed Display）

该显示器显示机组设置的垂直速度，范围是 − 7 900 ft/min ~ +6 000 ft/min。

17. 自动驾驶仪衔接电门[Autopilot（A/P）Engage Switches]

在飞机上有多个自动驾驶仪衔接电门，每一个自动驾驶仪都有自己独立的接通电门。接通电门的数量和类型与机型有关。在一些飞机上自动驾驶仪接通电门只有 CMD 状态，而另外一些飞机上的自动驾驶仪接通电门有 CWS 和 CMD 状态。电门可以是按钮，也可以是扳钮。如果是按钮，则按钮是带灯的。如果衔接前逻辑正确，按压某一个电门时，自动驾驶仪就可以衔接上，电门灯燃亮。如果衔接前逻辑不正确，按压某一个电门时，自动驾驶仪就衔接不上，电门灯不燃亮。

在衔接自动驾驶仪之后，某些条件还必须保持正确，否则，自动驾驶仪将断开。如果自动驾驶仪断开了，电门灯将熄灭。

18. 自动驾驶仪脱开杆（A/P Disengage Bar）

如果将自动驾驶仪脱开杆向下拉，则自动驾驶仪断开。

19. 方式选择电门（Mode Selector Switches）

方式选择电门有：
（1）自动油门（N1）。
（2）自动油门速度（SPD）。
（3）高度层改变（Level Change）。
（4）航向选择（Heading Select）。
（5）进近（Approach）。
（6）垂直导航（VNAV）。
（7）水平导航（LNAV）。
（8）VOR LOC。
（9）高度保持（Altitude Hold）。
（10）垂直速度（Vertical Speed）。

其中，N1 和 SPD 是自动油门的方式电门；高度层改变（Level Change）、垂直导航（VNAV）、高度保持（Altitude Hold）和垂直速度（Vertical Speed）是俯仰方式；航向选择（Heading Select）、水平导航（LNAV）和 VOR LOC 是横滚方式；进近（Approach）则同时具有俯仰控制功能和横滚控制功能。

当机组已经选中某一个方式，且该方式有效时，该方式电门灯燃亮，说明再次按压该电门时可以取消该方式。

值得注意的是，并不是所有的 MCP 板都必须具有以上所有的功能，有些飞机上的 MCP 板可能只具有本 MCP 板功能的一部分，有些飞机上的 MCP 板的功能可能比本 MCP 板的功能还要多。

8.1.2 起飞/复飞（TO/GA）电门

在每一个油门杆上都有一个起飞/复飞（TO/GA）电门，参见图 7.27 所示。该电门用于启动 AFCS 中飞行指引仪的起飞/复飞方式和自动油门的起飞/复飞方式。

当相关的条件具备时，如果飞机位于地面上，按压该电门，启动的是起飞方式；如果飞机位于空中，按压该电门，启动的是复飞方式。

在某些飞机上，起飞/复飞方式是通过将油门杆前推到刻度盘上的起飞/复飞（TO/GA）档位来实现的。油门刻度盘上的 TO/GA 挡位参见图 7.28 所示。

8.1.3 自动驾驶仪断开电门

在小型飞机上，自动驾驶仪的正常断开、非正常断开、强力断开、应急断开等方法同样适用于大型飞机上的自动驾驶仪。内容参见 5.9 节。

此外，在具有多套自动驾驶仪的飞机上，除进近、着陆、复飞等阶段外，都只能接通一个自动驾驶仪。所以，如果在爬升、巡航和下降过程中，当一个自动驾驶仪处于接通时，如果再接通其他的自动驾驶仪，则先前接通的自动驾驶仪会自动断开，而后接通的自动驾驶仪处于接通方式。

另外，见图 8.2 和图 8.3 的 MCP 板，在 MCP 板上有一个 DISENGAGE 电门，将该电门下拉之后，所有自动驾驶仪都会被断开，而且必须再次将该电门推到正常位置之后，自动驾驶仪才能够接通。

8.1.4 安定面配平/自动驾驶仪断开电门

安定面配平/自动驾驶仪断开电门位于中央操纵台上，如图 8.5 所示。按压右边的自动驾驶仪断开电门，将断开安定面自动配平功能，同时，也断开自动驾驶仪。

安定面配平/自动驾驶仪断开电门

图 8.5 安定面配平/自动驾驶仪断开电门

8.2 自动飞行控制系统的主要显示组件

自动飞行控制系统的主要显示组件有机长和副驾驶仪表板上的显示器、自动飞行状态通告器（ASA）和自动着陆警告灯，以及机长仪表板上的安定面失去配平警告灯。

　　EFIS 中用于显示自动飞行控制系统信息的显示器是 PFD。PFD 上显示的自动飞行控制系统的信息主要包括：飞行指引仪指令杆的信息、自动飞行控制系统的方式通告牌、设定的目标速度、设定的目标高度等，如图 8.6 所示。

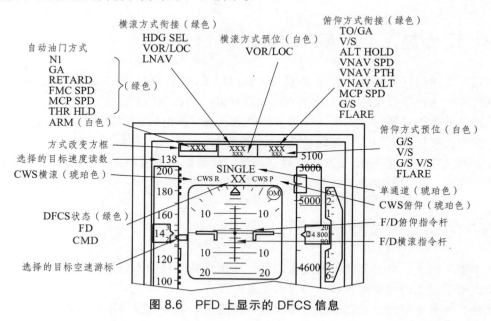

图 8.6　PFD 上显示的 DFCS 信息

8.2.1　飞行指引仪指引信号显示

　　飞行指引仪指引信号显示在 PFD 中间，可以是十字形的，也可以是八字形的，如图 8.6 所示。

8.2.2　飞行方式通告牌

　　自动油门方式、自动驾驶仪和飞行指引仪的俯仰方式、横滚方式以及 DFCS 状态通告都显示在 PFD 的顶部，该区域称为飞行方式通告牌（FMA），如图 8.6 所示。

　　自动油门方式显示在 PFD 的左上角第 1 列。关于自动油门方式通告的内容见第 9 章。

　　自动驾驶仪和飞行指引仪的横滚方式显示在 PFD 顶部第 2 列，衔接的方式用绿色字体表示，且显示在第 1 行，这些方式可以是 HDG-SEL、VOR/LOC 和 LNAV。预位的方式用白色字体表示，且显示在第 2 行。VOR/LOC 是唯一一个可以预位的横滚方式。

　　自动驾驶仪和飞行指引仪的俯仰方式显示在 PFD 的顶部第 3 列，衔接的方式显示为绿色字体，且显示在第 1 行，这些方式可以是 TO/GA、V/S、ALT ACQ、ALT HLD、VNAV SPD、VNAV PATH、MCP SPD、G/S 和 FLARE。预位的方式用白色字体表示，且显示在第 2 行，它们可以是 G/S 和 FLARE。

　　如图 8.7 所示，衔接的横滚方式是 HDG-SEL，预位的横滚方式是 VOR/LOC。俯仰衔接的俯仰方式是 ALT HLD，预位的俯仰方式是 VS。

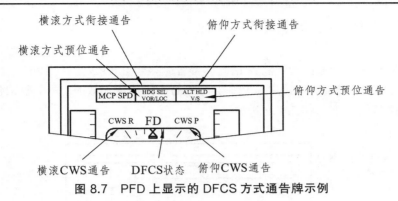

图 8.7　PFD 上显示的 DFCS 方式通告牌示例

8.2.3　DFCS 的接通状态通告

　　AFCS 的接通状态通告显示在 PFD 中间姿态球的上方，用于向机组提供 DFCS 系统的操作状态。CMD 和 F/D 是绿色通告，CWS P、CWS R 和 1 CH 是黄色通告。当衔接一个方式时，衔接的方式会出现 10 s 的绿框，CWS P 和 CWS R 周围则使用黄框。

　　FD 表示只有飞行指引仪接通，自动驾驶仪处于断开状态。CMD 表示飞行指引仪已经接通，且是用 CMD 电门接通的自动驾驶仪。CWS P 表示虽然飞行指引仪已经接通，且是用 CMD 电门接通的自动驾驶仪，但是没有生效的俯仰方式。CWS R 表示虽然飞行指引仪已经接通，且是用 CMD 电门接通的自动驾驶仪，但是没有生效的横滚方式。当用 CWS 接通自动驾驶仪时，会同时通告 CWS P 和 CWS R。

　　如图 8.7 所示，AFCS 的接通状态通告 FD，CWS P 和 CWS R。

8.2.4　选择的目标速度游标

　　选择的目标速度读数显示在空速带上方，粉红色的选择目标空速游标显示在空速带上。当 MCP 的 IAS/MACH 显示器有显示时，选择的目标速度是 MCP 速度；当 IAS/MACH 空白时，选择的目标速度是 FMC 目标速度。

8.2.5　设定的目标高度数据

　　选择的目标高度读数显示在高度带上方，单位为英尺（ft），机组也可以使以米为单位的目标高度显示在英制目标高度的上方。如图 8.8 所示，英制的目标高度为 5 100 ft，公制的目标单位为 1 550 m。当飞机高度接近目标高度或偏离目标高度一定值时，会出现高度警戒信息，在高度数字显示和目标高度数字周围出现白色的方框。

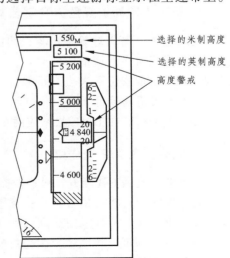

图8.8　DFCS 在PFD 上显示的高度数据

8.2.6　AFCS 系统失效显示

当 DCFS 的相关功能故障时，将有相应的警告旗显示在 PFD 上。当 FCC 无效或在 BITE 状态时，PFD 上出现一个琥珀色的 FD 旗。当选择的目标速度无效时，一个琥珀色的 SEL SPD 信息显示在速度带的上方，如图 8.9 所示。

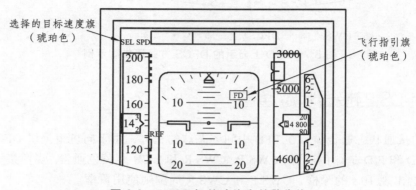

选择的目标速度旗（琥珀色）

飞行指引旗（琥珀色）

图 8.9　DFCS 相关功能失效警告旗

8.2.7　自动飞行控制系统的系统状态通告器

为了提醒驾驶员注意，除临时断开外，在自动驾驶仪断开时，会出现断开警告信号。常用的警告信号有目视警告信号和音频警告信号两种。目视警告为自动飞行状态显示器（Automatic Status Anniuciator，ASA）上的自动驾驶仪脱开警告灯，参见图 5.55。

红色的 A/P 警告灯可以是红色闪亮或是红色常亮。机长、副驾驶的红色 A/P 是并联的，因此它们可以同时亮。

1. 稳定（常亮）红色 A/P 警告灯

使红色 A/P 警告灯等稳定燃亮的情况有：

（1）当飞机在双通道俯仰方式，无线电高度在 50～800 ft，A/P 的下滑（G/S）方式已衔接后，如果出现安定面失去配平警告，则 AP 会自动断开，红色 A/P 灯会稳定燃亮。

（2）若飞机高度低于 50 ft 时灯亮，则它将保持稳定燃亮。

（3）若 DFCS 在 BITE 状态或两个 FCC 不能同时工作时，红色 A/P 灯稳定燃亮。

2. 闪亮红色 A/P 警告灯

若 A/P A 或 A/P B 断开，则警告探测器将启动闪亮器，闪亮器使得 ASA 内红色 A/P 警告灯闪亮。探测器还将一信号送到音频警告组件，产生报警声音。

按压机长 A/P 断开电门或副驾驶 A/P 断开电门，按压机长 ASA 上的 A/P 灯或副驾驶 ASA 上的 A/P 灯，都可以将声音及闪亮灯复位。若任何一个 A/P 衔接，则警告也会复位。

红色 A/P 灯稳定燃亮和闪亮的电路及复位电路如图 8.10 所示。

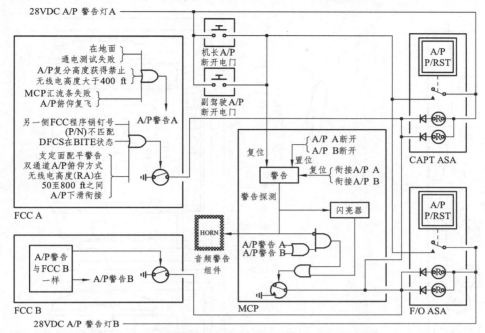

图 8.10 引起红色 A/P 灯稳定燃亮或闪亮的电路和复位电路（图中的"R"表示"Red"）

8.3 自动飞行控制系统的使用

本节中只涉及自动飞行控制系统中自动驾驶仪和飞行指引仪的使用。关于其他系统的使用请参考其他章节的内容。

8.3.1 起飞阶段的使用

起飞阶段不能使用 A/P，F/D 显示横滚和俯仰指令。横滚方式是机翼水平，俯仰方式是TO/GA。当飞机无线电高度大于 400 ft 时，飞行员才可以衔接上自动驾驶仪。此外，还需要注意的是，F/D 不能给出飞机在跑道上的滑跑操纵或抬头指令。

1. 准备工作

为了能够使用自动飞行控制系统的起飞方式，正、副驾驶都需要将 F/D 电门扳到"ON"位，用航向选择旋钮选择目标航向，建议目标航向值与跑道磁方位角的值相同。用坡度限制器设置好坡度限制值，用高度选择器选择 MCP 高度。首先接通的 F/D 主（"MA"）灯亮，F/D横滚指令杆和俯仰指令杆都不可见。速度带上的目标空速游标显示的是 V2 速度。

2. 起飞滑跑

在起飞滑跑阶段，飞行员按压 TO/GA 电门后，两个 F/D 的主（"MA"）灯都亮，以示两个 F/D 是独立的。FMA 横滚通告显示为空白，俯仰方式通告为"TO/GA"。两个 PFD 上 F/D横滚指令都是机翼水平，俯仰指令是先下俯 10°，当速度达到 60 kt 时，两个 PFD 上 F/D 的俯仰指令变为上仰 15°。DFCS 接通状态通告为绿色的 F/D，如图 8.11（a）所示。

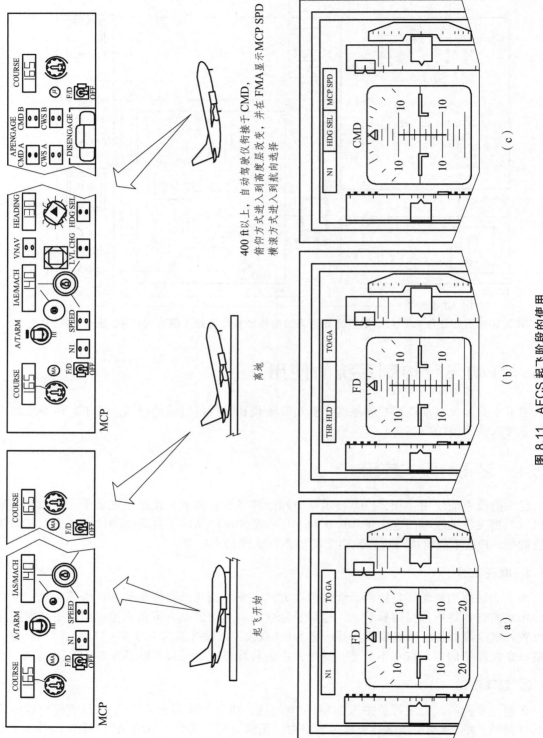

图 8.11　AFCS 起飞阶段的使用

在起飞滑跑阶段，如果 F/D 电门不在"ON"位，当空速大于 80 kt 时，如果飞行员按压了 TO/GA 开关，则 F/D 指令也将自动地显示在两个 PFD 上，这就是 F/D 的"弹出"方式。空速达到 80 kt 后，F/D 保持在"弹出"方式 150 s。在"弹出"方式下，要想关闭 F/D，必须先将电门置于"ON"位，然后再置于"OFF"位。

在起飞滑跑过程中，如果一发失效，交流汇流条将转换到正常发动机，发动机失效一侧的 FCC 将从另外一侧的 FCC 获得 F/D 指令，F/D 指令的俯仰指令将变为 12.5°。

3. 离　地

正常离地时，F/D 从 15°的抬头指令变为速度或姿态指令。初始的目标速度是 V2+20 kt。

若爬升率小于 300 ft/min，俯仰指令是保持俯仰姿态；若爬升率在 300～1 200 ft/min，则俯仰指令是俯仰姿态与空速的混合方式；若爬升率大于 1 200 ft/min，则俯仰指令是保持目标速度，如图 8.11（b）所示。

在起飞阶段，若一台发动机在空速低于 V2 时失效，则目标空速将变为 V2。若一台发动机在 V2 与（V2+20）之间失效，则目标空速将变为目前的空速。若一台发动机在空速大于 V2+20 时失效，则目标空速将不会改变。

在飞机速度达到 MCP 速度之前，最大空速限制是襟翼标牌速度。在无线电高度低于 400 ft 高度时，F/D 坡度限制值都是 8°。

离地 10 s 之后，速度配平衔接。

4. 初始爬升

当无线电高度大于 400 ft 时，后接通的 F/D 的主（"MA"）灯熄灭。横滚指令继续保持机翼水平，通告仍为空白。俯仰指令继续为 TO/GA 以保持速度、姿态或速度与姿态的混合。在自动驾驶仪衔接之前，衔接状态通告仍然为绿色的 F/D，如图 8.11（c）所示。

当无线电高度大于 400 ft 时，可以改变 F/D 的俯仰及横滚方式。若仅改变俯仰方式，则横滚方式将自动转到航向选择方式。但可以仅改变横滚方式而不改变俯仰方式。

当无线电高度大于 400 ft 时，可以将 A/P 衔接于 CMD。当 A/P 衔接于 CMD 时，俯仰方式进入到高度层改变，并在 FMA 显示 MCP SPD，横滚方式进入到航向选择。仅 A/P 衔接于 CMD 的 FCC 所对应的 F/D 主灯亮。

A/P 衔接时，速度配平停止，自动安定面配平开始。

8.3.2　爬升/巡航/下降中的使用

起飞爬升后，飞机依次进入爬升、巡航、下降 3 个阶段。在这 3 个阶段，飞行员可以继续使用 F/D，将 A/P 衔接于 CMD 或 CWS。在这 3 个飞行阶段，机组只能衔接 1 套 A/P。

如果 F/D 接通，或 A/P 在 CMD 方式，则飞行员可以用 MCP 板上的方式选择开关选择 AFCS 的方式。FCC 根据所选择的方式和目标值以及飞机的实际状态计算俯仰和横滚指令，分别送到指定驾驶仪和飞行指引仪。当机组选择某一方式电门时，该电门灯燃亮。电门灯燃亮表示若再次按压该电门，可以取消该方式。

8.3.2.1　爬升、巡航、下降中的横滚方式

在爬升、巡航、下降这 3 个阶段，可以使用的横滚方式有：HDG SEL、VOR 和 LNAV。FCC 计算与选择的横滚方式对应的副翼指令，并送到自动驾驶仪副翼舵机。FCC 还计算飞行指引仪横滚指令，并送到显示电子组件。

1. 航向选择方式

1）HDG SEL 方式的功用

按压 MCP 板上的 HDG SEL 方式选择电门，即能衔接航向选择方式。当飞行员按压了 A/P CMD 衔接电门，离开 F/D 起飞方式，而又没选择其他方式时，AFCS 的横滚方式将自动选择 HDG SEL 方式。在该方式需要使用坡度限制器设置最大转弯坡度。

飞行员可以在按压 HDG SEL 方式选择电门之前设定目标航向，也可以在按压 HDG SEL 方式选择电门后再设定目标航向。

当航向选择方式生效时，FMA 的横滚区域通告为绿色的 HDG SEL。在 HDG SEL 方式，MCP 板上的操作和 FMA 上的通告如图 8.12 所示。

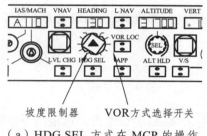

（a）HDG SEL 方式在 MCP 的操作　　　　　（b）HDG SEL 方式的通告

图 8.12　HDG SEL 方式的使用

2）HDG SEL 方式的取消

当选择了另一横滚方式时，航向选择方式即被取消，也可以在 HDG SEL 电门灯亮时按压该电门，取消航向选择方式。

2. VOR 方式

使用 VOR 方式时，VOR 接收机必须调谐到 VOR 频率。飞行员用 MCP 板上的一个航道选择器选择希望的航道，该航道显示在航道显示器上。按压 VOR LOC 方式选择电门来选择 VOR 方式，若 VOR 方式衔接，则 VOR LOC 方式选择电门灯亮。在该方式需要使用坡度限制器设置最大转弯坡度。

按压 VOR LOC 方式选择电门，飞机正在进行切入的机动飞行，VOR 方式处于预位子方式时，白色小号 VOR/LOC 字符显示在 FMA 横滚方式通告区域的第 2 行，而生效的方式可以是其他的任何一种横滚方式。当 VOR 方式处于截获和跟踪方式时，原来的横滚方式自动取消，VOR/LOC 变成生效的方式显示在横滚区域的第 1 行。在 VOR 方式，MCP 板上的操作和 FMA 上的通告如图 8.13 所示。

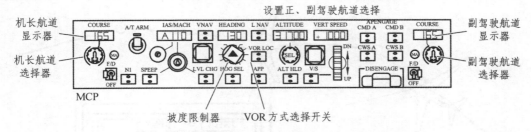

（a）VOR 方式在 MCP 的操作

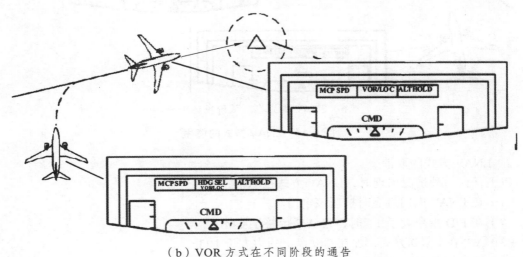

（b）VOR 方式在不同阶段的通告

图 8.13　VOR 方式的使用

3. 水平导航（LNAV）方式

1）LNAV 方式的 MCP 板操作和 FMA 通告

水平导航控制又可称为平面导航控制，是由飞行管理计算机控制自动飞行控制系统的横滚、自动切入并跟踪生效的飞行计划航路，引导飞机沿给定的飞行轨迹飞行。

当 DFCS 在 LNAV 方式时，LNAV 指令来自 FMC。当飞机离航路较远时，可以使用其他横滚操纵飞机靠近航路，比如 HDG SEL 方式。这时，FMA 上生效的横滚方式通告为 HDG SEL，预位的横滚方式为 LNAV，当飞机已经截获和跟踪航路后，原来的横滚方式自动取消，LNAV 变成生效的横滚方式显示在横滚区域的第 1 行，如图 8.14 所示。

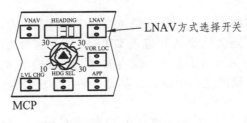

选择 LNAV

（a）MCP 板上的 LNAV 方式选择电门已经接通

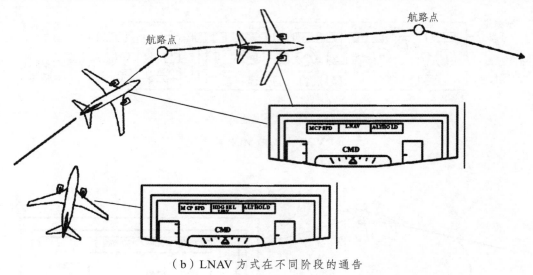

（b）LNAV 方式在不同阶段的通告

图 8.14　LNAV 方式的使用

2）LNAV 方式的取消

以下任何一种情况出现时，LNAV 方式被取消：

（1）在 LNAV 电门灯亮时按压该电门。

（2）在 F/D 指令大于 14°时，将 A/P 衔接于 CMD。

（3）A/P 在 CMD 方式，加在驾驶盘上的力大于 10 lb。

（4）选择了其他的横滚方式。

（5）LNAV 无效。

（6）飞机已经截获航向道（LOC）。

（7）飞机到达终端航路点或航路中断。

4. 横滚 CWS 方式

1）横滚 CWS 的操作

在横滚 CWS 方式，来自横滚 CWS 力传感器的信号送到 FCC，然后送到 A/P 副翼舵机实现对飞机横滚的控制，飞行员可以像在 A/P 断开时那样控制飞机的横滚。横滚 CWS 方式的功用和方式通告如图 8.15 所示。

2）CWS 警告

CWS 警告为 ASA 上的琥珀色 A/P 灯闪亮。当 A/P 在 CMD 方式时，若驾驶员取消了有效的横滚方式或俯仰方式，则会导致 A/P 进入 CWS 方式。有强力的操纵力施加在驾驶盘或驾驶杆上，也会导致 A/P 进入 CWS 方式。或有效的俯仰或横滚方式变成无效，也导致 A/P 进入 CWS 方式。当这 3 种情况之一出现时，都会导致 CWS 警告灯（ASA 上的琥珀色 A/P 灯）闪亮。

按压 ASA 上的 A/P 灯、断开 A/P 或 A/P 返回到有效的 CMD 方式都可以使该警告复位。

在爬升、巡航、下降这 3 个阶段，AFCS 的使用如图 8.16 所示。

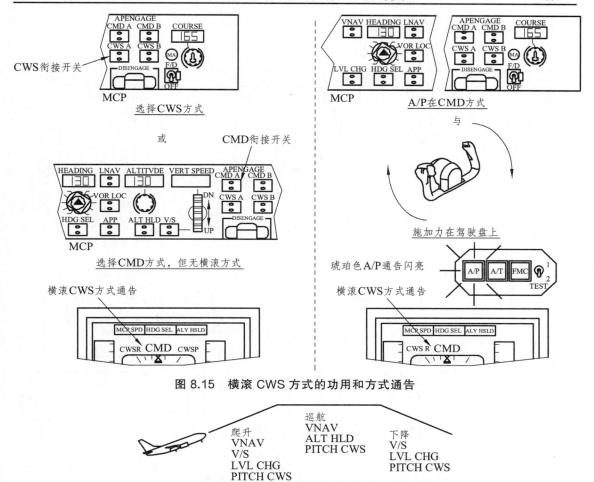

图 8.15　横滚 CWS 方式的功用和方式通告

图 8.16　在爬升、巡航和下降阶段 AFCS 的使用

8.3.2.2　爬升、巡航、下降中的俯仰方式

在爬升、巡航、下降这 3 个阶段，可以使用的俯仰方式有：LVL CHG、VNAV、V/S 和 ALT HLD 以及 CWS P，如图 8.16 所示。

FCC 计算与俯仰方式对应的升降舵指令，并送到自动驾驶仪升降舵舵机。FCC 还计算飞行指引仪俯仰指令，并送到显示电子组件（DEU）。

1. 高度层改变方式

1）高度层改变方式（LVL CHG）的选择和通告

LVL CHG 方式自动驾驶仪通过控制升降舵，按 MCP 板上设置的速度爬升或下降到 MCP 高度。按压 LVL CHG 方式选择电门之前，必须先在 MCP 板上设定一个目标高度。

在爬升或下降过程中，自动驾驶仪都在控制飞机的速度，并需要自动油门配合来控制发动机推力。此时，FMA 俯仰区域的通告为 MCP SPD。在高度截获点，FMA 俯仰区域的通告为 ALT ACQ。若飞机已在 MCP 高度，FMA 俯仰区域的通告为 ALT HLD。高度层改变方式的选择和方式通告如图 8.17 所示。

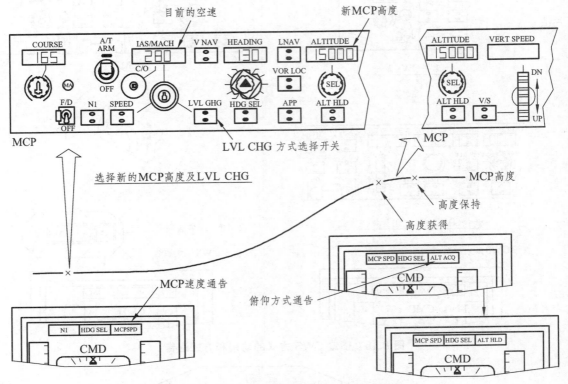

图 8.17　高度层改变方式的选择和方式通告

2）转换方式

若以下情况之一出现，则 AFCS 自动转换到 LVL CHG 方式：

（1）在 V/S 或 VNAV 方式下，当速度减小到失速速度的 1.3 倍以内时。

（2）在 V/S 或 VNAV 方式下，A/T 断开或衔接在后止动点，空速接近 VMO/MMO 时。

2. 垂直导航（VNAV）方式

1）VNAV 方式的功用

垂直导航方式根据来自 FMC 的垂直导航数据控制飞机的俯仰运动，这些数据主要是各航路点上的高度限制，以及经济速度到达这些高度限制时的速度和巡航高度。

在 VNAV 方式，AFCS 控制飞机以 FMC 的目标速度爬升或下降到 FMC 的目标高度。若飞机先到达 MCP 上的选择高度，则它会在 MCP 的选择高度上改平。VNAV 方式的功用如图 8.18 所示。

2）VNAV 方式的衔接条件

按压 VNAV 方式电门使 VNAV 方式生效。VNAV 方式生效必须同时具备 3 个条件：

（1）VNAV 飞行计划生效。

（2）飞机距地面高度大于 400 ft。

（3）用于计算垂直制导指令的数据有效。

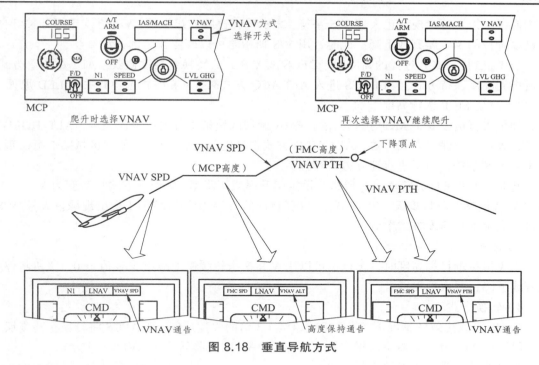

图 8.18　垂直导航方式

3）VNAV 方式的子方式。

VNAV 有两个工作方式：垂直导航速度（VNAV SPD）和垂直导航轨迹（VNAV PTH），如图 8.18 所示。

（1）NAV SPD。

VNAV SPD 方式控制升降舵以保持 FMC 目标速度。当飞机朝着 FMC 高度爬升或下降时，该方式生效。若飞机首先达到 MCP 高度，则 AFCS 从 VNAV SPD 方式退出，进入到高度保持（ALT HOLD）方式。VNAV 方式选择电门灯保持燃亮，因为 A/T 仍在 FMC SPD 方式。

如果飞行员重新设置 MCP 高度，使它等于 FMC 高度，则 VNAV 方式选择电门灯熄灭，退出 VNAV 方式。要返回 VNAV SPD 方式，需再次按压 VNAV 方式选择电门，这将再次衔接 VNAV SPD 方式，飞机开始以 FMC 目标速度朝着 FMC 目标高度爬升。

（2）VNAV PTH。

爬升阶段，在截获 FMC 目标高度之前，VNAV SPD 会变为 VNAV PTH。在 VNAV PTH 方式，飞机保持 FMC 高度。

下降之前，飞行员在 MCP 板上设定进近高度，在下降顶点，俯仰方式仍在 VNAV PTH 方式，飞机开始下降。在 VNAV PTH 下降方式，LNAV 方式必须有效；若 LNAV 方式无效，则 VNAV PTH 方式将断开，但飞行员可选择 VNAV SPD 方式下降。

VNAV PTH 方式一直工作直到飞机接近进近高度，自动油门的方式返回到 FMC SPD，VNAV PTH 保持工作，并保持进近高度。

3. 垂直速度（V/S）方式

1）爬升/下降至 MCP 选择高度

当驾驶员按压了 MCP 板上的 V/S 方式选择，并设定了一个正的或负的升降率时，FMA

上俯仰区域第 1 行出现绿色大号 V/S 字符，表示垂直速度方式生效，V/S 方式选择开关灯亮；飞机以选择的 V/S 爬升或下降。此时，用 V/S 拇指轮可以改变 V/S 的大小。

当飞机到达 MCP 选择的高度时，DFCS 从 V/S 方式转换到高度截获（ALT ACQ）方式，然后再到高度保持方式。当 DFCS 进入 ALT ACQ 方式时，V/S 方式选择开关的 LED 熄灭。

2）改变 MCP 选择高度

如果飞行员改变了 MCP 选择高度，FMA 俯仰区域第 1 行出现绿色大号"ALT HOLD"字符，表示高度保持方式生效，ALT HLD 方式选择电门灯亮，FMA 俯仰区域第 2 行出现白色小号 V/S 字符，表示垂直速度方式预位。

此时，如果飞行员转动 V/S 拇指轮设定爬升率或下降率，则俯仰方式将转变为 V/S，ALT HLD 方式选择电门灯熄灭，V/S 方式选择电门灯亮，FMA 俯仰区域第 1 行出现绿色大号"V/S"字符，表示垂直速度方式生效。

3）改平

当飞机接近目标高度时，飞行员可以用 V/S 拇指轮缓慢地减小 V/S 值至 0，飞机将停止爬升或下降，并水平飞行。

4）转换方式

在 VS 方式生效的情况下，若飞机减速至 1.3 倍的失速速度，则 AFCS 将转换至高度层改变（LVL CHG）方式；若空速增大到 VMO，则 AFCS 也将转换至 LVL CHG 方式。

垂直速度方式的使用如图 8.19 所示。

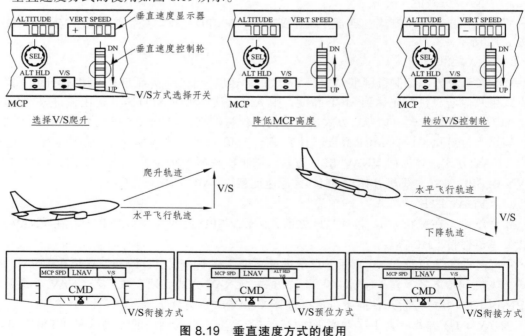

图 8.19 垂直速度方式的使用

5）高度保持方式

高度保持方式的选择有两种方法，一种是人工的，通过按压 MCP 板上的高度保持（ALT HOLD）选择电门来实现；另一种是自动的，当飞机到达 MCP 板上选择的高度时，FCC 会自动选择高度保持方式。

（1）人工用 ALT HOLD 方式选择电门选择高度保持方式。

当飞行员按压 MCP 板上的 ALT HOLD 方式选择电门时，ALT HOLD 方式选择电门亮，FMA 俯仰区域第 1 行出现绿色大号 "ALT HOLD" 字符，表示高度保持方式生效。如果惯性高度有效，则 AFCS 试图保持在目前的惯性高度上；如果惯性高度无效，则 AFCS 试图保持在未修正的气压高度上。在高度保持方式，飞机将超调高度，然后回到应有的高度上。

（2）到达 MCP 高度时自动进入高度保持方式。

当飞机接近 MCP 高度时，AFCS 俯仰方式变为高度截获（ALT ACQ）方式，FMA 俯仰区域第 1 行先出现绿色大号 "ALT ACQ" 字符，飞机开始改平。当飞机到达 MCP 高度时，AFCS 从高度截获方式转换到高度保持方式，FMA 俯仰区域第 1 行出现绿色大号 "ALT HOLD" 字符，ALT HOLD 方式选择电门亮。

高度保持方式的使用如图 8.20 所示。左图表示在目前高度上改平，右图表示到达 MCP 高度时自动转为高度保持。

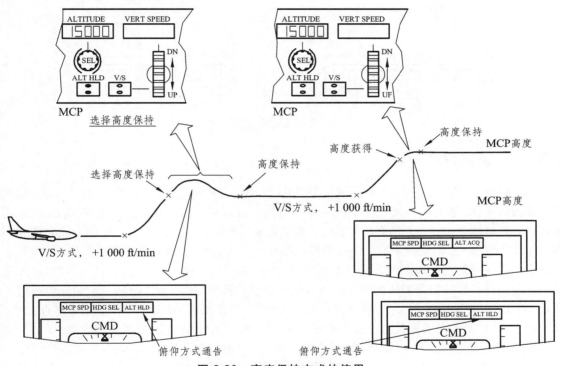

图 8.20 高度保持方式的使用

4. 俯仰 CWS

1）启动方法

衔接俯仰 CWS 方式的情况有：① 按压 CWS A/P 衔接电门；② 按压 CMD A/P 衔接电门，但未选俯仰方式；③ 某一俯仰 CMD 方式生效时，施加在驾驶杆上的力大于 21 lb。

当自动驾驶仪衔接在俯仰 CWS 方式时，DFCS 状态通告区域通告琥珀色的 CWS P。

2）俯仰 CWS 警告

俯仰 CWS 警告信号与横滚 CWS 警告信号相同，这里不再阐述。

俯仰 CWS 方式的使用如图 8.21 所示。

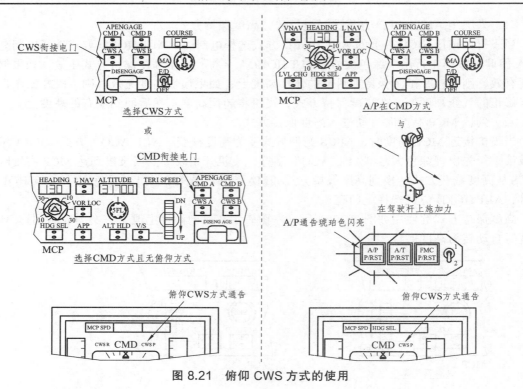

图 8.21　俯仰 CWS 方式的使用

8.3.2.3　进近方式

有 3 种方式可以实施进近,它们是 VOR/LOC 方式、APP 方式和 CWS 方式。其中 VOR/LOC 方式又分为 VOR 进近和 LOC 进近两种。这 3 种进近方式都有各自的特点,用 VOR/LOC 方式进近时,只有横滚指令,而没有俯仰指令。机组需要另外选择一种俯仰方式来配合该方式的工作,且只能衔接一个自动驾驶仪。若在导航控制板上设置的是 VOR 频率,则选择 VOR 横滚进近方式;若在导航控制板上设置的是 ILS 频率,则选择 ILS 横滚进近方式。使用 APP 方式进近时,同时具有俯仰指令和横滚指令。横滚指令用于截获并跟踪 LOC 航向道,俯仰指令用于截获并跟踪 G/S 下滑道。也可以将 A/P 衔接于 CWS,仅使用 A/P 的横滚 CWS 指令进近。

由于 APP 方式在实际发行中使用较多,这里只阐述 APP 方式进近的使用方法。

在 APP 进近方式,可以使用单通道进近,也可以使用多通道进近。单通道进近只衔接一个自动驾驶仪,多通道进近要求两个及以上自动驾驶仪同时接通。和单通道进近相比,双通道进近具有以下 3 个优点:

(1) 要求的决断高度更低。

(2) 可以实现自动着陆。

(3) 可以实现自动复飞。

在 APP 进近方式,自动驾驶仪在截获 LOC 航向道之后,才能截获 G/S 下滑道,如图 8.22 所示。截获了 LOC 航向道和 G/S 下滑道之后,A/P 进入进近"在航道上"方式。

1) APP 进近中的 LOC 截获方式

当 LOC 截获时,FMA 上 AFCS 的接通状态区域显示琥珀色 SINGLE CH 或 1 CH,这表示虽然已经接通了多个自动驾驶仪,但真正控制飞机的仍然是最早接通的那一个自动驾驶仪。

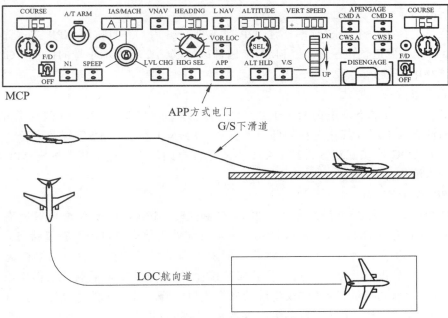

图 8.22　APP 进近方式的功能

在 APP 进近方式，LOC"在航道上"除了要求具有 LOC 进近"在航道上"的所有条件外，还要求本侧的无线电高度有效，且无线电高度低于 1 000 ft，G/S 下滑道截获。

2）APP 进近中的 G/S 截获方式

在 APP 进近方式，截获航向道后自动驾驶仪会转入下滑道方式。下滑道方式有下滑道预位和下滑道截获两个子方式，如图 8.23 所示。

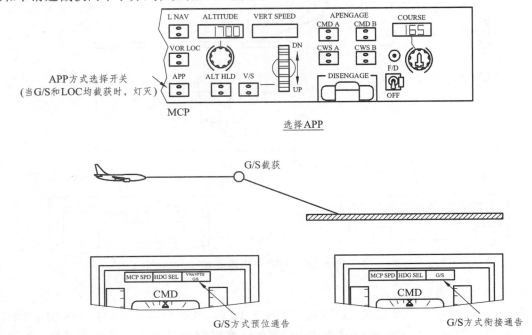

图 8.23　APP 进近中的 G/S 预位和截获方式

（1）下滑道预位子方式。

当飞行员选择了一个 ILS 频率，且 A/P 或 F/D 打开后，一旦按压 APP 方式选择电门，DFCS 就会处于下滑道预位子方式。FMA 上俯仰区域的第 2 行显示小号的白色"G/S"字符，APP 方式选择电门灯亮。

（2）下滑道截获子方式。

当飞机所在位置的下滑道偏离小于 0.19°，并持续 2 s 以后，进入 G/S 截获子方式。FCC 自动断开俯仰方式电门并禁止选择俯仰巡航方式。FMA 上显示"G/S"绿色字符。

当 G/S 和 LOC 均在截获方式时，APP 方式选择电门灯灭，这意味着按压 APP 方式选择电门并不能取消该方式。

3）APP 单通道进近

前面已经讲到，在 APP 进近方式，当 LOC 截获时，FMA 上 A 接通 FCS 状态行显示琥珀色 SINGLE CH 或 1 CH，如图 8.24 所示。表示目前处于单通道自动驾驶仪状态。自动驾驶仪会继续操纵飞机沿航向道飞行，并截获下滑道。当下滑道截获以后，如果在无线电高度 800 ft 之前，飞行员没有将第二个自动驾驶仪衔接在 CMD 方式，此后就无法衔接第二个自动驾驶仪了。第一个衔接的自动驾驶仪将继续操纵飞机下降，并在无线电高度大约 350 ft 时自动断开，SINGLE CH 或 1 CH 字符消失。这就是单通道进近。

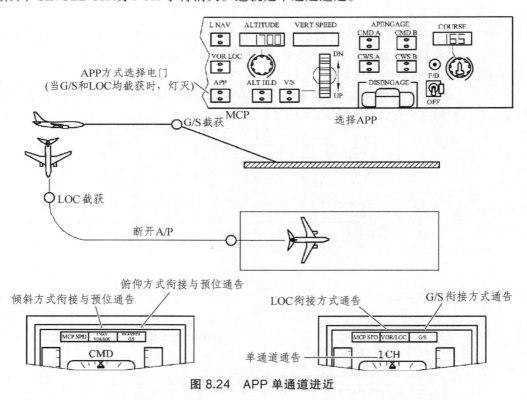

图 8.24　APP 单通道进近

4）APP 多通道进近

在 APP 进近方式，当 LOC 截获时，FMA 上 DFCS 状态行显示琥珀色 SINGLE CH，表示目前处于单通道自动驾驶仪状态。自动驾驶仪会继续操纵飞机沿航向道飞行，并截获下滑道。当下滑道截获以后，如果在无线电高度 800 ft 之前，飞行员已经将第二个自动驾驶仪衔接在 CMD 方式，则方式通告牌的俯仰区域第 2 行会显示小号的白色 FLARE 字符（拉平预位）。该通告表示第二个自动驾驶仪已经衔接在 CMD 方式，可以实现双通道进近，如图 8.25 所示。

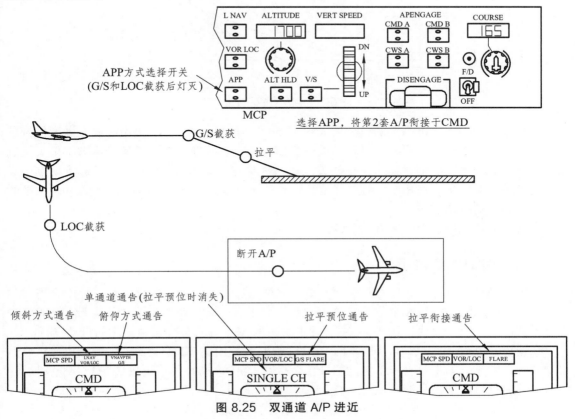

图 8.25 双通道 A/P 进近

F/D 是否接通不影响双通道自动驾驶仪进近。这种进近方式除 A/P A 和 A/P B 均衔接外，其他与单通道进近相似。

如果飞机达到 800 ft 无线电高度时还没有将第二套 A/P 衔接于 CMD，就无法再接通第二套 A/P 了。如果是这种情况，则当飞机到达 350 ft 无线电高度之前，首先接通的 A/P 将断开。

仅有下滑耦合器的自动下滑控制系统不能控制飞机完成自动着陆。这是因为在飞机进近过程中，尽管驾驶员已通过放起落架、襟翼等动作使飞机得到合适的着陆气动外形，并把飞行速度从巡航速度减小到着陆进场速度。但是，如果飞机继续以 2.5° 的轨迹倾角下滑，飞机下降的垂直速度约为 700 ft/min，而飞机着地时允许的下降速度仅为 70 ft/min 左右。为此，需要仿照驾驶员操纵飞机着陆的动作，对飞机进行自动拉平着陆控制。

自动拉平控制一般在飞机下滑到跑道入口（大约 50 ft AGL）开始，此时自动飞行控制系统依据无线电高度表提供的离地高度信号由下滑转为高度按指数曲线衰减的自动拉平控制。飞机的拉平轨迹如图 8.26 所示。

由于指数曲线衰减到靠近其渐近线的时间和距离是无限长的，因此，图 8.26 中的拉平轨迹的渐近线不选用跑道平面，而是低于跑道平面 h_c 的某一高度。指数曲线时间常数 τ 的选取应使飞机从下滑轨迹到拉平轨迹的切换光滑，同时应综合考虑拉平的距离，拉平时飞机的迎角和俯仰角变化以及在风扰动情况下飞机主轮接地点的纵向散布等因素。通常选取 $\tau=2\sim5$ s。

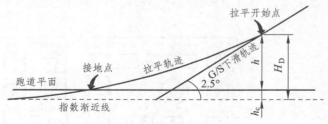

图 8.26　着陆拉平轨迹

在拉平瞬间的无线电高度的典型值大约是 50 ft。拉平方式 FCC 使用无线电高度信号、垂直速度信号、俯仰姿态误差信号计算拉平的俯仰指令。俯仰姿态误差信号要求将机头拉成水平状态，无线电高度信号要求飞机低头，垂直速度信号要求飞机抬头，而且起支配作用。如果自动油门系统也在使用中，则它会在无线电高度大约 30 ft 时将推力收到慢车位。拉平的横滚指令为保持着陆航迹。

飞行员应在飞机接地时或着陆后断开 A/P。

8.3.2.4　自动驾驶复飞

当着陆条件不具备时，飞行员需要采取复飞的措施。在自动驾驶仪进近过程中，当 G/S 和 LOC 均在截获方式时，APP 方式选择电门灯灭后，按压 APP 方式选择电门是无法取消 APP 进近方式的。飞行员需要按压 TO/GA 电门才能终止 APP 方式，并实施复飞的机动飞行。

在按压 TO/GA 电门之前，如果两个自动驾驶仪都衔接在 CMD 方式，则可以执行双通道自动驾驶仪复飞。如果只有一个自动驾驶仪衔接在 CMD，则在飞行员按压 TO/GA 电门后，该自动驾驶仪将断开，只能采取人工复飞。

现假设是两个自动驾驶仪都衔接的情况，执行的是双通道自动驾驶仪复飞的机动飞行。A/P 复飞方式包括 A/P 复飞预位、A/P 减推力复飞、A/P 全推力复飞和 A/P 复飞方式的退出 4 个阶段。

1. A/P 复飞预位

如果飞机高度低于 2 000 ft 无线电高度，且两套 A/P 衔接于 CMD，拉平方式预位或生效，则在飞机接地（轮子转动）之前 A/P 复飞方式预位都有效，按压 TO/GA 电门则进入 A/P 减推力复飞方式。

如果在飞机接地（轮子转动）后按压 TO/GA 电门，则两套 A/P 断开，但 F/D 和 A/T 依然处于复飞方式。

2. A/P 减推力复飞

在 A/P 复飞方式预位后，飞行员按压任何一个 TO/GA 电门，开始 A/P 复飞方式。FMA 上显示有效的俯仰工作方式是 TO/GA，横滚方式通告空白。

俯仰指令最初是抬头 15°，然后根据襟翼的位置控制飞机的速度。若一台发动机故障，俯仰指令保持 MCP 板上设置的目标空速。横滚指令是保持飞机离地后当时的磁航迹。A/T 指令是减推力。

3. A/P 全推力复飞

当飞机达到 A/P 减推力复飞的设定值后,驾驶员可再次按压 TO/GA 电门。这将增大推力的设定值。A/T 指令将变成全推力。

4. A/P 复飞的退出

如果飞机目前的状态使得单通道 A/P 还不能提供对升降舵的足够控制,俯仰通道就不能退出 A/P 复飞方式。当配平情况发生变化,使单通道 A/P 可以提供足够的升降舵控制时,俯仰 A/P 复飞方式才可以退出。

当无线电高度大于 800 ft,且飞机接近 MCP 板上设置的复飞高度时,俯仰方式变为 ALT ACQ 方式有效,飞机将在 MCP 高度改平。若飞机在 MCP 高度改平,则后衔接的 A/P 将断开。MCP 板上 IAS/MACH 显示器将显示当前速度。FMA 俯仰区域显示 ALT HOLD 有效,横滚区域显示 CWS R。这说明自动驾驶仪已经脱出了复飞方式。

A/P 一直保持在 CWSR 方式直到驾驶员选择了其他的横滚方式。

另一种退出 A/P G/A 的方法是按压 HDG SEL 方式选择电门,但俯仰通道仍保留在 A/P 俯仰复飞方式。这时,横滚是单通道控制,而俯仰仍是双通道控制。后衔接的 A/P 断开其横滚方式,并断开其 A/P 副翼舵机,两套 A/P 仍在 CMD 方式。

若飞行员选择了一个俯仰巡航方式,如 LVL CHG 方式,则 A/P 将退出俯仰复飞方式。应当注意的是,不能用俯仰 CWS 方式来退出 A/P 俯仰复飞方式。

自动驾驶仪复飞方式如图 8.27 所示。

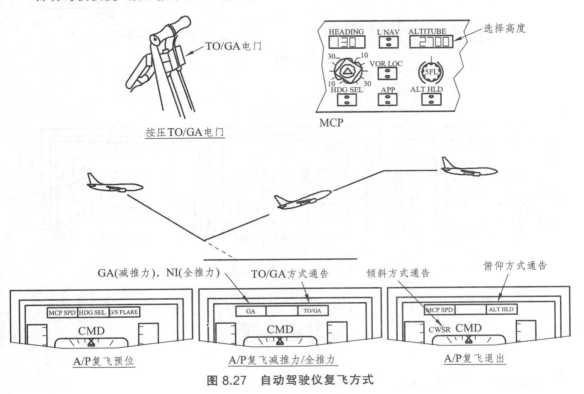

图 8.27　自动驾驶仪复飞方式

8.3.2.5　飞行指引复飞（F/D G/A）

当飞机低于 2 000 ft 无线电高度时，如果没有同时将两个自动驾驶仪衔接在 CMD 方式，则飞行员按压任何一个 TO/GA 电门，都将导致自动驾驶仪断开，只启动飞行指引仪和自动油门的复飞方式。FMA 上显示的有效的俯仰方式是 TO/GA，横滚方式通告空白，衔接状态通告区域显示 FD。

F/D 复飞的俯仰指令最初是抬头 15°，然后根据襟翼的位置控制飞机的速度。若一台发动机故障，俯仰指令保持 MCP 板上设置的目标空速。横滚指令是保持飞机离地后当时的磁航迹。

当飞行员按压任何一个 TO/GA 电门时，如果 F/D 电门在 OFF 位，则在 PFD 上的飞行指引指令杆也会自动出现，称为"弹出"方式。

在无线电高度 400 ft 以下，DFCS 保持在 F/D 复飞方式，除非驾驶员将 F/D 电门关断；无线电高度高于 400 ft 时，驾驶员可以设置其他的横滚或俯仰方式。

若驾驶员首先改变了俯仰方式，则横滚方式将变为 HDG SEL；若首先改变横滚方式，则俯仰方式将保留在俯仰复飞方式。飞行员可以选择其他的俯仰方式，如高度保持（ALT HOLD）。

F/D 复飞方式如图 8.28 所示。

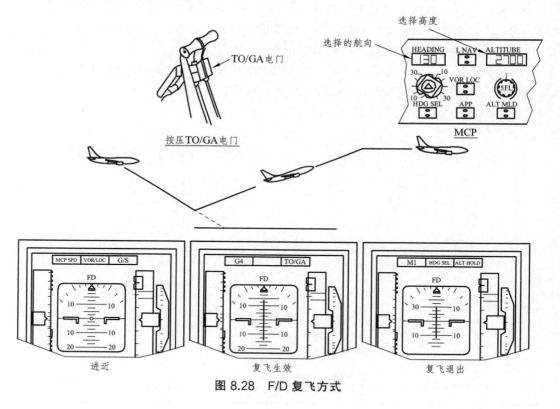

图 8.28　F/D 复飞方式

复习思考题

1. 自动飞行控制系统的控制组件有哪些？

2. MCP 板的主要功用有哪些？。

3. 如何接通自动驾驶仪？

4. 自动驾驶仪的 CWS 和 CMD 接通方式有什么区别？

5. 自动飞行控制系统的显示组件有哪些？

6. FMA 上如何显示自动飞行的俯仰方式、横滚方式和接通状态？

7. 请举例说明 AFCS 在起飞、爬升、巡航、下降中的使用方法。

8. 试说明单通道进近和双通道进近的区别。

9. 试说明自动复飞的启动方法。

9　自动油门系统

大型运输飞机上装有推力管理系统（Thrust Management System，TMS），TMS 的核心为推力管理计算机（Thrust Management Computer，TMC）或飞行管理计算机（Flight Management Computer，FMC）。推力管理计算机的主要功能是执行发动机推力限制计算和自动油门方式管理。推力管理计算机使用来自飞机传感器的数据计算发动机推力。在现代化的大型运输机上，推力的管理和控制则是在飞行管理系统的统一管理下，由自动油门系统与自动飞行控制系统配合协调工作来完成的。在自动驾驶飞行指引系统接通的条件下，自动油门的工作方式根据自动驾驶飞行控制系统的所选方式以及不同的飞行阶段自动确定，自动飞行控制系统和自动油门系统配合，可以维持飞机的空速和垂直轨迹，实现自动飞行。

9.1　飞行速度的控制方案

飞行速度是飞行器的主要运动参数之一，也是标志飞行器飞行性能的重要参数。近几十年来，随着航空事业的飞速发展，飞机性能不断提高，飞行速度由亚音速飞行提高到超音速飞行；功能上由原来的一般飞行发展到全天候飞行、自动进近、自动着陆等；对于直升机还有从巡航到悬停的自动过渡飞行。所有这些都对飞行速度的自动控制提出了更新、更高、更紧迫的要求。

飞行速度的控制大体可归结为对速度方向与大小的控制。改变飞行速度的方向实质上是一个航迹控制的问题，不属于本章所讨论的问题，本章只讨论飞行速度大小的控制问题。

9.1.1　自动驾驶仪控制飞机速度的原理

自动驾驶仪控制飞机速度的方法是将速度误差信号和速度给定信号引入自动驾驶仪的俯仰通道，通过操纵升降舵来改变飞机的俯仰姿态，从而改变飞机的飞行速度，如图 9.1 所示。这种方案的优点是结构简单，容易实现。通常对飞行速度的控制要求不是很严格，只是希望发动机工作在最佳状态，而不希望油门杆频繁动作的巡航状态采用此方案。

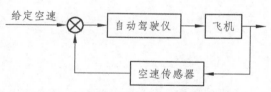

图 9.1　自动驾驶仪控制飞机速度的原理

9.1.2　自动油门系统控制飞机速度的原理

将速度误差信号和速度给定信号引入自动油门控制系统，通过控制发动机油门的方法实现对飞行速度的控制，如图 9.2 所示。

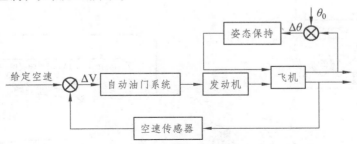

图 9.2　通过自动油门系统控制飞机的速度

由于飞机纵向运动中飞行速度和俯仰姿态角之间存在着气动耦合，当增加推力时，不仅会直接引起飞行速度的增加，而且还会引起俯仰角（航迹角）的增大，俯仰角增大又会导致飞行速度下降。因此，要改变飞行速度必须保持俯仰角。所以，通常自动油门系统必须与自动驾驶仪（姿态保持功能）配合使用才能达到速度控制的目的。

9.1.3　交叉耦合控制飞机速度的方法

交叉耦合控制飞机速度的方法是在对速度进行控制的同时，还要对飞机的俯仰运动参数进行控制或保持，如图 9.3 所示。这种方案可以保证对飞行速度/马赫数（V/M）与高度（H）或给定的下滑道独立进行控制。这种方案适用于对于航迹和速度都有严格要求的场合。例如，在自动进近过程中，依靠俯仰轴保持飞机的航迹角或下滑轨迹线，用自动油门系统控制飞行速度。

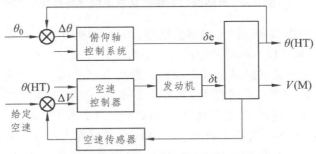

图 9.3　交叉耦合控制飞机速度的原理

9.2　自动油门系统概述

自动油门系统可以在起飞、爬升、巡航、下降、进近、着陆和复飞阶段使用，如图 9.4 所示。在这些阶段中自动油门系统应该具备以下功能：① 速度保持功能；② 进场功能；③起飞/复飞功能；④速度保护功能；⑤自动检测功能。

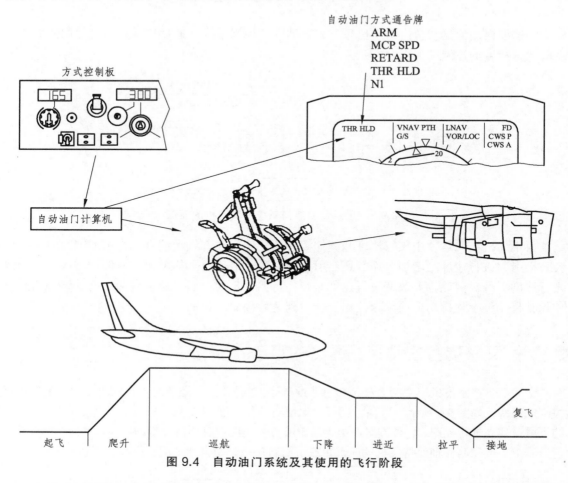

图 9.4　自动油门系统及其使用的飞行阶段

　　自动油门计算机使用来自飞机传感器的数据计算发动机推力。自动油门控制发动机推力以响应机组在 AFCS MCP 板上和驾驶舱内选择的方式以及来自 FMC 的方式。

　　自动油门系统的工作方式总体来说有两种，即推力方式和速度方式。自动油门的工作方式可以通过 3 种方法确定：一是通过 MCP 板人工确定，二是在 AFCS 衔接时由 AFCS 自动选择，三是通过油门杆上的起飞/复飞电门（TO/GA 电门）人工选择。

　　具体的方式由 MCP 板上选择的方式，或 AFCS 的俯仰工作方式和飞机所处的飞行阶段重点确定，或通过油门杆上的 TO/GA 电门确定。自动油门工作方式显示在 PFD 的飞行方式通告牌上的第一列。

9.3　自动油门系统的组成和在飞机上的安装位置

　　自动油门系统由自动油门计算机、自动油门伺服电机（A/T Servomotors，ASMs）、油门解算器（Thrust Resolver，TR）组件、具有摩擦制动器和离合器的齿轮箱、油门杆和自动油门伺服电机之间的机械连接部分、MCP 板上的自动油门预位/断开电门和自动油门方式选择电门、油门杆上的起飞/复飞（TO/GA）电门、油门杆上的自动油门脱开电门，以及自动油门方式通告牌等组成，如图 9.5 所示。

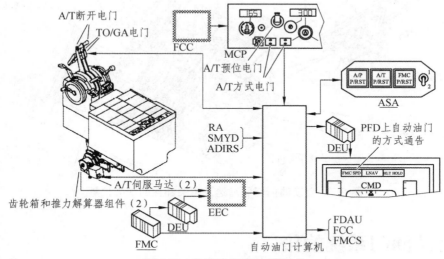

图 9.5　自动油门系统的组成

其中，自动油门计算机和自动油门程序电门组件安装在电子设备舱内。方式控制板（MCP）、油门杆上的 TO/GA 电门、油门杆上的自动油门脱开电门、自动飞行状态通告牌以及外侧的飞行显示器（PFD）和中央显示组件（发动机显示器）等都安装在驾驶舱内，如图9.6 所示。

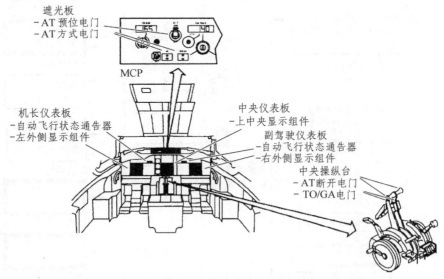

图 9.6　自动油门系统中驾驶舱内的部件及安装位置

自动油门伺服马达（ASM）安装在中央操纵台和驾驶舱地板下面的前设备舱内，通过齿轮箱、推力解算器组件以及操作台下面机械装置与油门杆连接在一起，如图 9.7 所示。

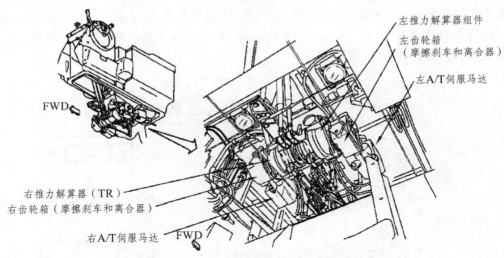

左推力解算器组件

左齿轮箱
（摩擦刹车和离合器）

左A/T伺服马达

FWD

右推力解算器（TR）

右齿轮箱（摩擦刹车和离合器）

右A/T伺服马达　　FWD

图 9.7　自动油门伺服马达及相关部件的安装位置

9.4　自动油门系统的接口

自动油门计算机和各系统组件、传感器和电门之间交换数字信号、模拟信号和离散信号。自动油门电源接口和模拟离散信号接口如图 9.8 所示。

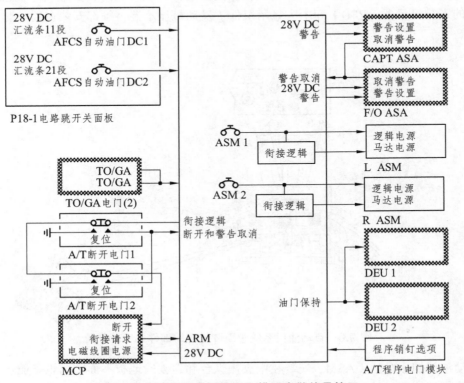

图 9.8　自动油门电源接口和模拟离散信号接口

9.4.1   电源接口

在跳开关板上有两个跳开关用于向自动油门计算机提供 28 V 直流电。通常情况下，自动油门计算机使用 BUS 1 的电源。如果 BUS 1 失效，自动油门将使用 BUS 2 的电源。自动油门计算机向自动油门的自动飞行状态通告牌、MCP 板上的自动油门预位开关以及自动油门伺服马达提供 28 V 直流电。

在自动油门前面板上有 ASM 1 和 ASM 2 两个跳开关，如图 9.9 所示。自动油门计算机通过这两个跳开关分别向左、右两个自动油门伺服马达提供 28 V 直流电。ASM 1 和 ASM 2 两个跳开关还用于在伺服马达过载时保护自动油门计算机，并提供自动油门伺服马达的衔接逻辑电源。

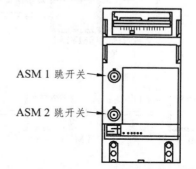

图 9.9   自动油门计算机上的 ASM 跳开关

9.4.2   模拟离散信号接口

自动油门计算机接收模拟离散信号，模拟信号有来自 TO/GA 电门的起飞/复飞请求、来自自动油门脱开电门的脱开逻辑、来自 ASA 的自动油门脱开警告删除/复位信号、来自 MCP 板的方式选择信号、来自 FCC 的所需方式离散信号以及来自程序电门模块的销钉选择信号。

起飞/复飞（TO/GA）电门安装在油门杆上。该电门用于选择起飞方式或复飞方式。在地面，该电门选择起飞方式；在空中，如果复飞方式已经预位，则该电门选择的是复飞方式。

自动油门脱开电门也安装在油门杆上，按压任何一个自动油门脱开电门都将向自动油门计算机发送一个自动油门脱开的信号。

当自动油门脱开时，将向自动飞行状态通告牌（ASA）发送一个信号，使 ASA 上红色的 A/T 灯闪亮。按压该灯的灯罩或按压任何一个自动油门脱开电门都将向自动油门计算机发送一个模拟信号，以取消该警告。应该注意的是，自动油门脱开时没有音响警告。

自动油门计算机向显示电子组件（DEU）发送自动油门工作方式信号，以便在 PFD 的 FMA 上显示相应的方式通告信息。

9.4.3   自动油门的数字输入接口

自动油门计算机接收来自方式控制板（MCP）、电子式发动机控制器（EEC）、飞行管理计算机（FMC）、无线电高度表（RA）、失速管理偏航阻尼器（SMYD）、大气数据惯性基准组件（ADIRS）以及自动油门伺服马达（ASM）的数字信号，并用这些数据计算伺服马达的速率指令，以控制发动机的推力。自动油门数字输入接口如图 9.10 所示。

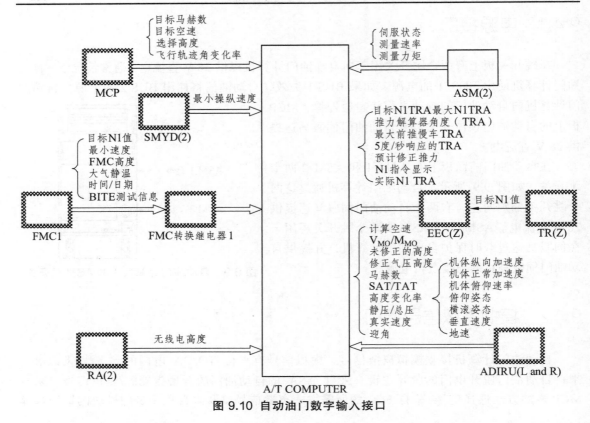

图 9.10 自动油门数字输入接口

1. DFCS 的 MCP 板

自动油门方式控制板可以是独立的，但在大型飞机上一般和自动飞行控制系统合用一个 MCP 板。操作人员通过 MCP 板上的电门和自动油门系统接口。图 9.11 所示为 MCP 板上的自动油门控制部分，其主要功能是设置 MCP 目标速度、预位或断开自动油门系统以及选择自动油门的工作方式。

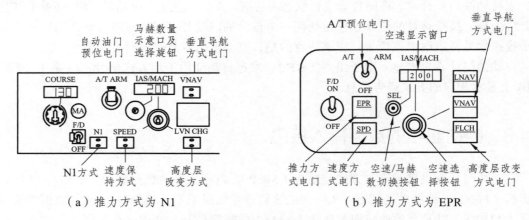

（a）推力方式为 N1　　　　　　（b）推力方式为 EPR

图 9.11　MCP 板上的自动油门方式控制部分

自动油门预位（A/T ARM）电门用于接通自动油门计算机。N1 方式选择电门（N1）和速度方式选择电门（SPD）用于人工从 MCP 板上选择自动油门的工作方式，如图 9.11（a）所示。在某些飞机上，自动油门的方式选择电门是 EPR（发动机压力比）电门和 SPD（速度）电门，如图 9.11（b）所示。

MCP 板向自动油门计算机发送目标马赫数、目标空速、选择高度、飞行轨迹角变化率信号等数字信号以及 DFCS 的离散信号。

在速度方式，MCP 板还向自动油门系统发送选择的速度信号或 FMC 目标速度信号。

当 DFCS 衔接时，FCC 根据 DFCS 工作方式的离散信号自动选择自动油门的工作方式，并通过 MCP 板将自动选择的自动油门工作方式信号发送到自动油门计算机。

在 DFCS 的垂直导航（VNAV）方式，FCC 使用飞行管理计算机的飞行轨迹角信号来选择自动油门的工作方式，并将目标马赫数和目标空速作为自动油门控制的速度。

飞行轨迹角变化率用于在不同的俯仰机动飞行阶段（如高度层改变、高度截获等）减小飞行速度。

2. 电子式发动机控制器（EEC）

每一个 EEC 都向自动油门计算机发送推力解算器角度（TRA）、N1 指令显示、最大前推慢车 TRA、预计修正推力、实际 N1 TRA、目标 N1 TRA、最大 N1 TRA 以及 5（°）/s 响应的 TRA 的数字信号。

显示电子组件（DEU）将目标 N1 值发送给电子式发动机控制器（EEC），电子式发动机控制器利用该数据计算与目标 N1 值对应的推力解算器角度（TRA）目标值。

3. 飞行管理计算机（FMC）

飞行管理计算机向自动油门计算机发送目标 N1 值、全重、最小速度、FMC 高度、大气静温、时间/日期以及 BITE 测试信息等数字信号。

在每一个飞行阶段，FMC 都计算发动机 N1 极限值和目标 N1 值，并将这两个数据发送到显示电子组件。显示电子组件在发动机显示器上显示 N1 极限值，并将目标 N1 值发送给电子式发动机控制器，电子式发动机控制器计算与目标 N1 值对应的推力解算器角度目标值，并发送到自动油门系统，以便设置推力。FMC 还直接向自动油门系统发送 N1 目标值。

FMC 计算飞机全重，并将该数据发送到自动油门系统，该数据用于计算推力和油门杆移动速率指令。

FMC 和自动油门计算机之间还有 BITE 接口。

4. 无线电高度表（Radio Altimeter，RA）

无线电高度表的收/发机向自动油门计算机发送无线电高度信息。在进近阶段自动油门利用该数据来确定控制律增益，并用作拉平收油门的备用信号。

5. 失速管理偏航阻尼器（SMYD）

失速管理偏航阻尼器向自动油门计算机发送最小操纵速度信号，以便进行最小速度包线控制。

6. 大气数据惯性基准组件（ADIRU）

大气数据惯性基准组件向自动油门计算机发送计算空速、最大允许空速（VMO/MMO）、未修正的高度、修正气压高度、马赫数、大气静温（SAT）、大气总温（TAT）、高度变化率、静压、总压、真实速度以及迎角等大气数据的数字信号。

计算空速和最大允许空速用于速度方式下的控制逻辑，未修正的高度用于自动油门增益控制的时序安排以及计算最大允许 N1 值，马赫数用于速度方式下的马赫控制、重量和阻力计算。

静温用于计算备用 TRA 极限值，高度变化率用于计算风切变的探测，静压用于计算推力随高度变化的正常值，真实速度用于真空速/计算空速之间的转换。迎角用于计算迎角保护用的备用重量。

大气数据惯性基准组件向自动油门计算机发送俯仰姿态、横滚姿态、机体纵向加速度、机体正常加速度、地速、机体俯仰速率和垂直速度等惯性数据的数字信号。

俯仰姿态用于在探测风时补偿纵向加速度。横滚姿态用于飞机转弯过程中补偿推力。机体纵向加速度用于计算阻尼和风探测控制律。机体正常加速度用于得到风探测时的垂直速度。地速用于巡航速度控制，以便显示什么时候存在允许轨迹方式修正的最小值。垂直速度用于确定风切变。

7. 自动油门伺服电机（Autothrottle Servo Motors，ASM）

自动油门伺服电机接收来自自动油门系统的推力变化率指令数字信号，并将该数据转换成电气脉冲信号，以驱动伺服电机。电机通过齿轮箱和摩擦式离合器驱动推力解算器组件，进而将油门杆驱动到期望的推力解算器角度。推力解算器组件再将推力解算器角度以数字信号的形式发送到电子式发动机控制器，以便设置合适的推力值。

自动油门伺服电机向自动油门计算机发送伺服状态，测量速率以及测量力矩等反馈信号。测量速率是自动油门伺服电机驱动油门杆的实际速率。测量力矩是驱动油门杆的实际力矩。

9.4.4　自动油门的数字输出接口

自动油门计算机通过 BUS 1 和 BUS 2 两条数据总线向各用户发送数字信号，如图 9.12 所示。

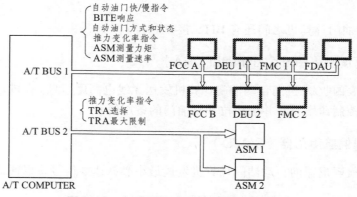

图 9.12　自动油门系统的数字输出接口

自动油门计算机通过 BUS 1 连接的设备有 FCC A 和 FCC B、DEU1 和 DEU2、FMC 以及 FDAU。自动油门计算机通过 BUS1 向这些设备发送自动油门快/慢指令、BITE 响应、自动油门方式和状态、推力变化率指令、ASM 测量力矩以及 ASM 测量速率等数字信号。

自动油门计算机通过 BUS 2 连接的设备有 ASM 1 和 ASM 2。自动油门计算机通过 BUS 2 向 ASM 1 和 ASM 2 发送推力变化率指令、TRA 选择和 TRA 最大限制等数字信号。

9.5　自动油门的原理

自动油门计算机是一个数字式计算机，它接收来自许多系统的输入信号，用于计算油门杆指令。自动油门计算机由直接存储器存取（Direct Memory Access，DMA）、中央处理组件（CPU）、存储器和电源供应组件组成，如图 9.13 所示。

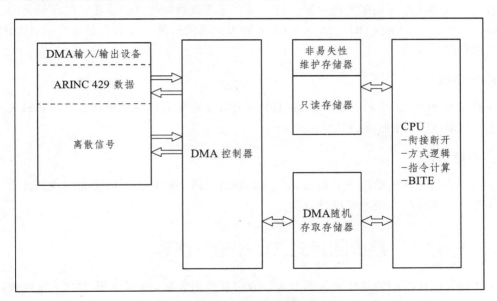

图 9.13　自动油门计算机的功能

9.5.1　自动油门计算机的功能模块

1. DMA 系统

DMA 系统包含 I/O 设备、控制器和 RAM。DMA 的 I/O 设备接收 ARINC429 数据和模拟离散信号，进行转换后，将这些数据发送到 DMA 控制器。DMA 的 I/O 也接收来自 CPU 的数字信号，并在这些数据发送到其他系统之前将其转换成 ARINC429 数据和模拟离散信号。DMA 控制器控制着自动油门计算机的输入/输出数据。

2. CPU

CPU 主要完成以下几项工作：

（1）决定什么时候接通和脱开自动油门。CPU 监控和决定控制律数据是否满足。如果数据满足，CPU 就允许自动油门接通。一旦接通，CPU 将发送一个信号到 MCP 板，将自动油门预位电门保持在预位（ARM）位。CPU 还向自动油门伺服电机提供励磁电压。

如果 CPU 确定数据不满足，就脱开自动油门，并向自动飞行状态通告牌发送一个信号，使自动油门脱开警告灯闪亮，给出脱开警告信息。

（2）确定自动油门的工作方式。CPU 允许选择不同的自动油门方式。通常情况下，DFCS 在不同的飞行阶段选择不同的自动油门工作方式。驾驶员也可以在 MCP 板上人工选择自动油门的工作方式。

（3）计算油门杆指令。CPU 使用自动油门控制律计算自动油门指令。

自动油门控制律给出期望指令，并将该指令和飞机的实际情况进行比较，比较的差值产生自动油门伺服电机的油门杆速率指令。

（4）监控系统的运行。自动油门计算机的存储器内有一个操作程序和 BITE 程序。BITE 程序监控系统的操作。如果发现故障，自动油门计算机就将故障记录在它的存储器内。

技术人员使用 FMC CDU 上的 A/T BITE 查看记录的故障。技术人员也使用 A/T BITE 检查系统的操作。

3. 存储器

存储器有 ROM 和非易失性存储器两种。ROM 中存放着计算机操作程序，非易失性存储器用于存储 BITE 产生的维护数据。

4. 电源组件

在自动油门计算机前模板上有 ASM 1 和 ASM 2 两个跳开关。自动油门计算机通过这两个跳开关向自动油门伺服电机提供电源。

9.5.2 自动油门系统的方式选择和指令计算

A/T 计算机从不同的系统和传感器接收数字和模拟数据以确定工作方式。这些数据经输入设备进入 A/T 计算机。

A/T 计算机有两个主要的工作方式，即速度方式和 N1 方式。根据飞行阶段和所选的方式，A/T 可进入预位、收油门、油门保持、复飞和测试等 5 个附加的方式。各方式的选择如图 9.14 所示，各方式指令的计算所依据的参数如图 9.15 所示。

在 A/T 计算机进入某个方式后，它将方式选择数据经总线发送到 PFD 上的自动油门方式通告区域、飞行数据采集集中组件上和 FCC。发送到 PFD 上的自动油门方式数据用于向机组通告自动油门的方式，发送到飞行数据采集集中组件上的数据用于数据下载和飞行数据记录器，发送到 FCC 的数据用于向 FCC 确认自动油门的工作方式。

A/T 计算机控制 ASM 的电源。在起飞期间油门保持方式中，A/T 计算机从 ASM 中去掉电源。

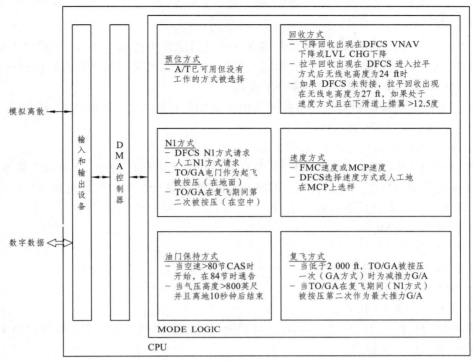

图 9.14 自动油门的方式选择

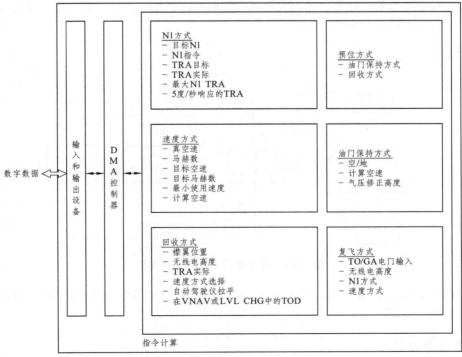

图 9.15 自动油门各方式的指令计算所依据的参数

1. N1 方式

N1 方式在起飞，爬升和最大推力复飞这 3 个飞行阶段中使用。在 N1 方式中，A/T 控制推力到 EEC 油门杆角度解算器计算的目标 N1 值。N1 方式可从下列 4 种方式选择：

（1）驾驶员从 MCP 上人工地选择 N1 方式。

（2）当 DFCS 衔接时根据俯仰方式和飞机所处的飞行阶段，DFCS 请求 N1 方式。

（3）在地面上，按压 TO/GA 电门。

（4）在空中，连续两次按压 TO/GA 电门。

在爬升期间，当 DFCS 衔接于 VNAV 爬升或高度改变爬升时，FCC 指令 A/T 到 N1 方式。当 DFCS 未衔接时，驾驶员可以按压 MCP 上的 N1 选择器开关来人工地选择 N1 方式。

在 N1 方式，A/T 使用下列输入信号：

（1）目标 N1（FMC）。

（2）N1 指令（EEC）。

（3）TRA 目标（EEC）。

（4）TRA 实际（EEC）。

（5）最大 N1 TRA（EEC）。

当自动油门系统工作于 N1 方式时，自动油门将控制油门，直到发动机推力等于目标推力，并最终保持在目标推力上。

推力管理计算机根据人工选择的推力或自动飞行时 FMC（或 FCC）计算出的推力（各飞行阶段不同），和发动机的实际推力相比较，计算出它们的差值；再根据飞机当前的高度、速度、大气温度、姿态等，计算出油门控制指令，驱动伺服机构，移动油门杆，保持所需推力。N1 方式的原理如图 9.16 所示。

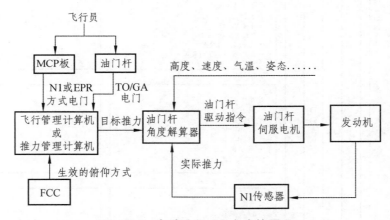

图 9.16　自动油门 N1 方式的原理

如果推力方式是 EPR 方式，则在图 9.16 中的目标 N1 改为目标 EPR，将 N1 传感器改为 EPR 传感器即可。

2. 速度方式

在速度方式，A/T 通过控制发动机推力来控制飞机的速度，使实际空速与目标空速保持一致。目标空速来自 MCP 板，或飞行管理计算机。当 VNAV 方式接通时，目标速度来自 FMC，称为 FMC SPD。当 VNAV 方式没有接通时，比如接通的是 FL CHG 方式时，目标空速来自 MCP 板，称为 MCP SPD。

推力计算机根据 MCP 板上给定的速度或 FMC 计算的目标空速（各飞行阶段不同），和实际空速相比较，计算出它们的差值；再根据飞机当时的高度和姿态等，计算出油门控制指令，驱动伺服机构，移动油门杆，控制发动机推力，使飞机的空速保持给定空速。自动油门 SPD 方式的原理如图 9.17 所示。

A/T 速度方式可以自动选择或人工选择。如果 AFCS 有生效的俯仰方式，AFCS 会根据生效的俯仰方式自动地选择 FMC SPD 方式或 MCP SPD 方式。A/T MCP SPD 方式也可人工地按压 MCP 上的 A/T 速度方式选择电门来选择。

在速度方式，A/T 使用下列输入参数：

（1）目标空速。

（2）目标马赫数。

（3）计算空速。

（4）马赫数。

（5）真空速。

（6）纵向加速度。

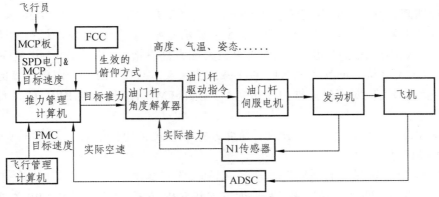

图 9.17　自动油门 SPD 方式的原理

3. 油门保持方式

油门保持方式是自动进入的。在起飞地面滑跑期间，当计算空速为 80 kt 时，自动油门自动进入油门保持方式（THROTTLE HOLD）。在该方式中，A/T 断开到自动油门伺服电机的电源，以防止起飞滑跑和初始的爬升期间 A/T 移动油门杆。当电源断开时，A/T 方式在 FMA 上显示 THR HLD（油门保持）。此时，机组可以人工控制油门杆。

A/T 计算机使用计算空速、气压修正高度和空/地信号计算油门保持方式的指令。

4. 预位方式

在预位方式，A/T 能够并准备好接收指令，自动油门伺服电机已供电，但 A/T 控制逻辑阻止了伺服电机移动油门。飞行前 A/T 被预位后，或起飞滑跑过程中自动油门处于油门保持方式后已经达到气压高度 800 ft，或在下降收油门过程中当油门杆到达后止动位时，自动油门会进入预位方式。

在预位方式，自动油门使用油门保持方式信号和油门回收方式信号计算指令。

5. 回收油门方式

在回收油门方式，A/T 将油门杆回收到后止动位。回收油门方式分为下降回收油门和拉平回收油门两个子方式。

下降回收出现在 VNAV SPD 下降过程中，或当在 MCP 上 LVL CHG 下降被选择时。在下降过程中，A/T 通常在 FMC 下降顶点（T/D）处开始回收油门杆到慢车位，RETARD 显示在 FMA 上。当油门杆到达慢车位时，A/T 方式从回收改变为预位，ARM 显示在 FMA 上。A/T 保持在预位方式直到选择了新的方式为止。所以，在下降回收方式，自动油门使用下降顶点计算油门杆指令。

拉平回收出现在着陆拉平过程中。在拉平回收期间，A/T 将油门杆回收到慢车位，RETARD 显示在 FMA 上。在接地 2 s 后 A/T 自动断开。对于拉平回收，A/T 计算机使用速度方式选择襟翼位置、无线电高度等信号计算指令。

6. 复飞方式

在进近期间，当无线电高度低于 2 000 ft 时，复飞方式预位后，按压 TO/GA 电门，A/T 给出一个减推力复飞指令。A/T 方式在 FMA 上显示 GA（复飞）。当发动机推力达到减推力复飞值时，再次按压 TO/GA 电门，A/T 给出最大推力复飞指令，以达到 FMC 复飞 N1 限制。A/T 方式在 FMA 上从 GA 改变为 N1。对于减推力复飞，A/T 使用一个内部计算的推力值以获得 8% 的爬升梯度。对于最大推力复飞，A/T 使用 FMC N1 目标和 EEC TRA 目标来设定推力。

在复飞方式中，A/T 使用 N1 方式、速度方式、TO/GA 电门输入、无线电高度、总重以及襟翼位置等信号计算指令。

如果在 MCP 上选择了 N1 或速度方式，则复飞方式复位。

在有些飞机上，两个主要的方式是速度方式和 EPR 方式。N1 方式和 EPR 方式是推力方式的两种不同表达方式。而且，安定油门派生的 5 种方式中，预位方式，发动机是不实施控制功能的。预位方式外，其他方式实际上自动油门都是将发动机推力控制到目标推力上，所以也可以称为推力方式。

9.6　自动油门系统的控制、显示和使用

自动油门的控制和显示组件都安装在驾驶舱内，主要包括方式控制板（MCP）、油门杆上的 TO/GA 电门、油门杆上的自动油门脱开电门，PFD 上自动油门方式通告牌、自动飞行控制系统状态通告牌以及中央显示组件（发动机显示器）等，参见图 9.6。

9.6.1 自动油门的主要控制组件

自动油门的控制组件都安装在驾驶舱内，主要包括方式控制板（MCP）、油门杆上的 TO/GA 电门、油门杆上的自动油门脱开电门。

9.6.1.1 MCP 板

自动油门方式控制板可以是独立的，但在大型飞机上一般和自动飞行控制系统合用一个 MCP 板。MCP 板上自动油门的元件主要包括自动油门预位/断开电门、预位灯、自动油门方式选择电门，以及目标空速/马赫数设置电门和目标空速/马赫数显示器，如图 9.11 所示。

1. 自动油门预位电门（Arm Switch）

将该电门置于预位（ARM）时，自动油门预位。如果将该电门置于断开（OFF）位，就会断开自动油门。

2. 自动油门预位灯（A/T Arm Light）

当自动油门没有处于断开方式时该灯燃亮。

3. 自动油门推力（N1 或 EPR）方式选择电门

自动油门的推力方式选择电门在一些飞机上是 N1 电门，在一些飞机上是 EPR 电门。

在 N1 方式中，A/T 控制推力到 EEC 油门杆角度解算器计算的目标 N1 值。如果推力方式是 EPR 方式，A/T 控制推力到 EEC 油门杆角度解算器计算的目标 EPR 值。

4. 自动油门速度（SPD 或 SPEED）方式选择电门

自动油门的速度方式选择电门在一些飞机上是 SPD 电门，在一些飞机上是 SPEED 电门。

当按下 SPD 或 SPEED 方式电门时，自动油门将控制油门，并在一定范围内调节发动机推力，以使飞机的速度等于设定的目标速度，并最终将飞机速度保持在目标速度上。

5. 指示空速/马赫数选择器（IAS/MACH Selector）

指示空速/马赫数选择器（IAS/MACH Selector）用于设置 MCP 速度或 MCP 马赫数。

6. 指示空速/马赫数显示器（IAS/MACH Display）

该显示器显示设置的目标指示空速或目标马赫数。指示空速的范围为 100~399 kt，增量为 1 kt。马赫数的范围为 0.60~0.89，增量为 0.01。

显示器上有一个警告旗，在低速和过速的情况下，位于显示器的最左边一位数字闪亮，以提供警告。在 VNAV 方式生效时，该显示窗口显示空白。

7. 指示空速/马赫数切换电门（IAS/MACH Change/Over Switch）

指示空速/马赫数转换电门的功用是实现指示空速显示与马赫数显示之间的切换。当飞机的速度小于 0.6 个马赫数，显示器窗口则只显示以海里/小时表示的指示空速值，该转换电门不起作用。当飞机速度大于 0.6 个马赫数时，按压该电门，以海里/小时表示的指示空速值将变成马赫数值，或从马赫数值变成指示空速值。

9.6.1.2 油门杆上的 TO/GA 电门

在每一个油门杆上都有一个起飞/复飞（TO/GA）电门，参见图 7.27。该电门用于启动 AFCS 中飞行指引仪的的起飞/复飞方式和自动油门的起飞/复飞方式。

当相关的条件具备时，如果飞机位于地面上，按压该电门，启动的是起飞方式；如果飞机位于空中，按压该电门，启动的是复飞方式。对自动油门系统而言，起飞方式是指自动油门提供起飞推力，复飞方式是指自动油门会提供起飞推力。第一次按压该电门，自动油门提供的是减推力起飞推力，第二次按压该电门，自动油门提供的是全推力起飞值。

在某些飞机上，起飞/复飞方式是通过将油门杆前推到刻度盘上的起飞/复飞（TO/GA）挡位来实现的。油门刻度盘上的 TO/GA 挡位参见图 7.28。

9.6.1.3 油门杆上的自动油门断开电门

在每一个油门杆都有一个自动油门断开电门，如图 9.15 所示。按压任何一个自动油门断开电门都能够断开自动油门系统。当自动油门断开警告出现时，再次按压该电门，可以使自动油门断开警告信号复位。

9.6.2 自动油门的主要显示组件

自动油门的显示组件都安装在驾驶舱内，主要包括 PFD 上自动油门方式通告牌、自动飞行控制系统状态通告牌上的 A/T 警告灯以及中央显示组件（发动机显示器）等，如图 9.6 所示。

9.6.2.1 PFD 上自动油门方式通告牌

自动油门方式通告牌用于显示自动油门当前的工作方式。在有些飞机上，有专门的 A/T 方式通告牌；有些飞机上，自动油门方式显示在 PFD 的左上角第 1 列。衔接的方式用绿色字体表示，这些方式可以是 N1，GA，RETARD，FMC SPD，MCP SPD 和 THR HOLD。预位的方式显示为白色，如图 9.18 所示。

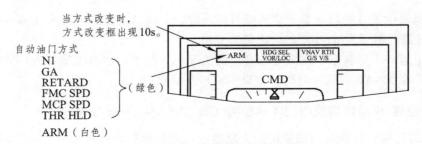

图 9.18 自动油门方式通告牌

当 A/T 系统被启动并准备好接收指令，但无工作的方式被选择时显示预位（ARM）。

在起飞、爬升或最大推力复飞过程中，当 A/T 系统控制发动机的推力到 FMC 计算的 N1 目标时，显示 N1。

在起飞过程中超过 84 kt 时显示油门保持（THR HOLD）。在油门保持方式中，A/T 断开 ASM 的电源，油门杆维持在起飞的推力设置。

当飞机获得 800 ft 高于地面的高度，并且离地 10 s 后，A/T 恢复 ASM 的电源并改为预位方式（ARM）。高于 800 ft 时，在开始爬升期间，驾驶员可以选择 N1 或速度方式。

9.6.2.2　A/T 断开警告灯

在自动飞行控制系统状态通告牌上有 A/T 断开警告灯。当自动油门系统断开时，琥珀色 A/T 灯闪亮，如图 9.19 所示。

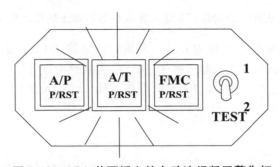

图 9.19　ASA 前面板上的自动油门断开警告灯

1. A/T 断开警告

当自动油门断开时，红色的 A/T 灯闪亮，表示自动油门已经断开。当 A/T 处于 BITE 中时，该灯也亮。

2. 警告复位

按压 A/T 灯的灯罩时，ASA 将产生一个复位信号，并发送到 FCC 和自动油门计算机，并使闪亮的琥珀色 A/T 灯熄灭。自动油门断开警告出现时，再次按压该电门，可以使自动油门断开警告信号复位。

9.6.2.3　自动油门系统在发动机显示器上的显示信息

在发动机显示器的上显示器上，显示推力方式通告牌（TMA），在 N1 刻度盘上显示目标 N1 游标，并在 N1 显示器上显示实际 N1 值。如图 9.20 所示，推力方式为 CLB，表示目前使用的是爬升推力，目标 N1 游标为 96.0%，实际 N1 值为 87.1%。

1. 正常工作

在正常工作期间，FMC 计算发动机目标 N1。FMC 将基准 N1 发送到 DEU，显示在 N1 刻度盘上。

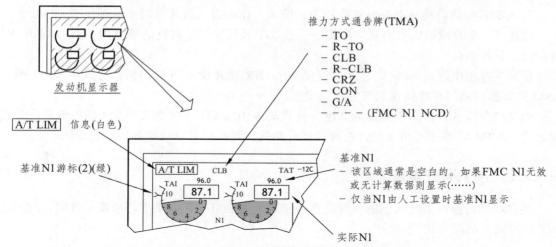

图 9.20 自动油门系统在发动机显示器上的显示信息

FMC 还为每个飞行阶段计算推力方式，并将它们送到 DEU，显示在发动机显示器顶部的推力方式通告牌上。其中，TO 为起飞推力，R-TO 为减推力起飞，CLB 为爬升推力，R-CLB 为减推力爬升，CRZ 为巡航推力，CON 为最大连续推力，G/A 为复飞推力，——（虚线）为无计算数据。

2. 非正常工作

在非正常工作期间，当 FMC N1 数据无效或无计算的数据（NCD）时，推力方式通告牌上显示 3 条划线，基准 N1 用虚线显示，以表示在 N1 刻度盘上的基准 N1 游标不是由 FMC 设置的。

当 FMC N1 数据无效时，可以用发动机控制板上的 N1 设置选择器在 N1 刻度盘上人工设置基准 N1 游标。应注意的是，人工设置的 N1 数据只是作为参考，并不进入自动油门系统。

当 FMC N1 数据是无效或无计算的数据时，A/T 计算机为两个发动机计算一个单一的 N1 限制。信息 "A/T LIM" 显示在发动机显示器上。在这种情况下，A/T 计算机只计算爬升、巡航和复飞的发动机 N1 限制，不能计算起飞的发动机推力。

9.6.3　自动油门系统的使用

9.6.3.1　自动油门的衔接逻辑

A/T 计算机对传感器和 A/T 系统的性能进行检查。如果系统工作并且传感器正常，则衔接逻辑让 A/T 衔接。

A/T 系统使用硬件和软件监控。如果这些监控器发现问题，则系统断开；如果某一个传感器无效，或 A/T 系统无效，或飞机在地面上，或按压了自动油门断开电门，则自动油门的衔接逻辑断开。

9.6.3.2 自动油门在起飞阶段的使用

根据自动油门的工作情况，将自动油门在起飞阶段的使用分为起飞前、起飞开始、起飞滑跑和开始爬升 4 个阶段。

1. 起飞前

为了使用自动油门的起飞方式，需要先在 FMC CDU 上输入必要的数据，并在 MCP 上设置起飞所需的参数，并在 MCP 上将 A/T 预位开关放置在预位（ARM）位。完成这些必要的准备工作后，核实 FMA 板上自动油门方式通告为预位（ARM），在 MCP 上的 A/T 方式灯灭，自动油门推力方式通告为 TO，N1 基准游标位于 FMC 起飞 N1 限制处。

2. 起飞开始

在起飞滑跑开始时，飞行员按压油门杆上的 TO/GA 电门。A/T 的方式通告变为 N1，但 N1 方式开关灯不亮。N1 基准游标在 FMC 起飞 N1 限制，推力方式通告为 TO，自动油门移动油门杆，直到实际的 N1 等于起飞的目标 N1（起飞 N1 限制）。

3. 起飞滑跑

当实际 N1 增加到起飞 N1 限制时，飞机加速。当空速达到 80 kt 时，A/T 计算机进入油门保持方式。在 84 kt，A/T 方式通告从 N1 变为 THR HOLD。此时，推力方式通告为 TO，N1 基准游标在 FMC 起飞 N1 限制。

4. 开始爬升

在初始爬升过程中，高于 800 ft 机场的气压高度并且离地 10 s 后，A/T 方式从油门保持方式变为预位方式。自动油门方式通告从油门保持（THR HOLD）变为预位（ARM），推力方式通告为 TO，N1 基准游标在 FMC 起飞 N1 限制，油门杆维持在起飞 N1 限制的目标。

在开始爬升期间，如果 AFCS 是衔接的，则 AFCS 将根据自己的俯仰方式自动选择一个自动油门方式。在起飞完成后，当高于 800 ft 气压高度时，飞行员可以在 MCP 上选择自动油门的工作方式，可以选择 N1 方式或速度方式，被选择的方式开关灯燃亮。

自动油门在起飞阶段的使用如图 9.21 所示。

9.6.3.3 自动油门系统在爬升阶段的使用

在开始爬升过程中，A/T 可以工作于 N1 方式或速度方式。其具体的方式可以在 MCP 板上选择，或在 AFCS 衔接时，由 AFCS 根据其俯仰自动确定。在 N1 方式爬升期间，A/T 前推油门，直到实际 N1 等于爬升目标 N1。

1. 初始爬升

起飞后，当无线电高度大于 400 ft 时，可以衔接自动驾驶仪，并选择一个 AFCS 俯仰方式，开始自动爬升。在爬升阶段，飞行员可以选择垂直导航（VNAV）方式、高度层改变（LVL CHG）方式或垂直速度（V/S）方式来进行爬升。在爬升期间常用的俯仰方式是 VNAV。

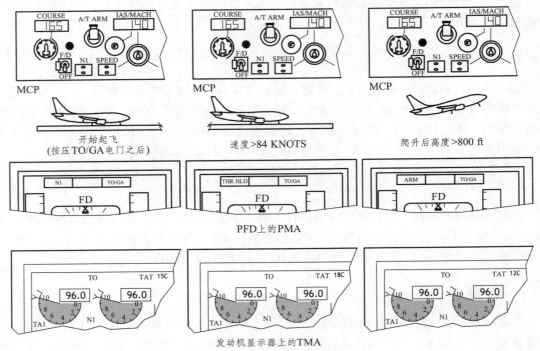

图 9.21　自动油门在起飞阶段的使用

在起飞和初始爬升期间，A/T 处于油门保持方式。当飞机爬升高于 800 ft 气压高度，且离地 10 s 后，A/T 方式从油门保持（THR HLD）变为预位（ARM），MCP 上的 A/T 方式灯（N1 和 SPD 开关）熄灭，MCP 上 IAS/MACH 窗口显示所选择的速度，推力方式通告为 TO，N1 基准游标维持在 FMC 起飞 N1 限制，油门杆位于与 FMC 起飞 N1 目标对应的目标 TRA 位。

在起始爬升高于 800 ft 气压高度时，可以选择一个 A/T 方式，如 N1 方式或 SPD 方式。如果 AFCS 衔接，则 AFCS 选择一个与 AFCS 俯仰方式相对应的 A/T 方式。

2. VNAV 爬升

在爬升过程中，如果选择了 VNAV（垂直导航）作为 AFCS 的俯仰方式，就进行 VNAV 爬升。这是常用的 AFCS 爬升方式。

在 VNAV 爬升期间，AFCS 自动选择 A/T 方式是 N1，A/T 控制发动机推力到爬升目标 N1。自动驾驶仪使用升降舵来控制空速。

在 VNAV 爬升方式，AFCS 俯仰方式通告为 VNAV SPD，自动油门的方式通告为 N1，MCP 板上 N1 方式电门灯亮，MCP 上 IAS/MACH 速度窗显示空白，推力方式通告为爬升（CLB），N1 基准游标位于爬升 N1 限制，自动油门系统控制油门杆，使实际 N1 等于爬升目标 N1。

3. LVL CHG 爬升

在爬升过程中，如果选择了 LVL CHG（高度层改变）作为 AFCS 方式的俯仰方式，就进行 LVL CHG 爬升。在 LVL CHG 爬升期间，AFCS 将选择 N1 为 A/T 方式。A/T 控制发动机推力，直到实际 N1 等于爬升目标 N1。自动驾驶仪使用升降舵来控制空速。

在 LVL CHG 爬升期间，AFCS 俯仰方式通告为 MCP SPD，自动油门的方式通告为 N1，MCP 板上 N1 方式电门灯亮，MCP 上 IAS/MACH 速度窗显示所选择的速度。

4. V/S 爬升

在起始上升过程中，如果选择了 V/S（垂直速度）方式作为 AFCS 俯仰方式，并设置所期望的垂直速度，就进行垂直速度（V/S）爬升。在 V/S 爬升期间，AFCS 选择 MCP SPD 方式为 A/T 方式。A/T 控制发动机推力，将飞机速度控制在 MCP 上所选择的速度上。自动驾驶仪使用升降舵，使飞机的垂直速度保持在 MCP 板上所选择的垂直速度上。

在垂直速度爬升期间，AFCS 俯仰方式通告为 V/S，自动油门的方式通告为 MCP SPD，MCP 板上自动油门速度方式电门灯（SPD）亮。

VNAV 爬升、LVL CHG 爬升和 V/S 爬升阶段自动油门的使用如图 9.22 所示。

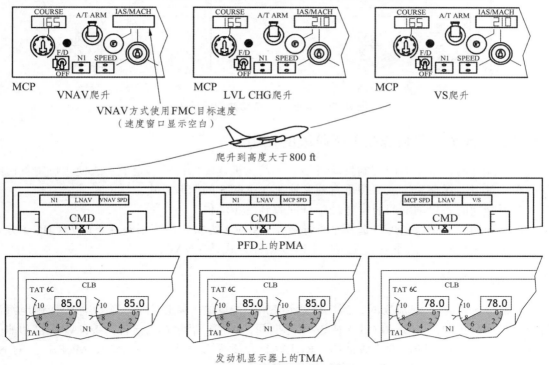

图 9.22　爬升阶段自动油门的使用

9.6.3.4　自动油门系统在巡航阶段的使用

在巡航期间，自动油门控制发动机推力来控制空速，使飞机速度保持在 FMC 目标速度上，或 MCP 上选择的速度上。

如果是 VNAV 方式爬升，在到达爬升顶点后俯仰方式会自动转换为 VNAV PATH，自动油门的工作方式配套转换为 FMC SPD。如果是 LVL CHG 方式爬升。或 VS 方式爬升，在到达爬升顶点后俯仰方式会自动转换为 ALT HLD，自动油门的工作方式配套转换为 MCP SPD，如图 9.23 所示。

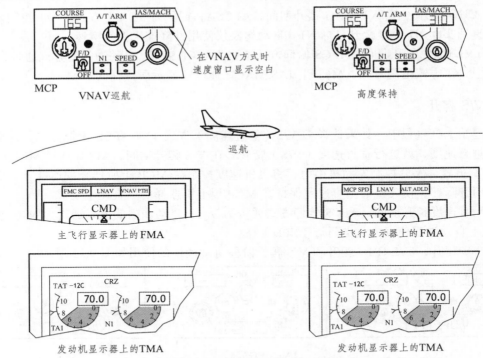

图 9.23　巡航阶段自动油门的使用

9.6.3.5　自动油门系统在下降阶段的使用

在下降期间，自动油门控制发动机推力，使飞机速度保持在一定值，或使飞机垂直速度保持在一定值。保持速度或保持垂直速度取决于 AFCS 的俯仰方式。

在下降期间，自动油门通常将油门杆回收到后止动位。

在下降期间，飞行员可以选择垂直导航（VNAV）方式、高度层改变（LVL CHG）方式或垂直速度（V/S）方式下降。正常的 DFCS 俯仰方式是 VNAV。

1. VNAV 下降

在 AFCS VNAV 巡航期间，当飞机达到 FMC 计算的下降顶点时，自动油门慢慢地将油门杆回收到后止动位。在 AFCS VNAV 下降期间，AFCS 俯仰方式通告为 VNAV，自动油门的方式通告从 MCP SPD 变为收油门（RETARD），最后变为预位（ARM），MCP 板上的 N1 方式开关灯熄灭，IAS/MACH 速度窗口显示空白。

在 DFCS VNAV 下降期间，通常油门杆在慢车位，A/T 方式是预位。AFCS 可能请求 A/T 方式从预位变为 FMC 速度方式以增加推力来保持 FMC 目标速度和下降速率。

飞机持续下降到 FMC 高度或 MCP 板选择的高度。当 AFCS 截获并且在所选择的高度上改平时，A/T 从预位改变为 FMC SPD。A/T 控制发动机的推力，使飞机速度保持在 FMC 目标速度上，自动驾驶仪控制升降舵，使飞机保持在选择的高度上。

2. LVL CHG 下降

如果飞行员在 MCP 板上选择一个较低的目标高度，并按压 LVL CHG 方式电门，就启动了 LVL CHG 下降。

在 LVL CHG 下降期间，AFCS 俯仰方式通告为 MCP SPD，自动油门的方式通告从 MCP SPD 变为收油门（RETARD），最后变为预位（ARM），自动油门方式灯灭，MCP 上 IAS/MACH 速度窗显示所选择的速度。

在 LVL CHG 下降期间，自动油门设置推力到慢车，AFCS 使用升降舵来保持所选择的 MCP 空速。

在高度改平时，自动油门衔接在 MCP SPD 方式，通过控制油门来提供发动机推力，以使飞机保持在 MCP 速度上。AFCS 从 LVL CHG 变为高度保持（ALT HOLD）方式，并使用升降舵来保持 MCP 高度。

3. V/S 下降

如果选择了 V/S（垂直速度）方式作为 AFCS 俯仰方式，并设置下降的垂直速度，就进行垂直速度（V/S）下降。

在 V/S 下降期间，DFCS 选择 MCP SPD 方式为 A/T 方式。A/T 控制发动机推力，将飞机速度控制在 MCP 上所选择的速度上。自动驾驶仪使用升降舵，使飞机的垂直速度保持在 MCP 板上所选择的垂直速度上。

在垂直速度爬升期间，AFCS 俯仰方式通告为 V/S，自动油门的方式通告为 MCP SPD，MCP 板上自动油门速度方式电门灯（SPD）亮，MCP 板上的 IAS/MACH 窗显示所选择的速度。

当飞机到达所选择的高度时，A/T 保持在速度方式，它增加推力以继续维持 MCP 所选择的目标空速。AFCS 从 V/S 方式变为高度保持方式，并使用升降舵来控制和保持 MCP 高度。

VNAV 下降、LVL CHG 下降和 V/S 下降阶段自动油门的使用如图 9.24 所示。

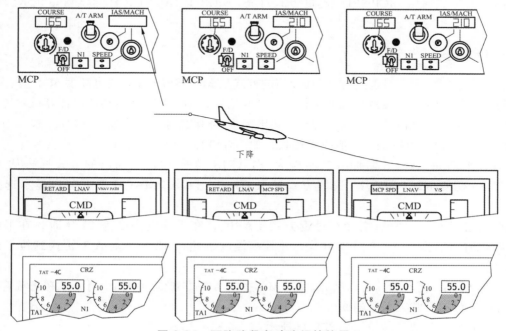

图 9.24　下降阶段自动油门的使用

9.6.3.6　自动油门系统在进近阶段的使用

在下降期间，在下滑信标截获之前，根据 AFCS 的俯仰方式不同，自动油门可能工作在预位方式或速度方式。

1. 下降回收

在 AFCS VNAV 下降下滑道截获之前，自动油门通常处于下降回收方式（RETARD），并将推力设置为慢车，或根据所选择的 AFCS 俯仰方式处于速度方式。

在 AFCS VNAV 下降下滑道截获之前，AFCS 的俯仰方式衔接在 VNAV，并通告 G/S 预位，自动油门将油门杆回收到慢车，MCP 板上 N1 方式电门灯熄灭，MCP 上 IAS/MACH 速度窗口显示空白。

在 AFCS VNAV 下降下滑道截获之前，如果要使自动油门工作在速度方式，则需要按压 MCP 上的 SPD 方式电门；或由 DFCS 自动选择自动油门的速度方式。此时，自动油门将工作在 MCP SPD 方式。

当自动油门工作在 MCP SPD 方式时，自动油门的方式为 MCP SPD，MCP 板上的 SPD 方式灯亮，MCP 上 IAS/MACH 速度窗口显示选择的速度。

2. 截获下滑信标（G/S）

在下降期间，选择 AFCS 的进近方式（APP）后，可以截获下滑信标。

在截获下滑信标后，AFCS 使用升降舵来保持下滑信标垂直航迹，自动油门通过控制发动机推力使飞机的速度保持在 MCP 板所选择的速度上。AFCS 俯仰方式通告为 G/S，自动油门的方式通告 MCP SPD，速度方式灯亮，MCP 上 IAS/MACH 速度窗口显示选择的速度。

3. 拉平回收

在进近期间处于下滑道上时，自动油门的方式是 MCP SPD。在无线电高度 50 ft 时，AFCS 开始拉平飞机，以完成接地的机动飞行。拉平开始后，AFCS 将向自动油门计算机发送一个拉平的离散信号。该信号使自动油门在无线电高度 24 ft 之前，保持 MCP SPD 方式。当无线电高度为 24 ft 时，自动油门开始拉平回收，油门杆将移动到后止动位。

在拉平期间，AFCS 俯仰方式通告为 FLARE（拉平），自动油门的方式通告从 MCP SPD 变为 RETARD（回收），速度方式灯灭，MCP 上 IAS/MACH 速度窗口显示选择的速度。

如果自动驾驶仪没有衔接在进近方式（APP），在无线电高度为 27 ft 时，在下滑道上，自动油门工作在 MCP SPD 方式，并且襟翼放下超过 12.5°，则 A/T 转换到拉平回收方式。

接地 2 s 后，自动油门自动断开，在 FMA 上的 A/T 方式变为空白。当 A/T 在正常着陆期间断开时，没有听觉或视觉的警告。

进近阶段自动油门的使用如图 9.25 所示。

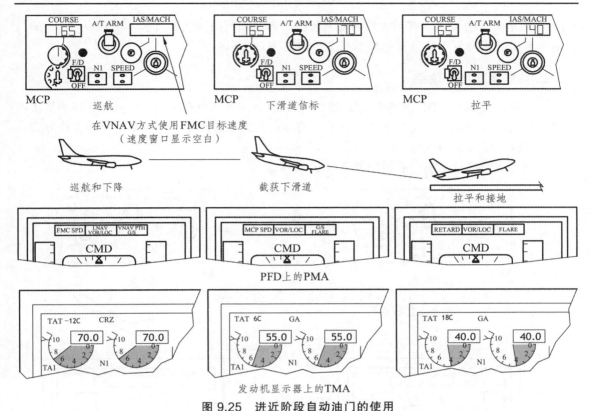

图 9.25　进近阶段自动油门的使用

9.6.3.7　自动油门系统在复飞阶段的使用

在进近到着陆期间的下滑道上，自动油门的方式为 MCP SPD，自动油门通过控制发动机推力使飞机的速度保持在 MCP 板所选择的速度上。当飞机无线电高度低于 2 000 ft 时，自动油门复飞方式预位。在它预位后，如果按压 TO/GA，自动油门将进入复飞方式，前推油门杆，将推力增加到复飞推力。

A/T 可在有或无 DFCS 衔接时用于复飞。如果按压 TO/GA，两个自动驾驶仪都已经衔接于指令方式，则自动油门和自动驾驶仪配合实现自动复飞。否则，自动驾驶仪将断开，但自动油门仍然提供复飞推力。本节只讨论自动复飞的情况。

1. 减推力复飞

第一次按压 TO/GA 后，自动油门计算机计算一个推力值以获得一个 8%的爬升梯度。通常，它将小于可能的全额定复飞推力，所以，称为减推力复飞。油门杆前推到减推力复飞位。在减推力复飞阶段，DFCS 俯仰方式通告为 TO/GA，自动油门的方式通告为 G/A，推力方式通告为 G/A，油门杆前推，N1 基准游标位于 FMC 最大复飞 N1 限制位。

2. 最大推力复飞

在复飞期间，第二次按压 TO/GA 电门时，A/T 移动油门杆到由 FMC 计算的全额定复飞

N1，称为最大推力复飞。在最大推力复飞阶段，自动油门的方式通告从 G/A 变为 N1，油门杆前推到最大推力复飞位，其他显示与减推力复飞方式相同。

3. 在复飞高度上改平

在自动复飞期间，DFCS 俯仰方式通告为 TO/GA。当飞机接近 MCP 板上选择的复飞高度时，自动驾驶仪截获并在复飞高度改平，然后进到高度保持方式。自动油门的工作方式从 N1（或 GA）变为 MCP SPD。

自动复飞阶段自动油门的使用如图 9.26 所示。

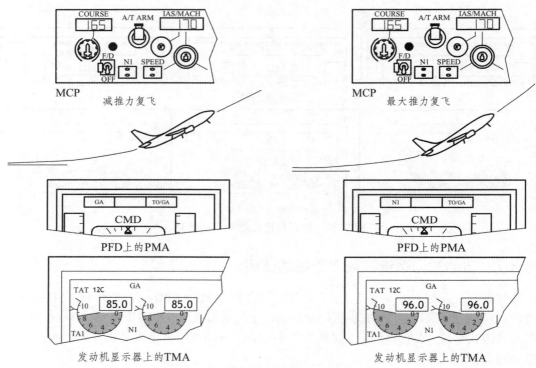

图 9.26　复飞阶段自动油门的使用

复习思考题

1. 说明自动油门在飞行中的作用和使用范围。
2. 速度大小的控制方案有哪些？各方案的基本原理是什么？
3. 自动油门系统包含了哪些基本部件？各部件的作用是什么？
4. 自动油门的基本工作方式有哪些？说明各基本方式的原理。
5. 说明如何人工选择自动油门系统的工作方式。
6. 说明自动油门系统是如何根据自动飞行控制系统的工作方式自动切换其工作方式的。

10　自动俯仰配平系统

10.1　配平系统的分类和功用

飞机配平的主要目的是为了减轻飞行员的体力劳动，保证飞行安全。飞机飞行时，由于速度的变化、重心的变化（由于油量消耗等）和气动外形的改变（由于襟翼和扰流板偏转等）都会导致飞机力矩不平衡，影响飞机的正常飞行。此时，飞行员操纵飞机会因长时间施力于驾驶杆上而疲劳。为此需要对飞机进行配平，以便消除平衡力矩和稳态飞行时的驾驶杆力。

按照配平的轴向划分，可分为俯仰配平、横向配平和航向配平。其中，俯仰配平使用最多，而且最具代表性。因此，本书主要介绍自动俯仰配平。

10.1.1　俯仰配平的分类

俯仰配平分为人工俯仰配平和自动俯仰配平。人工俯仰配平又分为人工电配平和人工机械配平。人工电配平是由飞行员通过使用驾驶盘上安装的人工电配平开关驱动配平机构实现的配平，人工机械配平则是由飞行员通过转动安装在中央操纵台侧面的人工配平手柄或手轮实现的配平。图 10.1 所示为安装在驾驶盘上的人工电配平控制开关，图 10.2 所示为安装在中央操纵台侧面的人工机械配平手轮。

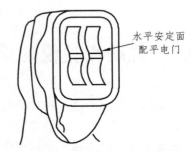

水平安定面
配平电门

图 10.1　驾驶盘上的人工电配平开关

用配平手轮完成的是低速配平，用电配平开关完成的是高速配平。在巡航速度上，通常不希望在高速情况下操纵水平安定面，所以，飞行员可以使用配平手轮完成低速配平操纵。在起飞和进近过程中，飞行速度较低时，飞行员应该使用人工电配平开关实现高速配平。

自动俯仰配平是在飞行员不参与的情况下由自动俯仰配平系统自动完成的对飞机不平衡的纵向力矩进行的自动配平。

无论是人工配平，还是自动配平，其配平的情况都显示在配平指示器上。图 10.2 的右侧为配平手轮上的配平显示器。配平显示器有一个绿色区域，标有 TAKE OFF 字样，表示起飞时配平应该打在该区域。

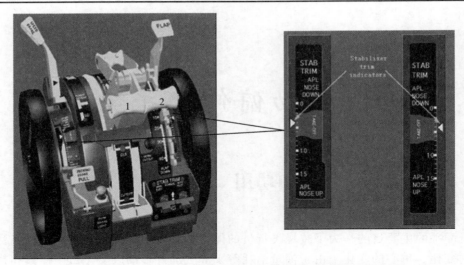

图 10.2　　中央操纵台上的人工配平手柄或手轮及配平指示器

10.1.2　自动俯仰配平系统

自动俯仰配平是在飞行员不参与的情况下由自动俯仰配平系统自动完成的对飞机不平衡的纵向力矩进行的自动配平。其作用不仅仅是为了消除纵向驾驶杆力，更重要的是用以消除作用在自动驾驶仪升降舵舵机上的铰链力矩，避免自动驾驶仪断开时由于舵机回中而使飞机产生过大的扰动。

按照配平的目的和信号来源，自动俯仰配平系统包括自动驾驶仪配平系统、速度配平系统和马赫数配平系统。

10.2　自动驾驶仪配平

自动驾驶仪配平是根据自动驾驶仪操纵飞机俯仰的情况自动产生的俯仰配平，其主要目的是消除杆力，所以，自动驾驶仪配平工作的必要条件是自动驾驶仪接通。

在自动驾驶仪接通工作过程中，由于某种原因破坏了纵向力矩或力的平衡时，飞机就会产生俯仰偏离运动。此时自动驾驶仪使升降舵偏转一个角度，以平衡纵向力矩，使飞机重新平衡。升降舵偏转产生的铰链力矩将由升降舵舵机来承担。一旦断开自动驾驶仪，舵机回中时，舵面铰链力矩将使升降舵急剧回收，使飞机产生冲击。自动驾驶仪断开时产生过大的冲击，特别是低头冲击，是不允许的，也是不安全的。因此，需要使用自动驾驶仪配平系统。特别是对于低高度使用的自动飞行控制系统，自动驾驶仪配平是必需的。

没有自动驾驶仪俯仰配平的自动飞行控制系统，为了防止断开自动驾驶仪时舵面产生突然的动作，常常要求飞行员在断开自动驾驶仪前施加一定的杆力（一般为拉杆力），显然这是很不方便的，而且当系统因故障自动断开时不可能解决舵面产生的冲击。

自动驾驶仪配平控制的元件可以是调整片、调效机构或水平安定面。使用调整片、调效机构或水平安定面实现自动俯仰配平的基本工作机理是相同的，就是给升降舵机卸荷，消除作用在升降舵面上的铰链力矩。

10.2.1 通过驱动随动自动调整片实现自动俯仰配平的原理

图 10.3 所示为某型飞机升降舵自动调整片配平系统的原理框图。这是一种随动调整片，该调整片根据升降舵的偏转自动产生配平调整。

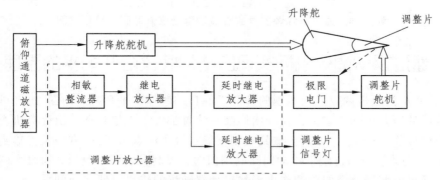

图 10.3 通过升降舵随动调整片实现自动驾驶仪俯仰配平的原理

在自动驾驶仪工作时，自动调整片系统由 "调整片"开关接通。控制升降舵舵机的俯仰通道磁放大器的输出电压被输入到调整片放大器，在此通过相敏整流器变换为直流电压信号，当其值超过预设置的自动调整片灵敏度值时，继电放大器开启，并输出一个稳态电压，通过延时继电线路延时（0.7±0.2）s 后，接通调整片舵机，使调整片在补偿舵面铰链力矩的方向上偏转，直到舵面铰链力矩减小到使作用在升降舵舵机上的荷载（对应磁放大器的输出电压）低于调整片系统的灵敏度时才停止。如果经过（8±1.5）s 的延迟后，放大器的输出电压仍未进入调整片放大器的不灵敏区之内，则另一路延时继电放大器翻转，点亮"向前"或"向后"杆力指示灯，表明自动调整片未能配平升降舵舵机，提醒驾驶员注意，或采用配平手轮进行配平。

调整片放大器设置不灵敏区和延时环节，目的在于减轻自动配平回路的工作，不灵敏区的大小依据系统断开时升降舵舵机上的未配平的荷载对驾驶杆力的影响，或可能引起的舵机扰动量的大小而定。对于民用飞机而言，未配平的荷载对应的驾驶杆力不大于 10.8 N，配平系统的延时一般不超过 5 s。

10.2.2 通过驱动整个平尾自动驾驶仪俯仰配平的原理

有的大型飞机的驾驶杆不直接带动主操纵面，而是操纵调整片，由调整片产生的气动力来带动主操纵面偏转，这样的调整片称为操纵调整片。在这种情况下，调整片不作为配平气动荷载使用，而是作为操纵舵机的驱动机构。如 B707 的俯仰和滚转通道就是分别通过升降舵机调整片舵机和副翼调整片舵机进行控制。如果自动驾驶仪的舵机是通过驱动调整片来带动主舵面偏转的，而自动俯仰配平是根据操纵调整片的偏转量进行计算的，配平则是通过驱动整个平尾实现的。图 10.4 所示为 B707 飞机通过驱动整个平尾实现自动驾驶仪俯仰配平简化框图。

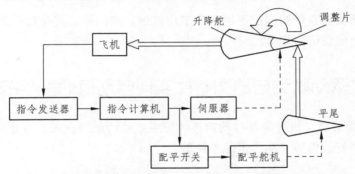

图 10.4　通过操纵调整片实现自动驾驶仪俯仰配平简化框图

10.2.3　通过驱动调效机构实现自动驾驶仪俯仰配平的原理

图 10.5 所示为通过调效机构实现俯仰配平的自动俯仰配平系统。由图 10.5 可见，在自动驾驶仪接通的所有俯仰方式下，自动俯仰配平装置都处于工作状态。由计算机产生的自动驾驶仪指令信号（A 点），一方面传输到控制增稳系统（B 点）；另一方面又传输到自动配平回路（C 点）。当其信号超过配平传动回路的阈值时，控制自动配平电机，通过变感力装置驱动驾驶杆，通过俯仰杆反馈回路的输出消除自动驾驶仪的输出，使之回到零。

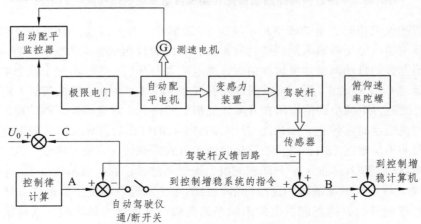

图 10.5　通过调效机构实现自动驾驶仪俯仰配平简化框图

为了监控自动配平系统的工作情况，自动配平监控器对配平回路的输入指令和自动配平电机的输出转速进行比较监控，当配平系统工作不正常时，可由计算机中的监控逻辑检测出来。

10.2.4　通过驱动水平安定面实现自动驾驶仪俯仰配平的原理

在大型飞机上，为了提高平尾的平衡能力，水平安定面在飞行中可以缓慢地改变其安装角，这样的水平安定面称为安装角可变的水平安定面。利用安装角可变的水平安定面进行俯仰配平是大型民用飞机常采用的俯仰配平方式之一，这样的自动俯仰配平的控制对象是水平安定面。

图 10.6 所示为一个简化了的水平安定面配平原理示意图。右边的马达驱动一个螺旋驱动

器，螺旋驱动器的螺母与水平安定面的前加强杆连接。水平安定面绕后加强杆转动，驱动螺旋驱动器，使水平安定面的前缘抬起或低下。

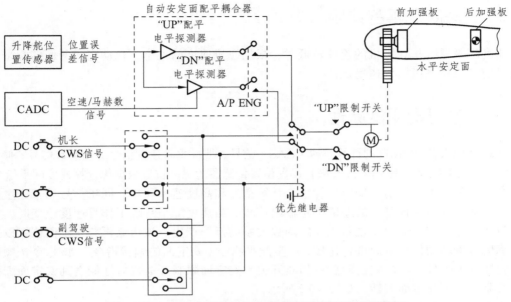

图 10.6 安装角可调的自动驾驶仪俯仰配平简化框图

自动安定面配平的基本控制信号是升降舵的位置。升降舵位置可以直接由位置传感器测量，或由操纵面的 LVDT 间接测量。自动安定面配平系统只有在升降舵偏离流线型位置很远时才会启动。如果电平探测器探测到升降舵偏离流线型位置太远，并延迟了几秒钟，则其中的一个电平探测器将驱动伺服电机，使水平安定面按需求向上或向下配平。当水平安定面在配平时，自动驾驶仪俯仰通道将升降舵保持在流线型位置的要求减小。当升降舵离流线型位置足够近时，电平探测器停止操纵伺服电机。

马达可以是电气控制液压驱动的，或电动马达，为了方便，这里所示的是一个直流电动马达。通常情况下，至少要有两个水平安定面马达，而且两个马达可以工作于同一个差动齿轮箱中。如果两个都在驱动，则操纵的速度将比只有一个马达的系统的操纵速度快，用于快速配平。也可能是有一个液压马达用于快速配平，另外一个电动马达用于低速配平。快速配平用于起飞和进近阶段，低速配平用于巡航阶段。自动驾驶仪配平时使用的是低速配平。

按压驾驶盘上的人工电配平开关或转动中央操纵台上的人工机械配平手轮都可以启动一个优先继电器，该继电器使由自动安定面配平耦合器产生的任何信号从马达上脱开，断开自动驾驶仪及自动驾驶仪配平系统。这样安排的原因是，如果飞行员需要配平水平安定面，说明自动驾驶仪没有很好地完成工作。

自动安定面配平耦合器除了图中所示的一套电平探测器外，还具有另外一套电平探测器，两套电平探测器完成的功能是一样的。监控系统一直在监控两套电平探测器的电平是否一致，如果不一致，就在驾驶舱中产生警告信号。

速度信号通常用于控制电平探测器的灵敏度。在巡航速度上，如果升降舵保持在偏离流线型位置 1/4°，则水平安定面系统将按进近或起飞时的情况进行配平。

10.3 速度配平

10.3.1 速度配平的功用

速度配平系统是在飞机的速度较低时，根据飞机速度的大小，自动完成的俯仰配平，其主要目的是保持飞机的低速稳定性。

10.3.2 速度配平的原理

FCC 利用来自 ADIRU 的计算空速（CAS）信号、惯性垂直速度信号、马赫数信号、倾斜角和迎角，来自 DEU 的 N1 信号以及来自襟翼位置传感器的襟翼位置数据等计算速度配平指令。

在速度配平工作之前，安定面配平，计算空速和高度速率同步。同步信号用于产生速度配平的基准，任何与该基准的差值都是输出信号。当速度配平系统工作且速度改变时，将有一个与基准信号和目前速度之差成一定函数关系的指令产生。该指令再与安定面位置以及高度速率信号等辅助信号一起进行比较，产生配平指令（安定面的偏转指令）。该指令按顺序通过驾驶杆开关组件、A/P 安定面配平切断开关和安定面限制开关之后才能送到安定面配平电舵机后驱动水平安定面偏转，如图 10.7 所示。

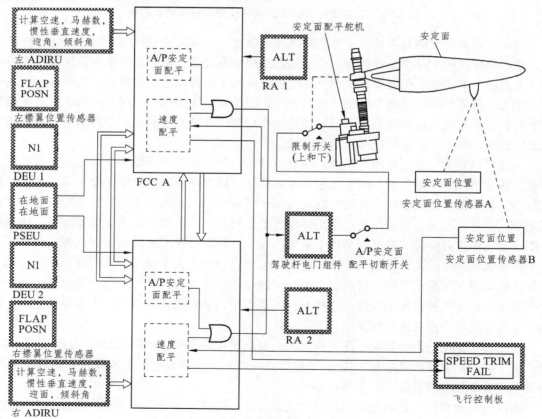

图 10.7 速度配平原理框图

　　速度配平控制安定面阻止速度发生改变。计算空速增加将产生抬头配平指令，并送到安定面；计算空速减小将产生低头配平指令，并送到安定面。当安定面位置运动到正确的位置时，来自安定面位置传感器的信号将使指令停止。

　　当速度减小时，FCC 配平安定面使飞机低头，为在抖杆迎角及慢车推力时进行速度配平做好准备。当安定面位置达到其限制值时，配平停止；当配平开始超过后杆切断位时，配平停止。若倾斜角大于 40°，则 FCC 停止速度配平。

10.3.3　速度配平的电源控制

　　配平伺服电机电源由 FCC 内部的自动驾驶仪安定面配平和速度配平电路控制。到离合器线圈的电源通过位于操纵台上的自动驾驶仪配平电路切断开关提供，当自动驾驶仪配平切断开关处于切断（CUT OUT）位时，马达和离合器线圈上的电源都将移去。安定面配平限制开关也会移除离合器线圈的电源；FCC 内部还有同时出现抬头指令和低头指令的短路保护电路，当同时出现这两种指令时，会移除离合器线圈的电源。

10.3.4　速度配平的条件和 FCC 的选择

　　速度配平在条件满足时自动进行。具体的条件每个飞机可能不完全相同，但大致包括以下这些：

　　（1）飞机离地 10 s 以后。

　　（2）没有人工电动配平 5 s 以上。

　　（3）两套 A/P 均未衔接。

　　（4）襟翼未收上，起落架已收上，或 CAS 小于 202 kt。

　　（5）速度配平功能有效。

　　所以，速度配平系统只在自动驾驶仪断开时工作，在襟翼收上时速度配平系统将自动终止。

　　每一个 FCC 都可以提供速度配平指令，但同一时刻只有一个通道可以接通，处于指令状态的系统的选择是由空地开关输入信号轮流交换选择的，比如，如果前一个航班 FCC A 处于指令状态，则本次航班使 FCC B 处于指令状态。

10.3.5　速度配平故障显示

　　当两个速度配平系统都失效时，速度配平失效（SPEED TRIM FAIL）信号灯燃亮。如果只是一个系统失效，将自动转到第二套系统上，所以，只有一个系统失效时信号灯不会燃亮；但是，主警戒系统会记录单系统失效。当系统失效时，按压主警戒系统信号灯组件会接通速度配平失效（SPEED TRIM FAIL）信号灯。

10.4　马赫配平

10.4.1　马赫配平系统的功用

马赫配平系统是在跨声速飞行时，克服由于马赫数增大和气动力焦点后移而使飞机自动进入速度不稳定匀形区域，操纵驾驶杆会出现反操纵的现象，并根据马赫数的大小自动完成的俯仰配平。

当飞机进入跨声速飞行时，翼面上方将出现局部的超声速区（低压区），超声速区将随着马赫数的增加而向后扩展，造成焦点后移，产生使飞机低头的力矩，如图 10.8 所示。为了使飞机在高速飞行下处于平衡状态，马赫配平系统以飞机的马赫数作为函数自动地调整水平安定面的安装角或转动升降舵舵面，以补偿焦点后移所产生的低头力矩，自动平衡纵向力矩。

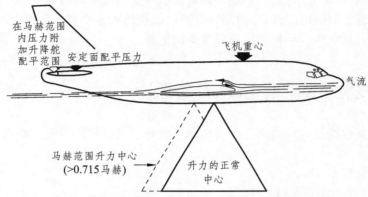

图 10.8　飞机速度增大，引起焦点后移，产生低头力矩

马赫配平功能在自动驾驶仪是否接通的情况下都起作用。飞机襟翼收起后，若速度大于一定的马赫数（如波音 737 飞机为 0.615 马赫，波音 757 飞机为 0.75 马赫）时，马赫配平系统自动进入工作。马赫配平系统给出升降舵上偏的指令，以保持机头水平。

当飞机在地面和飞机起飞后襟翼未收起，或襟翼收起后，马赫数较小时，马赫配平系统均不工作。

10.4.2　马赫配平系统配平量与马赫数的关系

马赫配平系统中，配平作动面的偏角是马赫数的函数。表 10.1 给出了某型飞机马赫数与配平作动面偏角的典型点的对应关系。

表 10.1　某型飞机马赫（Ma）数与马赫配平作动面的偏转角度典型点的对应关系

马赫数（Ma）	0.79	0.8	0.82	0.85	0.88	0.90	0.92
配平作动面偏转角度	0	0	0.08	0.4±0.12	0.8±0.25	1.08±0.25	1.36±0.25

由表 10.1 可见，马赫数配平系统应使马赫配平作动面的偏角依据马赫数的值进行调节。

马赫配平系统在马赫勺形区域以马赫数为函数自动驱动升降舵扇形齿轮。来自大气数据计算机的马赫数用于产生伺服器的位置指令信号，该信号施加到马赫配平舵机。当飞机速度处于马赫勺形区域速度范围时（如波音737NG的马赫配平范围为 0.615 ~ 0.85），马赫配平舵机驱动升降舵偏转，产生使飞机抬头的信号，以防止飞机产生低头的运动。

马赫配平舵机在不改变感觉/力特性的情况下改变驾驶杆中立点的位置。

马赫配平舵机位于升降舵感觉定中组件上，当舵机运动时，它就转动感觉定中组件。

10.4.3　马赫配平的条件

马赫配平的条件有：

（1）马赫数大于一定值。

（2）飞机在空中。

（3）马赫配平状态有效。

（4）输入 115 V 交流电可用。

10.4.4　马赫配平系统的工作情况

马赫数配平系统不管自动驾驶仪衔接与否都会工作。

当 A/P 断开时，感觉定中组件给升降舵动力控制组件（PCU）提供输入，使升降舵运动。来自马赫配平舵机的信号告知 FCC 感觉定中组件移动了多少。

当 A/P 衔接时，因为 A/P 升降舵舵机将升降舵输入扭矩管锁定，使 PCU 的输入连杆不能动，所以，感觉定中组件不能给升降舵的 PCU 提供输入。但是，马赫配平舵机将转动中立偏移传感器。来自中立偏移传感器及升降舵位置传感器的信号送到 FCC，FCC 知道中立偏移位置发生了改变而升降舵位置没动，就计算一个 A/P 信号，使 A/P 升降舵舵机运动，从而使 PCUs 的输入连杆运动。AP 衔接后的马赫配平系统框图如图 10.9 所配示。

10.4.5　选择 FCC 进行马赫配平

马赫配平系统选择逻辑用于确定哪一个 FCC 提供马赫配平控制。当 FCC 上电时，如果 A 通道的马赫配平系统有效，则 A 通道将被选为马赫配平控制通道。如果在上一个航段中使用的是 A 通道，则会有一个空地开关提供触发信号，以便在本航段选择 B 通道为马赫配平系统控制通道，反之亦然。但是，如果先前的马赫配平系统有效逻辑不满足，则会由本侧通道提供马赫配平控制。

10.4.6　马赫配平故障显示

飞行控制组件上有一个马赫配平失效灯（MACH TRIM FAIL），其接地信号流经继电器 K1 和 K2 的释放触点，如果任何一个 FCC 马赫配平系统失效，则相应的继电器（K1 或 K2）释放。

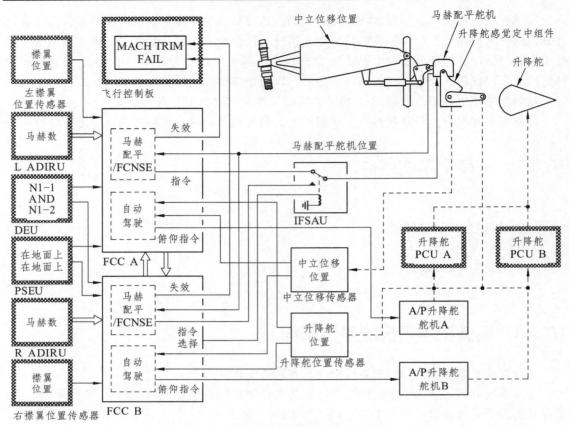

图 10.9　AP 衔接后马赫配平系统框图

　　只有两个马赫配平系统失效才能使马赫配平失效灯燃亮，并使主警告灯燃亮，这些灯可以被复位。如果马赫配平失效已经发生，则按压再现按钮将引起一个接地信号使警告灯燃亮。

10.5　俯仰配平系统的控制、显示和使用

10.5.1　人工电配平控制开关

　　此电门安装在驾驶盘上，如图 10.1 所示。该电门是一个由弹簧保持在中立位的三位电门，电门向后按，发出使飞机抬头的配平指令，电门向前按，发出使飞机下俯的配平指令。此电门主要用于起飞和着陆过程中的快速配平。

10.5.2　人工机械配平手柄（手轮）及俯仰配平显示器

　　人工机械配平手柄或手轮及俯仰配平显示器如图 10.2 所示，安装在中央操纵台侧面，主要用于巡航中的慢速人工配平。

安定面配平指示器用来指示安定面配平的单位，刻度盘为带型，刻度因飞机不同而稍有不同。刻度盘上有一绿区，飞机起飞时，人工配平安定面，应使指示器上的指示指在该区，否则会引起起飞形态警告。

10.5.3　安定面配平切断开关

安定面配平切断开关用于切断配平电源。正常情况下，该开关在接通位，并由保护盖盖住。安定面配平切断开关用于控制配平的电源。正常情况下，该开关在 NORM 位，并由保护盖盖住，此时配平电源可用。揭开保护盖，并将电门置于 CUT OUT 位置，切断配平的电源。该开关如图 10.10 所示。

10.5.4　水平安定面失去配平警告灯

如果收到配平指令后 10 s 内水平安定面不运动，或 A/P 舵机转动量过大，且超过了 10 s钟，或升降舵的指令过大，且超过了 10 s，都会导致水平安定面失去配平警告灯燃亮。水平安定面失去配平警告灯如图 10.11 所示。

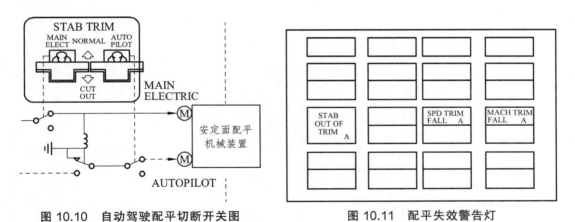

图 10.10　自动驾驶配平切断开关图　　　　　图 10.11　配平失效警告灯

10.5.5　自动配平的优先权和使用

在所有的水平安定面配平中，人工配平的优先权高于自动配平。在人工配平中，机械配平的优先权又高于人工电配平。在自动配平中，自动驾驶仪配平的优先权高于速度配平。自动驾驶仪配平是可以和马赫数配平同时进行的。马赫配平和速度配平之间在优先权上没有关系。

一旦飞行员在配平轮上施加足够的力，其他配平方式都会被超控。飞行员按压了人工电气配平电门，则自动配平会自动终止。

按压中央操作台上的人工电配平切断电门（见图 10.10），将断开人工电配平电源。

注意：一旦自动配平被超控，则自动驾驶仪也会断开。也就是说，在人工配平的情况下，自动驾驶仪是不工作的。

复习思考题

1. 简述俯仰配平的功用。
2. 通过控制哪些操纵面可以实现俯仰配平？
3. 简述自动俯仰配平的作用和必要性。
4. 自动俯仰配平有哪几种？
5. 简述自动驾驶仪自动俯仰配平的种类和各种配平的原理。
6. 简述速度配平的条件和原理。
7. 简述使用马赫配平的原因、条件和原理。
8. 简述当自动驾驶仪配平、速度配平、马赫数配平失效时的通告方法和处理方法。

11 偏航阻尼器系统

11.1 偏航阻尼器的功用

在亚音速飞机上，为了防止机翼上表面的气流速度达到音速，采取了将机翼后掠大约35°的措施，由此，引起了飞机方向的不稳定性，造成了不可避免的荷兰滚运动，而且所有亚音速喷气式飞机在飞行中都存在荷兰滚运动。

荷兰滚运动是一种连续的振荡，在这种运动中，当飞机向左滚转时，首先向左偏航，然后向右滚转，并向右偏航，然后再向左滚转，并向左偏航，如此循环振荡，如图11.1所示。一个完整的振荡需要的时间因飞机的不同而不同，一般为3~5 s，但是对于一个特定的飞机而言，这个时间却是固定的。

在大多数飞机上，偏航阻尼器都有两个功用，一个是将飞机的荷兰滚运动减小到可接受的程度。另外一个是实现协调转弯。

偏航阻尼器是方向舵通道的自动控制系统，它根据空速和偏航角速度信号，经处理，适时提供指令使方向舵相对荷兰滚运动的反方向偏转，从而增大偏航运动阻尼，减小荷兰滚运动。

特别提醒的是，荷兰滚运动只是减弱，而不是清除，这是因为控制荷兰滚运动的信号必须来自荷兰滚运动本身。

偏航阻尼器可以在人工驾驶飞机时用，也可以在自动驾驶仪操纵飞机时与自动驾驶仪合用。

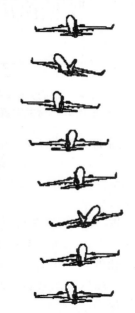

图 11.1 荷兰滚运动引起的有害飞机运动

11.2 偏航阻尼器的原理

11.2.1 速率陀螺和偏航阻尼滤波器的输出信号

图 11.2（a）所示为飞机从直线飞行快速转换为以恒定的转弯率向右转弯，最后又回到直线飞行时的轨迹。

图 11.2（b）所示为飞机按这个飞行轨迹飞行时速率陀螺的输出信号，它代表了由速率陀螺产生的 400 Hz 同步信号。在飞机直线飞行过程中，同步器中无信号输出，在它以恒定的转

弯率转弯过程中，输出信号是一个具有一定方向的等幅信号。

图 11.2（c）所示为经解调和滤波后荷兰滚滤波器输出的直流信号。从图中可以看出，只有转弯率发生变化期间，荷兰滚滤波器才有信号输出。比如，在飞机从直线飞行改为按恒定转弯率右转弯的过程中（左边），荷兰滚滤波器的输出信号增加，并在转弯率恒定后减小为零；在飞机从按恒定转弯率右转弯改为直线飞行的过程中（右边），荷兰滚滤波器的输出信号增加，但极性和左边相反，并在转弯率恒定（直线飞行）后减小为零。

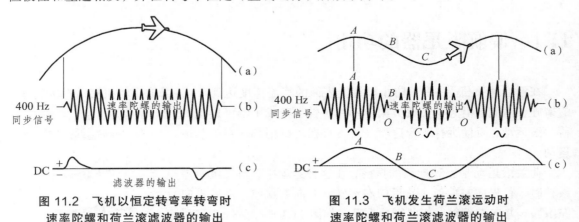

图 11.2　飞机以恒定转弯率转弯时　　　　　图 11.3　飞机发生荷兰滚运动时
速率陀螺和荷兰滚滤波器的输出　　　　　速率陀螺和荷兰滚滤波器的输出

图 11.3（a）所示为在荷兰滚机动飞行中，飞行轨迹和转弯率的改变情况。在荷兰滚机动飞行中，转弯率是不断变化的。从左边转弯率为零开始，在第一个顶点（A 点）达到最大右转弯率，并在第一个顶点和最低点的中间（B 点）减小到零，并在最低点处（C 点）变为最大左转弯率。

图 11.3（b）所示为飞机按这个飞行轨迹飞行时速率陀螺的输出信号，它代表了由速率陀螺产生的 400 Hz 同步信号。由于转弯率是不断变化的，所以速率陀螺的输出也是不断变化的。400 Hz 同步输出曲线在左边转弯率为零时没有信号，在右转弯时信号增加到最大；在以恒定转弯率转弯过程中，信号变为零；在左转弯过程中信号又达到最大，但方向相反。

图 11.3（c）所示为经解调和滤波后荷兰滚滤波器输出的直流信号，当转弯率最大时，直流信号最大；当转弯方向相反时，直流信号也相反。

从上面的分析可以看出，当飞机发生荷兰滚时，偏航速率陀螺将感受飞机在垂直轴（偏航轴）的摆动，输出角速度信号，并送给荷兰滚滤波器。滤波器滤除飞机正常转弯时的低频信号和飞机振动产生的高频信号，仅输出频率范围在 1/5 ~ 1/3 Hz 的飞机荷兰滚信号。

11.2.2　偏航阻尼器的原理

图 11.4 所示为传统的偏航阻尼器的原理框图。图中主要包含了 3 个部分，图左边是来自速率陀螺的偏航速率信号、偏航阻尼计算机和偏航阻尼器舵机。

偏航阻尼计算机的功用是根据速率陀螺的输出信号形成偏航阻尼指令信号。它包含了 3

个主要的功能部件，整形器的作用是完成信号的转变、平滑、减弱和限制。荷兰滚滤波器是一个频带很窄的带通滤波器，其作用是通过频率范围在 1/5 ~ 1/3 Hz 的荷兰滚信号，削弱频率范围不在荷兰滚范围的信号。增益控制器的作用是根据来自大气数据计算机的空速控制增益。偏航计算机的输出是方向舵驱动指令，以驱动方向舵偏转。

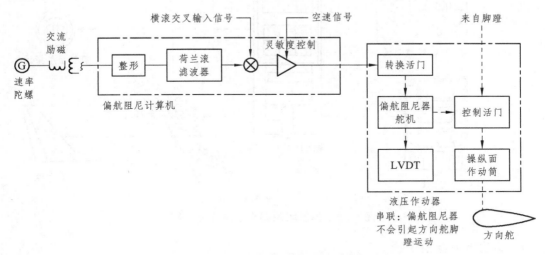

图 11.4　偏航阻尼器的原理框图

偏航阻尼器的原理如下：无论飞机是否发生荷兰滚，在荷兰滚滤波器之后，都引入了来自横滚通道的交叉信号，偏航阻尼计算机将根据该信号计算出方向舵的偏转指令，以实现转弯速率和转弯时坡度的协调配合，从而实现协调转弯。

当飞机发生荷兰滚时，偏航速率陀螺将感受飞机垂直轴（偏航轴）的摆动，输出角速度信号，并送给荷兰滚滤波器。滤波器滤除飞机正常转弯时的低频信号和飞机振动产生的高频信号，仅输出频率范围在 1/5 ~ 1/3 Hz 的飞机荷兰滚信号。该信号经放大后，送至转换阀控制液压油路的方向。偏航阻尼器舵机接受转换活门传来的液压油动作，与方向舵脚蹬输入相综合，移动方向舵的主舵机，操纵方向舵偏转。同时，偏航阻尼器舵机的运动将带动位置传感器产生回输信号，供指示器指示偏航阻尼器驱动方向舵时舵面偏转的方向，并抵消偏航角速度信号，使舵面在偏摆停止时，回到原始位置。

所以，偏航阻尼器只对飞机的荷兰滚产生阻尼，而不会对飞机的正常转弯产生阻尼。

11.3　偏航阻尼器的组成和使用

11.3.1　偏航阻尼器的组成

偏航阻尼器由偏航阻尼指示器、偏航阻尼控制板、偏航阻尼计算机和偏航阻尼伺服系统等组成，如图 11.5 所示。

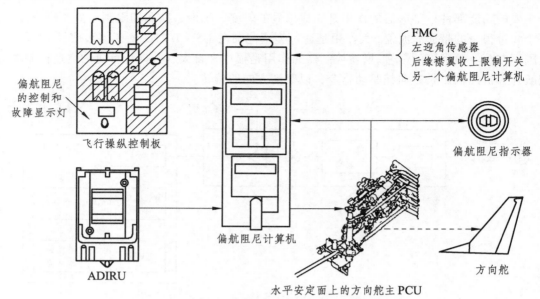

图 11.5　偏航阻尼器系统组成方块图

1. 偏航阻尼器指示器

偏航阻尼器指示器用于指示偏航阻尼器驱动方向舵时,舵面偏转的方向和大小,如图 11.6 所示。当偏航阻尼器驱动方向舵向左偏转时，指示器的指针向左移动；反之，向右移动。

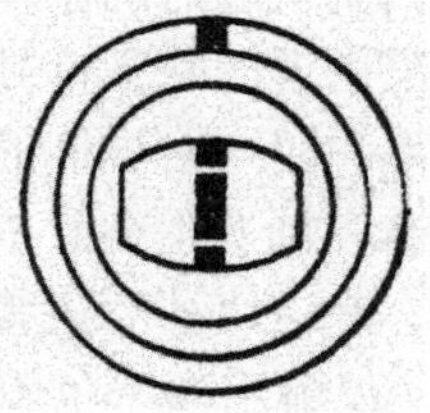

2. 偏航阻尼器计算机

偏航阻尼器计算机包括电源组件、波形整理组件、偏航阻尼滤波器组件、增益控制组件以及内嵌式机载测试设备（BITE）等。它是偏航阻尼器的核心部分，用于产生偏航信号或接收偏航信号，经滤波处理和计算后，输出荷兰滚信号到方向舵动力控制组件去控制方向舵。在很多飞机上，不再使用专门的偏航阻尼计算机，而是将失速管理计算机和偏航阻尼计算机组合在一起，称为失速管理偏航阻尼器（Stall Management Yaw Damper，SMYD）。

图 11.6　偏航阻尼器指示器图

3. 偏航阻尼器控制板

偏航阻尼器控制板与飞行操纵控制板一起，一般安装在驾驶舱前顶板上。板上有偏航阻尼器的接通/断开开关和偏航阻尼器警告灯，如图 11.7 所示。接通/断开开关用于接通或断开偏航阻尼器。警告灯为琥珀色，任何时候，只要偏航阻尼器故障，此灯就亮，同时也会引起飞行操纵警告灯和主警告灯亮。

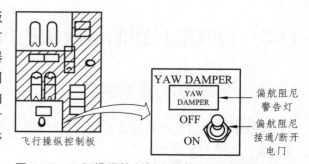

图 11.7　飞行操纵控制板上的偏航阻尼器控制部分

4. 偏航阻尼器伺服系统

偏航阻尼器伺服系统包括方向舵位置传感器、方向舵转换阀、电磁阀和偏航阻尼舵机等。

11.3.2　偏航阻尼器的使用

偏航阻尼器一般在起飞前接通。无论是自动飞行，还是人工飞行，飞行中偏航阻尼器都要始终处于接通状态。

人工驱动方向舵的液压系统出现故障，偏航阻尼器将自动断开。偏航阻尼器断开后，琥珀色的 YAW DAMPER 灯燃亮。

复习思考题

1. 什么是荷兰滚运动？
2. 什么样的飞机会产生荷兰滚运动？
3. 简述偏航阻尼器的基本原理。
4. 简述速率陀螺和荷兰滚滤波器的作用。
5. 为什么偏航阻尼器只能减小荷兰滚运动，而不能彻底消除荷兰滚运动？
6. 根据偏航阻尼器原理框图说明偏航阻尼器对方向舵脚蹬是否有影响，对飞机的正常转弯运动是否有影响。
7. 简述偏航阻尼器的组成及各主要组成部件的功用。

12　电传飞行控制系统

12.1　飞机电传操纵系统的定义和发展

飞行操纵系统的任务是将驾驶员的指令传递到各飞行舵面,其传递方式经历了数次变革。从最早的钢缆传递方式,到后来的液压助力方式;从功率和信号一起传递的方式,到功率和信号分别传递的方式。目前,飞机操纵方式逐步过渡到了电传操纵,即将飞行员的操纵量(如驾驶杆和脚蹬的位移或力)变换为电气指令信号,通过舵机系统将电气指令信号转换成操纵机构的机械位移,带动飞机舵面、控制飞机运动。电传操纵取消了笨重的机械传动机构,减轻了飞机质量。同时减小了机械传动机构中的间隙、摩擦等非线性影响。

通常说的电传操纵(Fly-By-Wire,FBW)包括两层含义,一是指令电传(Command-By-Wire,CBW),即将驾驶员操纵指令通过电子器件和机载总线传递到飞行舵面控制器;二是功率电传(Power-By-Wire,PBW),即将飞机动力转换为电能通过功率电子器件传递、再将电能转换为机械能传递到各飞行舵面。20 世纪四五十年代硅谷的崛起,集成电路和计算机技术高速发展,人类可以制造复杂功能的高精度电子控制器。到 20 世纪七八十年代,电力电子技术取得长足进步,人类可以安全可靠传递大功率电能。这些技术孕育了 CBW 和 PBW 技术,推动了 FBW 的应用。空客第一架 PBW 是 1987 年的 A320 飞机,波音第一架 PBW 飞机是 1994 年的 B777 飞机。早期 PBW 系统是作为机械操纵系统的备份系统存在,随着技术发展目前主流飞机将机械操纵系统作为 PBW 的备份系统。波音最新的 B787 飞机则是纯 PBW 设计。

12.2　电传飞行控制系统的含义

12.2.1　电传飞控系统架构

电传操纵系统对应的飞控系统称为电传飞控系统,一般意义上的飞行控制实质包含 3 个部分:飞行管理、飞行指引和飞行控制,分别对应飞行管理系统(Flight Management System,FMS),飞行指引系统(Flight Director System,FDS)和飞行控制系统(Flight Control System),三者相互关系如图 12.1 所示。飞行管理系统 FMS 构成外回路,控制飞机的飞行路线,对民航运输机而言就是航线,FMS 根据航线图上的航路点,生成飞机航向指令。自动驾驶飞行指引系统(Autopilot flight Director System,AFDS)构成中间回路,控制飞行轨迹。由飞行控制单元（Flight Control Unit，FCU）或控制板提供输入。电传飞行控制系统和驾驶员操作装置构成内回路，直接控制飞行姿态。

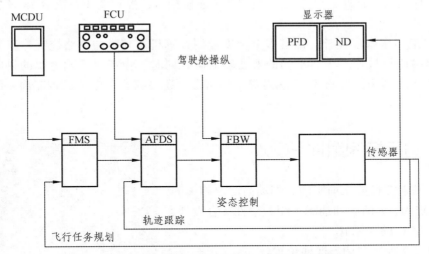

图 12.1　飞行管理、飞行指引和飞行控制三者关系

12.2.2　作动器控制电子装置（ACE）

图 12.2 为典型电传飞行控制系统示意图，位于每个操纵舵面附近，主要包括机载总线、作动器控制电子装置 ACE（Actuation Control Electronics）和功率控制单元（Power Control Unit，PCU）。PCU 是连接操纵舵面的继承液压单元，接收电子信号将液压能转换为机械能传递到飞行舵面。ACE 是控制核心单位，通过机载总线（如 ARINC629）接收来自飞控计算机（Flight Control Unit，FCU）的指令，ACE 产生驱动电流控制 PCU 单元，它接收来自 FCU 的

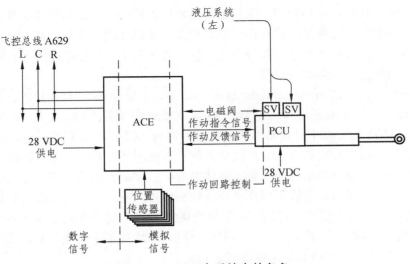

图 12.2　ACE 在系统中的角色

指令（通过数据总线传递），综合传感器 LVDT 的作动器位移实时信号，通过舵机控制律软件解算出舵面位移指令，生成对应的阀门控制信号，并通过功率放大电路转换为阀门驱动电流，完成闭环控制。此外，ACE 还控制供油电磁阀接口，控制液压系统给 PCU 提供液压驱动力。

ACE 一般为多余度设计，即有多个余度控制计算机及其附加电路控制一套 PCU，ACE 通过供油电磁阀可接通左中右不同的液压动力源，同时可由来自不同电源的供电汇流条供电。在设计 ACE 余度时，不仅考虑内部工作情形，还要综合考虑整机各舵面系统，做到全局优化。

12.2.3　功率控制组件 PCU

民航飞机常常将液压伺服阀、作动筒以及相关的溢流阀、电磁阀、关断阀和油滤等相关附件综合设计，形成 PCU。PCU 的作用有：

（1）响应飞控指令调整舵面位置。

（2）作为结构件承受飞行负载，使飞机避免因气动力或不稳定导致颤振。

电传飞机的 PCU 有不同的形式，主要有电液伺服作动器、电静液作动器（EHA）和机电作动器等。PCU 由左中右不同的汇流条供电。B737 NG PCU 示意图如图 12.3 所示。

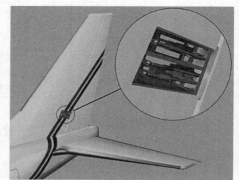

图 12.3　B737 NG PCU 示意图

12.2.4　电传作动器

12.2.4.1　电液伺服作动器

传统舵机使用机械操作伺服阀，飞行员通过机械连杆改变伺服阀阀芯位移改变伺服阀输出流量大小，这条机械连杆又和作动器活塞杆相连，可以反馈活塞杆位移，从而对伺服阀阀芯运动形成阻尼，让阀控作动系统保持稳定。这种方式的优点在于原理简单，可靠性高，缺点在于结构相对笨重，且频率响应慢。

电液伺服作动器（Electro-Hydraulic Servo Actuator）通过 ACE 对其控制，取消了机械反馈连杆，取而代之的是电子位移传感器-线性可变差动变送器（Linear Variable Differential Transformer，LVDT）。LVDT 将作动器活塞位移传递给 ACE，ACE 接收并处理来自飞控计算机的数字电传指令或直接链指令，和反馈位移信号形成闭环控制，并结合其他飞行状态信息解算出舵机控制律，最终输出电液伺服阀驱动电流控制作动器运动。相比之前的机械反馈方式，采用 LVDT 信号反馈的电液伺服作动器结构更轻巧。电液伺服阀动态性能好、控制精度高，LVDT 的动态性能很出色，使用了电液伺服阀和 LVDT 的电液伺服作动器频率特性好，利于实现高速高精度控制。且 ACE、作动器以及机载总线都是多余度控制，其可靠性优于传统机械反馈方式。FBW 作动器结构如图 12.4 所示。

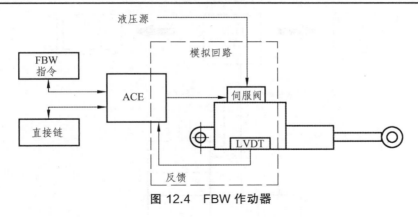

图 12.4 FBW 作动器

12.2.4.2 电静液作动器

电静液作动器（Electro Hydrostatic Actuator，EHA）是电液伺服阀作动器的改进版本。虽然电液伺服作动器有很好的动态性能和控制精度，但基于伺服阀的控制回路使用节流调节原理，液压系统存在固有节流损失，其能量效率不高。作动器处于静止状态时，其油源系统也需要保持高压，这时依然会消耗液压能，这些多余的液压能会通过溢流回路回到液压油箱，溢流过程能量通过散热方式损耗。

EHA 改变了这种方式，它不再依赖飞机主液压油源供油，其自身包含局部油源。该局部油源包括变速电机和液压油泵以及相应的驱动电子装置。当没有指令时，EHA 保持待机状态，作动器无须加压，这样就大大节省了能量；当指令到来，ACE 的输出并不连接伺服阀线圈，而是变速马达的驱动组件，通过驱动组件驱动变速电机工作，从而驱动液压泵加压，由液压泵输出直接驱动作动器工作。每个 EHA 是一个独立局部液压系统，不需要飞机主液压油源供油。这种方式在机身内部减少了液压管路的排布，增大了机身空间并改善了空间使用的灵活性，且只有在舵面工作时启动，节省了大量能源。EHA 原理图如图 12.5 所示。

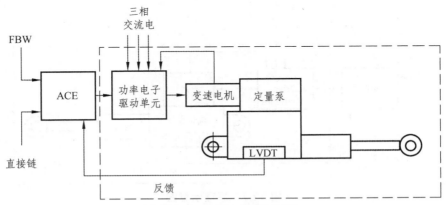

图 12.5 EHA 原理示意图

目前，EHA 还未得到广泛应用，A380 飞机选择了一种叫 EBHA（Electric Backup Hydraulic Actuator）的折中方式，如图 12.6 所示。EBHA 有两种模式，在正常模式，接收主液压系统动力；在备用模式，使用交流电驱动电机再驱动局部液压泵供压。

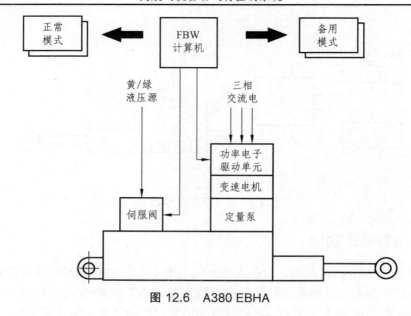

图 12.6　A380 EBHA

12.2.4.3　机电作动器

机电作动器（Electro-Mechanical Actuator，EMA）比 EHA 走得更远，EMA 完全取代液压作动技术，改用电机和减速器组件产生驱动力驱动作动器运动。在 EMA 系统中，ACE 同样产生电机驱动指令，只是这个电机不再驱动液压泵，而是经过减速器驱动滚珠丝杆机构将旋转运动转换为直线运动，最后推动飞控舵面运动。EMA 无任何液压环节，是典型多电动器。但作为飞控舵机作动器目前还存在一些缺陷。比如，一般要求飞控舵机在出现故障时进入旁通或阻尼模式，这对液压系统很容易做到，但对 EMA 却不容易。目前空客在 A380 飞机副翼舵面部分采用 EMA 作动，波音在 B787 的刹车系统使用 EMA 作为刹车作动器。EMA 原理图如图 12.7 所示。

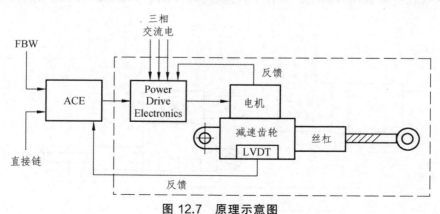

图 12.7　原理示意图

12.2.5　机载总线

机载总线也是电传飞控系统的重要组成部分。ACE 和飞控计算机，飞控计算机之间通信都是通过机载总线实现。机载总线作为飞控系统各部件数据链路载体，传递各种指令信号、传感器数据、控制律数据以及监控信息。机载总线的种类有 MIL-STD-1553B、ARINC429、ARINC629 和 AFDX（ARINC664）等。1553B 总线是 2 余度构型，B777 采用了 3 余度的 ARINC629 控制总线，B878 和 A350、A380 则采用了更新的 AFDX 总线。

表 12.1　飞控系统常用机载总线

总线类别	带宽/MB	通信模式	支持终端数量	余度
ARINC429	100	单工	20 个	单余度
1553B	1	半双工	32 个	双余度
ARINC629	2	双工	120 个	三余度
AFDX	100	全双工	不限	双余度

12.2.6　电传控制律

所谓控制律（Control Law），是指飞控计算机的输出指令和输入信号之间的关系，这些指令使飞机按照设定的飞行品质和飞行限制移动。从安全和余度考虑，电传控制律包括正常控制律、备用控制律、直接链控制律以及机械恢复模式。

（1）正常控制律：当电传飞控系统处于正常构型时使用的控制律，提供基本控制，包括高操纵品质控制、姿态限制、姿态变化率限制，以及传感器信号处理、故障保护算法等。

（2）备用控制律：当电传飞控系统出现故障(比如飞控计算机、传感器以及液压电力通道出现双故障）时，系统将切换到备用控制律。备用控制律能够完成基本控制，但不能实现高操纵品质控制。

（3）直接链控制律：直接链控制是将飞行员操纵杆指令直接传递到飞控舵面的控制方式，是最低级别的数字控制律。直接链控制律仅有人工配平、重心及构型限制等基本功能，不能实现控制保护功能。

（4）机械恢复模式：当液压动力丢失时，电传飞控系统会处于机械恢复模式。在该模式，可实现配平和方向舵脚蹬的人工控制，以及在允许情况下机械操纵飞机着陆。

12.3　电传飞行控制系统的优缺点

同机械操纵系统相比，电传飞行控制系统的优点如下：

（1）减重。FBW 组件体积和重量更小，相应其飞行舵面也设计得更小。

（2）闭环控制。FBW 系统通过飞控计算机接收驾驶员指令，计算出飞行舵面所需位移和速度，根据传感器获取的舵面位移速度实时调整，实现更好的控制速度和控制精度。

（3）操纵品质。电传系统减轻了机械系统中固有的非线性、摩擦、滞环等影响，可以设计更高品质的飞行控制律。

（4）自动稳定。FBW 集成各传感器信息，可在无驾驶员指令输入情况下自动生成控制指令，自动控制飞行舵面保持飞机稳定。

（5）安全性和余度设计。FBW 容易实现多余度设计，可以实现更好的安全性。FBW 集成内置检测设备 BITE（Built-In-Test Equipment），又称自检测设备，可以自动化很多行前检查步骤，减轻了机组和地勤人员行前检查的负担。

电传飞控系统存在的问题：

（1）系统结构比同功能机械系统更复杂。一般来说 FBW 需要比机械系统更多的余度配置和监控设计。

（2）系统易受雷击和电磁脉冲的干扰。需要指出，受此影响的除了 FBW 之外，还有几乎所有的航电设备。在大量依靠航电设备飞行的今天，使用机械操纵系统也不能回避此问题。

12.4　飞行操纵未来的发展方向

12.4.1　光传操纵

光传操纵（Fly-By-Optics，FBO），FBO 相比 FBW，可提供更高的传输率，不受电磁干扰影响且质量更轻。FBO 和 FBW 很多部分是兼容的，部分应用只需用光缆替换电缆即可。

12.4.2　无线操纵

无线操纵（Fly-By-Wireless）。电传操纵系统比机械系统更轻便，但大型飞机的电缆数量仍不可忽视。飞机上很多关键故障都是由于线缆和连接器引发，无线操纵通过去掉电缆而减轻质量，同时也去掉了针对线缆和连接器的排故时间，更利于飞机运行和维护。

复习思考题

1. 什么是电传操纵系统？
2. 简述电传操纵系统的优点和缺点。
3. 简述电传操纵系统是如何实现系统的可靠性的。
4. 电传操纵系统包含哪些部件？
5. 电传作动器的类型有哪些？

13 自动飞行控制系统的余度技术

飞行安全始终是飞机系统设计必须考虑的问题。自动飞行控制系统使用的是数字式电传操纵系统或数字式自动飞行控制系统，在其性能提升的同时，其安全性也要提升到相匹配的水准。解决这个问题有两种途径：一种途径是进一步提高元部件的可靠性，这是有限的；另一种有效方法是采用余度技术，即采用多重可靠性较低的、相同或相似的元部件组成可靠性较高的系统，通常称这样的系统为冗余系统或余度系统。随着电子技术的发展，FBW 飞控系统的元部件制造工艺长足进步，可靠性日益提高，飞控系统可靠性也随之提高，但这是不够的。通常传统的机械或液压控制系统失效方式是缓慢渐变的，但飞行控制计算机可能会瞬间迅速失效，使飞机无法控制。因此，大多数 FBW 飞行系统都包含余度计算机（三余度，四余度等），并保留机械或液压备份或二者的组合。机械备份可以绕开控制系统直接向飞行员反馈飞机姿态高度等信息。

为了保证飞行控制系统的可靠性，目前飞行控制系统对软件及硬件都毫无例外地采用了多余度配置方式，构成二余度或三余度系统，即系统中上述各主要部件采用二或三套，并按一定的管理模式工作，而电传飞行操纵系统通常采用三余度或四余度配置。

余度系统是利用多重设备执行同一指令、完成同一任务而布局的系统。不应将余度系统理解为多重硬件和软件资源的简单重复，或多重系统为实现同一目的而单纯的并行工作。余度系统除具有硬件/软件重复配置的特点之外，还必须具备行之有效的余度管理功能。余度设计通过为系统增加多重资源（硬件与软件的重复配置），实现对多重资源的合理管理，从而提高产品和系统可靠性。可见，余度技术的两个要素是：合理的余度布局配置和完善的余度管理方案。

13.1 余度构型

余度构型有多种方式，需要考虑系统安全性可靠性要求并根据现有技术条件合理实施。这里介绍航空业常用的 3 种基本方式：备用余度，N 模余度以及 $1:N$ 余度。

13.1.1 备用余度

系统采用和主设备相同的辅助设备作为备用设备，辅助设备通常不会监控系统，备用单元通常不与主单元保持同步。因此，当它要接管主设备时，需要协调其输入和输出信号。备用设备的输出可能和主设备的最后输出不一致，因此系统在切换时可能出现跳变。

这种模式需要第三方作为看门狗监视系统以决定何时满足切换条件，并命令系统将控制权切换到备用单元和选举器，选举器是决定何时切换的组件以及哪个组件单位给予当前系统的控制权。备用余度有两种基本类型，即冷备用和热备用。

1. 冷备用

在冷备用状态下，辅助单元关机以保持设备可靠性，这种方式如图 13.1 所示。这种设计的缺点是切换停机时间大于热备用时间，因为必须等待启动备用单元以联机，启动过程需要一定时间。如何保证切换时同步是难题，比如当前单元 1 输出 5.2 mA 的控制电流，而单元 2 接管工作时，其控制律计算输出很有可能不是 5.2 mA，这时切换会对系统造成冲击。

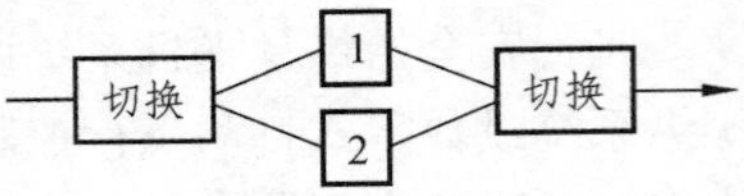

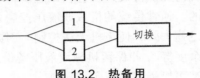

图 13.1　冷备用

2. 热备用

在热备用中，辅助单元通电并可以选择监视主单元。辅助单元同时作为看门狗和/或表决器决定何时切换，不需要其他设备参与。这种设计使得备用单元的可靠性不及冷备用设计。但是，它缩短了停机时间，增加了系统的可用性。

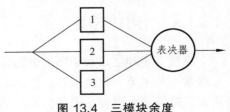

图 13.2　热备用

13.1.2　双模块余度

双模块余度（Dual Modular Redundancy，DMR），简称双余度，基本原理结构如图 13.3 所示。使用两个功能等效单元，二者任一都可以作为主单元。这种方式的难点在于确定何时切换到辅助单元。因为两个单位都在监视应用程序，所以如果两者都不同意，如何决策？解决方法是：或者采用决胜局投票，或者默认辅助单元更可信，获取主控权。如果主设备正常控制，并且辅助设备上运行常规诊断以帮助确保其可靠性，则可以更多地信任辅助设备，但依赖于具体应用场景。

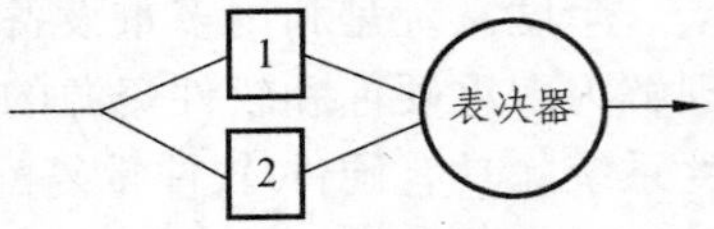

图 13.3　双模块余度

需要指出的是，热备份余度和双模块余度非常相似。二者主要区别在于主要和次要的同步程度。DMR 完全同步主要和次要单位。

13.1.3　三模块余度

三模块余度（Triple Modular Redundancy，TMR），简称三余度，使用 3 个功能相同的单元来提供冗余备份，基本结构如图 13.4 所示。航空航天领域由于失效成本非常高，普遍采用三余度方法，原因有两方面：第一，三余度比双余度直观上多了一个单元。第二，三余度在实现时可采用不同的软硬件平台以防止共性故障。

三余度通过信号表决方式决定哪个单位主控。信号表决是指在正常工作和各种故障状态下，从余度通道的

图 13.4　三模块余度

信号中选择适宜的信号作为工作信号参与控制。目前常用的表决方法有：

（1）平均值表决法：这是广泛应用的表决法，它的输出是各输入信号的代数平均值，利用软件很容易实现，它的缺点是故障瞬态影响较大。

（2）中值表决法：对于奇数余度通道的系统，中值为"自然中值"；对于偶数余度通道系统，中值可以按不同的定义来确定：用次小值做中值（把最大及最小值去掉，在余下的两个中间值中取较小者）；平均中值法（将两个自然中间值取平均值），这种方法利用程序实现时较复杂。

（3）多数表决法：它以"多数通过"的表决原则从余度信号中选出一个作为输出，这种表决法主要用于离散信号的余度管理。

三余度的信任决策过程更民主，少数服从多数。如果 3 个单元输出不同，必须通过表决确定要信任哪个单元或关闭整个系统。切换决策直接快速。三余度的缺点是成本更高，也会增加系统质量。

13.1.4　四模块余度

四模块余度简称四余度，与三余度基本相似，其使用 4 个单元来提高可靠性。

13.1.5　1：N 余度

1：N 余度主要用于为多单元系统提供单个备份，此备份可以代替任何一个活动单元，基本结构如图 13.5 所示。该技术通过为多个主单元使用一个备用单元，其特点是冗余成本低。这种方法只能用于主单元具有非常相似功能的情形，如果其中一个主单元出现故障，备用单元都可以接替。

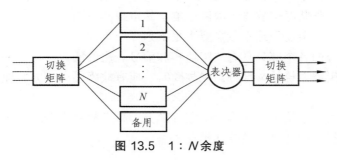

图 13.5　1：N 余度

这种方法的其他缺点在于，决定何时切换以及保证开关矩阵正确有效重新路由的逻辑复杂。

13.2　余度形式及其选择

常用的余度形式有相似余度和非相似余度。

13.2.1　相似余度

采用完全相同的硬件（或软件）所组成的多重余度系统，构成相似余度。相似余度的弱点在于：无法抗拒共性故障的雪崩式损害，某单一触发因素可能导致所有通道都损坏，比如所有通道都用使用一路液压源供油，当该液压源失效会导致所有通道失效。

13.2.2　非相似余度

由非相似余度设计思想建立的余度系统体制，其中，非相似硬件，要求构成系统的各个余度通道是由不同的工作原理、不同的线路、不同的元器件而设计的硬件。对于非相似软件而言，则要求以不同的程序语言，使用不同的开发工具，并由不同的设计人员完成的软件。如此安排的优点是：可以大大减少各余度通道之间遭受共同故障而同时丧失功能的概率，从而增加系统的生存能力和提高可靠性。非相似硬件和非相似软件技术在可靠性要求极高的民用飞机飞行控制系统设计中常常采用。

13.3　故障监控和系统重构

余度系统除具有硬件/软件重复配置的特点之外，还应建立余度管理系统来实施余度管理功能。余度管理技术主要包括以下 4 个方面的内容：

（1）实行对系统各分系统、各部件的工作状况的检测与监控，目的是发现差误和故障。

（2）实现对所发现差误和故障的处理，目的是故障隔离或故障效应的软化。

（3）实施对系统的重构（如监控/表决算法的重构、控制逻辑重构、控制律重构）。

（4）进行系统工作状况（故障、故障影响）的申报与咨询等。

要实现上述功能，余度管理一般需要满足下列 3 个条件。

（1）对组成系统的各个部分具有故障监控和信号表决的能力。

（2）当系统或组成系统的某部分出现故障时，应有故障隔离能力，即应有一次故障能工作的能力。

（3）故障发生后，系统组织重构余下完好部分，具有故障安全或二次故障安全的能力，并在损失部分性能指标的情况下继续承担任务。

13.3.1　故障监控

故障监控检测并识别有故障的部件及通道，发出监控信号以便执行警告与切换。自动飞行控制系统中的故障有两类：飞行中故障和潜在故障。通常故障监控主要指飞行中故障监控。常用监控覆盖率作为故障监控器的评价指标，它是指能够识别的故障在全部故障中的百分比。余度系统设计的中心任务就是确保监控覆盖率能够满足给定的安全可靠性指标。

故障监控主要有两种方法：比较监控及自主式监控。比较监控是通过把各余度信号加以相互比较的方法，实现对故障的检测和识别。自主式监控是通过硬件、软件或硬/软件综合等手段，无须外部任何支持条件而仅依靠本通道自身的能力，所提供的故障检测与识别方式，也称为自检测、通道内检测。

13.3.2 自监控

对数字飞行控制系统而言，各功能部件工作的正确性及完整性是非常重要的，一般通过自监控方式实现。自监控又称自检测（Built-In-Test，BIT），自检测的范围包括：

（1）计算机飞行中的自测试、自诊断。

（2）伺服作动分系统的自检测，如电气信号监控、机械-液压自监控、模型比较自监控。

（3）传感器局部参数自检测，如电气信号的和值电压测试、陀螺马达转子的转速测试、输出信号的合理性判断等。

自检测可分为飞行中的自检测及地面自检测，前者主要对计算机进行检测，后者还要对飞控系统其他部件进行检测。自监控可以使飞行控制系统在较少余度配置条件下，获得较强的故障容忍能力，可以在出现比较监控无法履行表决与监控原则时，提供附加的"证据"，用来认定故障。

13.3.3 故障隔离

隔离检测出有故障的通道并切换到可正常工作的通道，这一过程叫故障隔离与切换。隔离与切换涉及系统状态改变，必须确定系统状态并及时通告飞行员。如何隔离与切换是由余度管理系统实施，这不仅要从部件级而且还要从系统级进行设计，一般需要复杂的逻辑设计。数字式飞控系统主要采用软件隔离与硬件切换方式。切换装置的可靠性应高于切换部件的可靠性，并应保证切换瞬态满足要求。自动飞行控制系统隔离故障信号与故障功能采用的方式有如下几种：

（1）利用表决器及监控器的重构，完全舍弃已发生故障的信号通路，使其不再加入信号链信息的表决和传递。

（2）利用转换机构（开关、离合器）、转换线路（逻辑电路）切除已发生故障功能对系统的影响。

（3）在地面维护性测试时，可以通过 BIT 将故障定位至航线可更换组件（Line-Replaceable Unit，LRU）、车间可更换组件（Shop Replaceable Unit，SRU）级，通过人工更换方式实施隔离。

需要指出的是，并非所有故障都能在地面静态确定的，所以对无法确认故障的处理方法非常关键。

13.3.4 系统重构与功能重构

重构，是在检测并确认故障后，重修组织元部件实现功能或构成系统的过程。余度系统的功能级与系统级重构，包括监控器/表决器重构与控制律重构。

（1）监控器/表决器重构：将故障出现前的监控/表决算法、准则及阈值等进行重新编排与设置，以求适应新输入条件下的监控与表决。

（2）控制律重构：在某个（或某些）故障出现后，根据预案改变控制律的构型和/或参数，补偿因故障出现而降级的控制品质。

13.4 飞控系统余度配置

飞控系统的可靠性决定于"水桶理论"，系统的总体可靠性受制于系统最薄弱环节。因此，必须加强各个环节的可靠性。综合考虑飞控系统运行逻辑，采用多种形式的余度设计技术，包括传感器、计算机、伺服控制等，对油源、电源、操纵面分配策略上提出余度要求；尽可能使用非相似余度构型，综合考虑经济性和维修性。随着电传技术的发展，电传部件的可靠性越来越高，机械备份逐渐被取消。EHA、EBHA、EMA 得到更多应用。

13.4.1 飞控计算机的余度设计

采用数字电传飞控系统后，如何消除复杂硬件和软件的共性故障成为飞控系统余度设计的重要问题。目前大型客机的解决方式是控制通道非相似余度设计，每一个飞控计算机都包括多个控制通道，每个控制通道包含不同的处理芯片，运行功能相同的非相似软件代码，让不同人员使用不同编程语言来编写核心控制律，从而保证了硬件和软件的非相似性。

1. 空客设计思路

A320 采用了 2 个升降舵副翼计算机（Elevator And Aileron Computer，ELAC）、3 个扰流板升降舵计算机（Spoiler Elevator Computer，SEC）和 2 个飞行增稳计算机（Flight Augmentation Computer，FAC）的飞控计算机布局，不同的计算机所承担的功能有所差别，形成了较高的非相似性，但功能差别过大不利于实施比较监控。因此，从 A340 开始，飞行控制计算机采用了 $3 \times 2 + 2 \times 2$ 的布局，即三通道+二通道布局，每个通道有主备两台计算机，这两台非相似计算机形成自监控对，当输出结果不一致时，将整个通道切掉。每个通道主/备计算机均解算控制律，但只有主计算机输出作动器驱动信号。这种逻辑模式和故障处理机制简单且安全性更高（主飞控系统能够达到 10^{-9} 的安全性）。某型飞机的飞控系统如图 13.6 所示，飞行控制体系结构如图 13.7 所示。

A380 采用了 $3 \times 2 + 3 \times 2$ 的计算机配置，计算机的数量进一步增加。A380 主飞控系统包含 3 台主飞控计算机 PRIM（PRIMay Flight Control and Guidance Computer）和 3 台辅助飞控计算机 SEC（SECondary Flight Control Computer）。PRIM 完成飞控任务以外，也综合自动飞行和飞行导引功能。SEC 采用较简单的控制律，保证飞机的安全。

2. 波音设计思路

波音公司在 B777 上首次使用了电传飞控系统。和空客的思路不同，B777 提供了 3×3

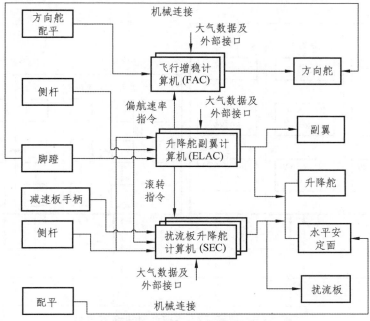

图 13.6　某型飞机的飞控系统

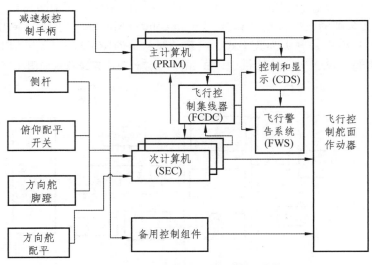

图 13.7　飞机的飞行控制体系结构

的飞行控制计算机系统。3 个控制通道是硬件相似的，每一个通道内有 3 个硬件非相似的子通道，子通道的软件源代码是相同的，但所采用的编译器不同。为了使用较少的计算机达到适航标准要求的安全性，B777 的飞控计算机的处理逻辑比较复杂，需要与 3 余度飞控系统总线配合，每输出一次有效的指令，需要多次从总线上读取和输出数据，并进行通道内和通道间的计算结果的比较。由于 B777 主飞行控制计算机采用了通道之间和子通道之间的监控逻辑，保证了 5 次故障之后仍然工作。波音 777 飞控计算机余度安排如图 13.8 所示。

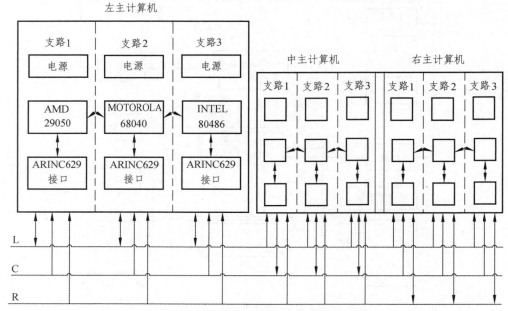

图 13.8 波音 777 飞控计算机余度安排

B787 飞控计算机系统与 B777 飞控计算机系统相似，采用主飞控计算机（Primary Flight Computer，PFC）+作动器控制电子（ACE）+数字总线的结构，其不同点在于将 3×3 余度的 PFC 简化为 3×2 余度的飞行控制计算机（Flight control Module，FCM），采用 3×2 的比较监控形式。ACE 也从模拟式升级为数字式，机载总线从 ARINC629 升级为 AFDX，并将自动飞行、高增升等功能集成到飞控计算机中。B787 的飞控计算机系统结构如图 13.9 所示。

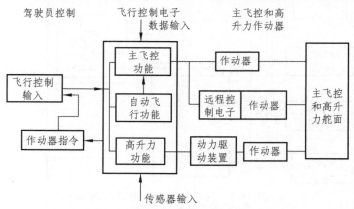

图 13.9 B787 的飞控计算机系统结构

13.4.2 ACE 余度设计

作动器控制电子（ACE）是实现飞控信号（来自驾驶员的指令和来自飞控计算机的指令）驱动液压作动器偏转舵面的关键环节。ACE 的主要作用是将指令信号转化为液压驱动信号，它是驾驶员/飞控计算机和舵面作动器的连接枢纽。B777 每个 ACE 有 4 个通道，其 ACE 可以实现基本飞行操纵。B777 ACE 需要接受俯仰角速率传感器的信号，从而提高基本的纵向增稳。空客 A320 的模式则不同，其 ACE 和飞控计算机是集成在一起的。

13.4.3　作动器余度设计

作动器的余度设计不仅包括单一作动器内部结构余度设计，还包括作动器与液压源、舵面、ACE 之间的余度设计。作动器自身的余度设计包括了控制回路的余度、液压源的余度等。

空客和波音的飞机在舵面作动器余度配置上有相似的地方，升降舵、副翼和水平安定面等每个舵面由两个作动器驱动，垂尾使用 3 个作动器驱动，扰流板上由 1 个作动器驱动。在作动器工作方式上，波音和空客则有所区别。空客飞机舵面上如果有 2 个作动器，这 2 个作动器是主备方式，同一时刻只有一个驱动器和 ACE 连接，切换是将阻尼状态的备份作动器激活，将主作动器切到阻尼状态的过程。而 B777 则采用主/主工作方式，也就是 1 个舵面上的 2 个作动器同时工作。

13.4.4　液压源和电源的余度设计

一般大型客机都采用 3 套液压源。这 3 套液压源根据飞控系统的最小构型原则配置给各个舵面的作动器，以保证在任意 1 套或 2 套液压源发生故障时，还能够保证飞机的安全。随着多电飞机和全电飞机的出现，采用电动静液作动器（EHA）和电备份液压作动器（EBHA）之后，飞机的液压源套数可以减少。例如空客 A380 就减少了 1 套液压源，形成了 2 液 2 电的动力布局。

13.4.5　空气动力余度设计

利用飞机空气动力进行余度设计，针对作动器、舵面的可能故障，飞控系统通过对控制律的重新分配，利用功能相似舵面的操纵能力，弥补故障舵面的影响。现代飞机飞控多个舵面可以相互协调重构提供操纵能力。例如，空客 A320 飞机俯仰控制可以使用升降舵和可配平的水平安定面，滚转控制可以使用副翼和多功能扰流板，偏航控制使用方向舵，通常采用协调转弯。

此外，为了实现故障的自修复，在飞机气动布局设计时，应该考虑到飞控系统自修复的要求，为每个通道的控制提供足够的空气动力余度。

复习思考题

1. 什么是余度技术？余度技术包含哪些内容？
2. 什么是余度配置？试举例说明自动飞行控制系统中的余度等级是如何确定的。
3. 什么是余度管理？试举例说明自动飞行控制系统是如何设置表决/监控面的。
4. 自动飞行控制系统中是如何实现故障监控与隔离的？
5. 试举例说明自动飞行控制系统中的系统重构和故障恢复方法。

14　自动飞行控制系统的机内自检

14.1　机内自检的定义和功用

　　飞机上的系统有大量航线可更换组件（Line Replaceable Unit，LRU），这些航线可更换组件可以是计算机、传感器、舵机、探测器等。这些 LRU 都需要被长期监控，并对它们进行测试和故障诊断。

　　为了给测试和故障诊断提供最大的方便，提高测试性水平，系统和设备内部都设置了用于状态监控、故障检测与故障隔离的硬件和软件装置等，使得系统本身就能检查工作是否正常或确定什么地方发生了故障，这就是机内测试（Built-In Test，BIT）。所以，BIT 是指系统或设备内部提供的检测和隔离故障的自动测试能力，用于实现 BIT 功能的硬件和软件称为机内测试设备（Built-In Test Equipment，BITE）。

　　大多数飞机系统计算机配备有 BITE。BITE 具有故障探测、故障隔离和故障储存 3 个功能，如图 14.1 所示。故障探测是指发现故障，故障隔离是指将故障限制到有限范围，故障储存是指将维护和故障诊断有关的信息储存到非易失性存储器（Non Volatile Memory，NVM）中。

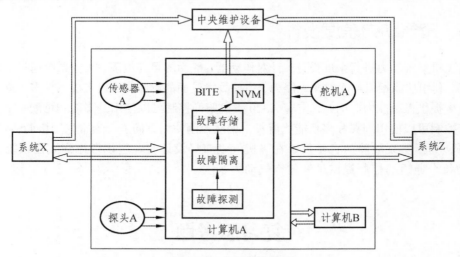

图 14.1　BITE 的功能

14.2　机内自检的类型

　　根据启动 BIT 是否需要人员参与，可以将 BIT 分为主动 BIT 和被动 BIT 两类。主动 BIT

是操纵人员主动发起的 BIT。BIT 由操作人员施加特定激励或按压特定开关等才能启动。此类 BIT 的运行与系统的正常运行并不同时进行，对系统的正常工作不发生直接影响。被动 BIT 在系统通电至断电的全部正常工作过程中运行，不需人工设置与干预。

根据 BIT 使用的时机不同，BIT 主要可以分为上电 BIT、飞行前 BIT、飞行中 BIT 和飞行后 BIT。其中上电 BIT，飞行前 BIT 和维护 BIT 属于主动 BIT；飞行中 BIT 属于被动 BIT。

上电 BIT（Power Upon Built-In Test，PUBIT），又称上电自检。系统（计算机）接通电源自行进入上电 BIT 模态，计算机运行上电自检流程，并在规定的时间内完成测试。上电 BIT 旨在检测系统硬件是否完好。PUBIT 测试结果可通过飞行前 BITE/维护 BITE 的显示装置申报。PUBIT 的运行条件是：系统加电且满足 BITE 联锁条件。

备注：所谓联锁条件，即通过设计硬件和软件限制，形成各种约束以限制进入某种工作模态。比如飞机上电 BIT 只能在地面运行，不能在上天后运行。

14.2.1 飞行前 BIT

飞行前自检（Pre-flight Built-In Test，PBIT）。PBIT 的目的在于对系统的完好性进行判定，确认系统无缺陷起飞。PBIT 主要用于检查系统工作前的准备状态，测试系统是否正常，能否投入正常运行，给出通过或不通过（GO/NO GO）指示。PBIT 属于主动 BIT，由操作者人工设置而进入，在规定的时间内完成测试，并对测试结果进行处理（寄存、申报显示）。

一般情况下，PBIT 结束并向操作者申报结果后，以一定的方式（视觉、听觉）提醒操作者干预，以决定"再次测试或退出"。特殊情况下，若 BITE 联锁条件已被打破，则可以在本模态进入后的任何时刻，中止 PBIT 并自行退出。PBIT 测试结果可通过专用显示装置或公用显示装置（如多功能显示器）申报显示，分为两个级别。

（1）综合显示。仅显示 PBIT "未发现故障"与"发现故障"的综合结果，此种综合显示，可为操作者（如驾驶员）提供做出系统无故障起飞或因测试未通过而中止此次飞行的决策的根据。

（2）详细显示。可以详尽展现测试结果中所发现故障的各种信息，如故障名称、故障定位以及故障处置咨询等。

14.2.2 飞行中 BIT

飞行中 BIT（In-Flight Built-In Test，IFBIT）主要用于监测系统关键功能特性，在系统运行中测试和隔离故障。在 PBIT 和维修 BIT 运行过程中，IFBIT 会自动停止。IFBIT 自动完成，属于被动 BIT，其内容包括一次/二次电源自检测、传感器自监控、计算机自监控、作动系统自检测、模拟线路自测试、模拟/离散量回绕测试等。

IFBIT 的 BITE 类型为周期 BITE 和（或）连续 BITE。连续 BITE 根据故障发生时间的不同分为目前状态测试和历史故障测试。目前状态测试用于测试系统目前的好坏，历史故障测试则用于测试以前多次飞行中连续性测试储存在非易失性存储器中的历史故障。比如，B737NG 飞机上的许多系统的 BITE 可以储存前 40 次飞行中的历史故障，而 A320 飞机上的许多设备可以存储前 64 个飞行中的历史故障。

14.2.3　飞行后 BIT

飞行后 BIT 主要用于系统飞行后的维修检测，检查飞行中故障情况，进一步隔离故障，或者用于修理后的检验等，所以此种 BIT 也叫维修 BIT（Maintenance Built-In Test，MBIT）。以操作者人工设置方式进入和退出。MBIT 用于对系统进行维护性检测（故障确认、故障定位与故障模式识别），以及维护工作完成后对维护效果实施检验等。MBIT 是一个人机交互的过程，操作者可选择不同的测试模式、测试项目以及显示形式与内容。

MBIT 的绝大多数测试项目是自动进行的，称为自动 MBIT，也有少数项目的测试需要人工协助方能完成（例如，驾驶杆/脚蹬的移动，大气信息的注入，迎角/侧滑传感器等测试角度的设置），此种工作方式称为交互式 MBIT。

14.3　机内自检的检测项目

14.3.1　上电自检（Power Up BIT）的测试项目

（1）计算机 RAM 测试。RAM 测试的目的在于检查堆栈及相应存储数据位的正确性，同时检查寻址故障。具体测试内容包括 CPU、RAM 与堆栈，总线缓冲器 RAM 堆栈测试，共享存储器测试，非易失存储器（NVM）测试等。

（2）计算机 ROM 测试。ROM 测试的目的是测试 ROM 的每个 bit 位是否正确。

（3）CPU 自测试。

（4）交叉通道信息测试。

（5）专用模拟量回绕测试。

（6）电源测试。

14.3.2　飞行前自检（Pre-Flight BIT）的测试项目

1. 计算机测试

（1）CPU 自测试。

（2）定时器测试（确认定时器芯片的正确运行）。

（3）看门狗定时器测试。利用禁止向看门狗定时器发出一个信号，应产生相应的中断：中断控制器测试，确认中断控制器线路的正确运行；RAM 测试（同加电启动 BITE，但测试区域扩大），CCDL 测试，包括 CCDL 回绕自测试、CCDL 通信链测试，并因此可以判定错误位置（发送或接收出错）。

2. I/O 测试

（1）模拟输入。各类模拟信号（直流/交流）的输入线路测试，包括输入、滤波、成形线路至 A/D 转换器（输入信号幅值、极性或相位测试）。

（2）模拟输出。测试段为 DA 输出至后置滤波器。

（3）离散输入。包括输入电路测试及电平测试。

（4）离散输出。通过离散输出回绕测试，进行离散输出锁存及输出电路以及输出电平测试。

3. 电源测试

检查电源监控器的工作及电平值测试。

4. 专用传感器测试

用于部分传感器（如陀螺、加速度计等）的正确性检查。

5. 备份计算机测试

认定备份计算机硬件与控制律输出的正确性以及硬件监控器的正确性与完整性。

6. 伺服作动系统测试

电源自测试；位移反馈自检测；伺服阀电流及电流开关功能测试；切断阀电流及其监控逻辑测试；液压压力及其监控逻辑测试；机械-液压监控逻辑测试；伺服作动系统静态与动态特性测试（如伺服舵机行程范围及其活塞速度等）。

7. 计算机通道故障逻辑测试

计算机通道故障逻辑测试包括：局部通道有效性测试；人工和/或自动向备份计算机的转换；伺服器通道转换；通过"制造"各种故障状态与不同的"外部"条件，鉴定所设计的"通道故障逻辑"的逻辑解算与输出量的正确性。

8. 座舱显示测试

应测试所有由计算机驱动的座舱指示灯、显示装置字符等的正确性。测试方法：利用相应离散量同时或逐一点燃各种指示灯和相关字符，计算机通过离散回绕量同输出离散量间的异同进行判断，操作者亦可通过对指示灯的明灭与字符的更迭的观察，验证座舱指示功能的正确性。

9. 总线控制器及总线信息传输测试

总线控制器及总路线信息传输测试包括：总线接口测试（CPU、RAM、ROM、协议芯片、收发器等电路测试）；传输线测试；命令、约定测试及总线相联设备自测试。

14.3.3　飞行中自检（In Flight BIT）的测试项目

（1）计算机测试：CPU 测试，ROM、RAM 测试，CCDL 测试，总线测试。

（2）电源测试。

（3）传感器自检测：LVDT/RVDT 和值检测、各种自检测（如陀螺马达转速、信号输出自测试）。

（4）伺服系统自监控：伺服器模型监控、机械液压逻辑监控。

（5）专用回绕测试：DA 至 AD 回绕。

（6）备份系统自监控。

（7）输入监控。

（8）输出指令监控。

（9）硬件设置。

14.3.4　维护自检（Maintenance BIT）的测试项目

MBIT 具有多种测试模式和详尽的测试内容，包括：

（1）重读 PUBIT、PBIT、IFBIT 的测试结果。

（2）进行自动与半自动 MBIT。

（3）单项（并可多次重复）BIT 测试，包括功能单元、部件、分系统的静态特性测试、动态特性测试与频响特性测试。

（4）特殊项目的测试。

14.4　BITE 在余度管理中的角色

BITE 在关键性能监测、故障检测和故障隔离中承担重要角色。这 3 类功能所要求的测试程度不同。

14.4.1　关键性能监测

在实施关键性能监测时，BITE 监测关键性能或功能特性参数，并即时报告给操作者。这要求 BITE 具有存储大量数据的能力，以便分析判断性能是否下降和预测是否将发生的故障。其测试过程如图 14.2 所示。

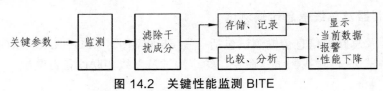

图 14.2　关键性能监测 BITE

14.4.2　故障检测

在实施故障检测时，BITE 检查系统或被测单元（Unit Under Test，UUT）功能是否正常。若检出故障，则给出相应的指示或报警。图 14.3 所示为飞行中 UUT 的故障检测过程，在检出故障同时要尽力减少虚警率。图 14.4 所示为飞行前/后的故障检测过程，和飞行中 BITE 相比，此时检测率要求更高，虚警率要求可适当放宽。某些动态系统需要加入测试激励信号，进行综合分析以判定故障。

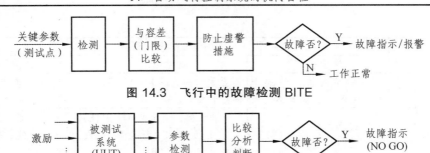

图 14.3 飞行中的故障检测 BITE

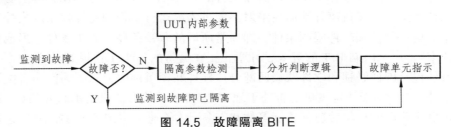

图 14.4 地面故障检测 BITE

14.4.3 故障隔离

检测到故障后将启动故障隔离程序。故障隔离比性能监测和故障检测更为复杂。如果系统各组成单元都具有 BITE，则检测到故障的同时就已把故障定位到被测单元上了，可省去故障隔离程序，并可减少隔离判断错误，但这种方式增加了 BITE 资源。故障隔离的主要测试过程如图 14.5 所示。

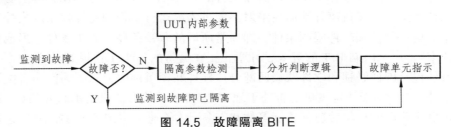

图 14.5 故障隔离 BITE

系统等级不同，需要的 BITE 功能也不同。一般系统或分系统级应设有具有性能监测、故障检测与隔离功能的 BITE；LRU 级应设有具有故障检测功能或检测及隔离功能的 BITE；SRU 级可以只用外部测试设备检测和隔离故障，也可以按需视情设置 BITE。

BITE 完成的功能不同，所需进行的测试程度也不同。性能监测、故障检测和故障隔离所对应的 BITE 的特点和要求如表 14.1 所示。

表 14.1 性能监测、故障检测和故障隔离所对应的 BITE 的特点和要求

项 目	BITE 的测试深度		
	性能检测	故障检测	故障隔离
功能	监控影响安全和任务的功能头型参数	系统/UUT 功能检测，发现故障	故障隔离到组成元件
人员参与的程度	·不参与 ·有的参与故障预测	·自动运行 ·人员启动	·自动运行 ·人员启动和/或控制
系统/UUT 状态	全部工作	·工作（飞行中 BITE） ·暂停正常运行	·工作（飞行中 BITE） ·非正常工作
测试的参数	系统/UUT 关键参数	系统/UUT 各个功能特性参数	系统/UUT 内部参数

项　目	BITE 的测试深度		
	性能检测	故障检测	故障隔离
信息储存与显示	显示参数值，性能下降，失效；存储量大	显示故障，GO/NO GO；存储量不大	显示故障的组件，存储量不大
应用测试类型	·被动的； ·无激励	·被动的，连续或周期 BITE； ·主动的，包括激励和/或开关，启动 BITE	·被动的，连续测试； ·主动的，多次测试和控制
测试所需要的时间和/或测试周期	1 s～1 min，测试周期为 5 s～2 min	飞行中 1 s～1 min，地面2～5 min	1～10 min，取决于故障特点和隔离程度

14.5　BITE 设计要求

14.5.1　联锁条件的建立

BIT 是由机载软件中的 BIT 模块控制和执行的。PUBIT、PBIT 与 MBIT 等主动 BIT 仅限于在地面测试时运行，飞机离开地面后绝对不能进入或运行，否则将导致系统失控等严重后果，必须精心设计硬件和软件限制条件，即通常所谓的联锁条件。联锁条件应形成各种可以预料的"约束"，用来限制 BIT 的进入，并中止正在运行的 BIT 工作模式。

联锁条件包括硬件联锁和软件联锁两部分。硬件联锁条件中，除了为操作者配置的手动开关设置条件之外，用于认定飞机是否处于地面（或空中）状态的机轮承载开关（空地开关），或表明飞机滑跑速度的机轮转速传感器等的状态参量（轮速），也作为联锁条件。这就可在未违背人工设置条件时，根据飞机的状态而中止 BITE 的运行。

为了保证硬件联锁条件的可靠性，上述开关量或传感器信息量应当多余度配置。软件联锁条件可以对多种按余度配置的硬件联锁条件进行"全同"（逐一相同）比较，以保证对硬件采集量的绝对完整性，并利用严格的逻辑运算来判别联锁条件的充分必要性。这种设计是保证在硬件限制和软件约束全部、且同时满足时方可进入和（或）运行 BIT；反之，如果上述硬/软件联锁条件中任意一个条件不符合，无法进入 BIT 或立即中止 BIT 状态，并立即退出。

14.5.2　故障覆盖率与故障检出率

故障覆盖率和故障检出率是对 BITE 两项量化指标，例如，某系统要求故障覆盖率大于98%，故障检出率 100%（允许有 1%的虚报率）。

14.5.3　BITE 设计考虑要素

BITE 设计需要考虑如下要素：
（1）设备的关键功能必须由 BITE 进行监控。

（2）BITE 容差的设定应保证在预期的工作环境中故障检测率尽可能大而虚警率尽可能小。

（3）BITE 的可靠性应比所监控电路的可靠性高一个数量级，如果 BITE 电路的故障率较高，那么就会对设备可靠性带来严重的影响。

（4）设备和（或）部件中的 BITE 应能对所有单元进行可用性评估并能将故障隔离到可更换单元。应保证测试过程可随时中断，然后自动或手动选择从开始点重新启动。

（5）所有 BIT 程序应与功能程序分开存储，以使 BIT 软件中的问题不会影响设备工作。

（6）设备中的 BITE 开始运行前，应首先检查其本身的完整性。

（7）BITE 诊断出的故障应用文字表示清楚，而不应用代码或指示灯表示，以便对故障进行处置。

14.5.4　BIT 耗用时间要求

PUBIT：不大于 5 s。

PBIT：自动执行一个循环的测试时间，不大于 20～30 s（不包括对显示装置的指示进行测试所耗费的时间）。

MBIT：各项测试应尽量快捷迅速，全部维护过程耗用时间由操作者确定。

IFBIT：一旦系统加电启动过程结束，即自动进入 IFBIT 并连续工作直至系统断电。不过，在 PBIT 与 MBIT 测试的执行过程中，IFBIT 被暂时中断。

14.6　故障分类

BITE 将故障分级分类管理。按故障发生的相对位置可分为内部故障和外部故障。根据故障的严重性可以将故障分为一级故障、二级故障和三级故障，此外飞机系统类型不同，对故障的重视程度也不同。

14.6.1　内部故障和外部故障

BITE 须区分内部故障和外部故障，如图 14.6 所示。由于大气数据计算机中已经探测到了迎角传感器故障，且系统 A、系统 B 和系统 C 都受到该故障的影响，大气数据系统将发送一个内部故障信息，而系统 A、系统 B 和系统 C 则发送外部故障信息。在某些飞机上又将内部故障称为主故障，而外部故障称为次生故障。

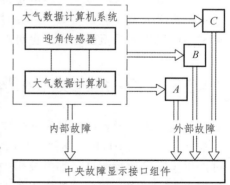

图 14.6　内部故障和外部故障

14.6.2　故障的严重性

根据故障的严重性可以将故障分为一级故障、二级故障和三级故障。

一级故障（Class 1 failures）是最严重的故障，该类故障对飞机目前的运行有直接影响（如液压系统故障）。要求根据最低设备清单（The Minimum Equipment List，MEL）立刻对故障进行维修。需要参考最低设备清单（MEL）确定放行（"GO"）、视条件放行（"GO IF"）或不放行（"NO GO"）。如果已经判出是一级故障，则 BITE 将进一步根据故障的影响程度向机组发出警告、注意（告诫）和提醒（提示）等告警信息：

1. 警告（Warning）信息

要求立刻采取修正或补偿措施的工作情况。此类信息是告警信息中最严重的情况，拥有最高优先权，用红色文字或灯显示，并伴随有多谐警告音。例如，发动机着火等故障。

2. 注意/告诫（Caution）信息

要求驾驶员立即了解并需要采取补偿措施的工作情况。其严重程度和优先权都比警告信息低，用琥珀色文字或灯显示，并伴随有单声警告音。例如，发动机超温故障。

3. 提醒/提示（Advisory）信息

只为驾驶员提供某些异常工作情况的信息，以便在适当的时候予以纠正。其严重程度和优先权最低，用琥珀色文字或灯表示。这类机组警告信息中不含有音响警告信号。例如，偏航阻尼器出了故障等。

二级故障（Class 2 failures）不会对飞机目前的运行产生影响，但是，如果该故障再次发生，则将会对飞机运行产生影响（如烟雾探测器组件内部的一个探测器故障）。二级故障要求在规定的期限内进行修理（比如，A320 飞机上要求二级故障在 10 天之内修理），且无条件放行。所以，这类故障没有机组信息，但有维护信息。

三级故障对飞行安全没有影响，在下一次定检之前都可以不进行维修。三级故障不用参考 MEL，也没有规定修理的时间，但是，为了放行的可靠性，也建议对三级故障进行修理。

一级故障可能影响正常飞行或下一次飞机的出勤，需要立刻通过其正常提示/告警系统通知机组人员；二级故障不会影响正常飞行或出勤，但要求及时纠正，它们通常在飞机降落后显示给机组人员，但是，如果需要时也可随时显示；三级故障可以推迟到定期维修时纠正，通常不向机组人员报告，它们也可随时调用。

14.6.3　飞机系统类型和故障的关系

各类系统或设备的特性和使用要求不同，对 BITE 的设计要求也不同。某些系统对 BIT 要求高，设计的 BITE 功能强，测试内容范围广而且详细，能存储大量诊断信息。这类 BITE 可提供丰富的故障测试、隔离及相关信息。有的系统或设备对 BIT 要求不高，或者由于当前技术水平、空间、质量和费用等条件限制，其 BITE 功能会比较简单。一般将系统分为一类系统，二类系统和三类系统，如图 14.7 所示。

14.6.3.1　一类系统（Type 1 Systems）

飞机上大多数系统都是一类系统，这些系统可以存储最后若干个飞行航段中发生的故障。如 B737NG 飞机上的一类系统可以储存最后 40 个航班的故障，A320 飞机上的一类系统可以储存最后 64 个航班的故障。一类系统通过 ARINC429 输入总线和 ARINC429 输出总线与维护计算机连接。一类系统又分为单计算机系统、多计算机系统和复杂系统。

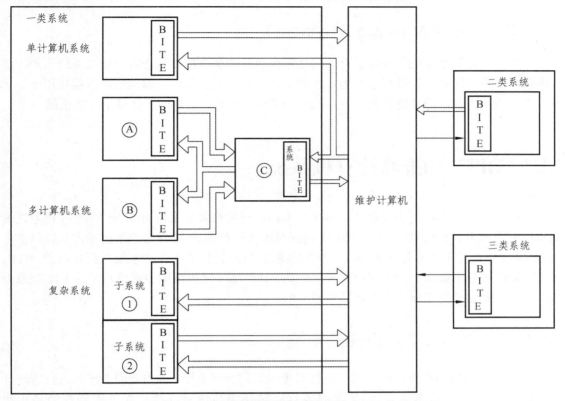

图 14.7　飞机系统的种类及各类系统 BITE 的特点

1. 单计算机系统

单计算机系统是指系统中只有一个计算机。

2. 多计算机系统

多计算机系统中包含有多个计算机,其中一个计算机集中其他计算机的维护数据。比如,在飞行管理引导计算机（Flight Management Guidance Computer, FMGC）和飞行增稳计算机（Flight Augmentation Computer, FAC）中, FMGC1 相当于图 14.7 中的 A, FMGC2 相当于图 14.7 中的 B, FAC 相当于图 14.7 中的 C, 即 FAC 负责集中 FMGC1 和 FMGC2 的维护数据。

3. 复杂系统

复杂系统是指系统中有两个以上的子系统,每个子系统都有自己的 BITE,且每个子系统 BITE 都可以和维护计算机交换数据。

14.6.3.2　二类系统（Type 2 System）

二类系统只存储最后航段的故障,如电子设备通风（冷却）计算机（Avionic Electronic

Ventilation Computer，AEVC）就属于二类系统。该类系统中用离散信号来对初始系统进行测试，并通过数据总线向维护计算机发送故障数据。

14.6.3.3　三类系统（Type 3 System）

三类系统是简单系统，与维护计算机之间仅通过两个离散信号连接。该类系统不能存储故障信息，输入的离散信号用于初始系统测试或对系统进行复位，输出的离散信号用于显示系统正常或不正常。静止变流器（Transformer Rectifier Unit，TRU）就属于三类系统。

14.7　BITE 和维修计算机系统

现代大型民航飞机大多数系统的 BIT 由专门的计算机系统来负责。B757/767 飞机通过维修监控系统输出自检信息，B747-400 飞机通过中央维修系统/综合监控系统输出自检信息，而 A320 飞机通过中央故障显示系统（CFDS）输出自检信息。也有某些系统采用独立的 BITE，其故障诊断和显示都在自身系统内完成。比如，B737NG 飞机偏航阻尼器系统的 BIT 信息就是通过失速警告管理和偏航阻尼计算机显示的。

14.7.1　B757/767 维修监控系统

B757/767 飞机的维修监控系统的监控对象包括驾驶仪系统、推力管理系统和飞行管理计算机系统，主要是完成这 3 个系统的飞行故障存储和地面测试，通过维修控制显示板（Maintenance Control Display Panel，MCDP）交互。MCDP 直接与 3 台飞行控制计算机、两台飞行管理计算机和推力管理计算机连接，其接口系统如图 14.8 所示。

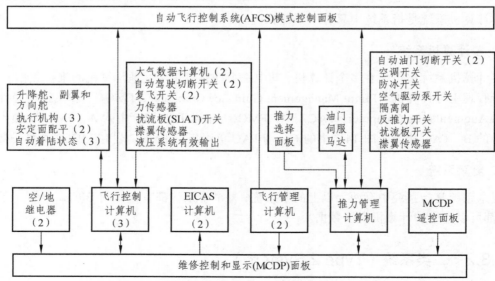

图 14.8　B757/767 飞机利用 MCDP 输出 BITE 信息

MCDP 在飞行中是关闭的，仅在着陆后工作。飞机着陆后，MCDP 会自动接通，从飞控计算机和推力管理计算机中读出故障数据，并将这些数据存储在非易失存储器中，然后断开。维修人员可以根据空勤人员的详细记录，通过 MCDP 询问故障信息，包括航线段号、驾驶舱效应及故障最严重的设备和部件。

14.7.2　B747-400 中央维修系统/综合监控系统

B747-400 飞机通过中央维修系统/综合监控系统（Center Maintenance Computer System，CMCS）输出 BITE 信息，如图 14.9 所示。

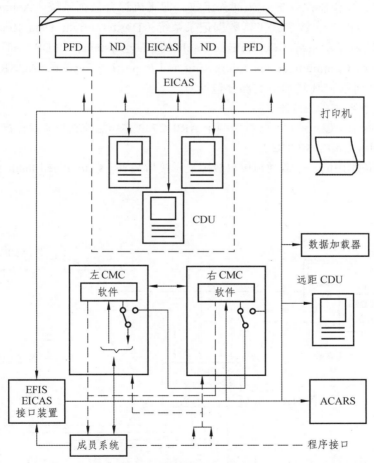

图 14.9　B747-400 飞机通过中央维修系统/综合监控系统（CMCS）输出 BITE 信息

CMCS 中配有两台相同的中央维修计算机（Centre Maintenance Computer，CMC），以提供余度。两台 CMC 以主从关系工作，通常由左边的 CMC 处于工作状态，当其发生故障时，自动转由右边 CMC 控制。CMCS 的一个控制显示装置（Control Display Unit，CDU）装在设备舱内，方便维修人员在更换 LRU 时使用，避免维修人员机上、机下往返走动。CMCS 的所有 CDU 具有相同的功能，可同时执行不同的任务。

CMC 与飞机上的 70 个机载系统（即成员系统）有接口。每个系统的 BITE 负责连续监控系统本身及其接口，如有部件失效或故障，这些分布的 BITE 就向 CMC 报告。大多数机载系统通过综合显示系统的接口装置（EICAS Interface Unit，EIU）与 CMC 接口，某些成员系统直接与 CMC 连接，如 FCC、无线电系统、模块化航空电子报警电气组件、飞机状态监控系统、空中交通管制模式系统（Air Traffic Control，ATC）和气象雷达等。

14.7.3　A320 飞机上中央故障显示系统

空客在 A320 飞机上首次采用了综合监控系统管理使用飞机各系统所产生的信息，尤其是维修相关信息。综合监控系统由 4 部分组成，即飞机综合数据系统（Advanced Interactive Display System，AIDS）、数字式飞行数据记录系统（Digital Flight Data Recorder System，DFDRS）、中央故障显示系统（Centralized Fault Display System，CFDS）和飞机通信询问与报告系统（Aircraft Communications Addressing and Reporting System，ACARS）。A320 中的 CFDS 如图 14.10 所示，其基本组成部分包括：

（1）所有电子系统的 BITE。

（2）驾驶舱内用于显示 B1TE 数据的两个 ARlNC739 多功能控制与显示装置（Multi-Function Control and Display Unit，MCDU）。

（3）航电设备舱中的一个双通道中央故障显示接口装置（Centralized Fault Display Interface Unit，CFDIU）。

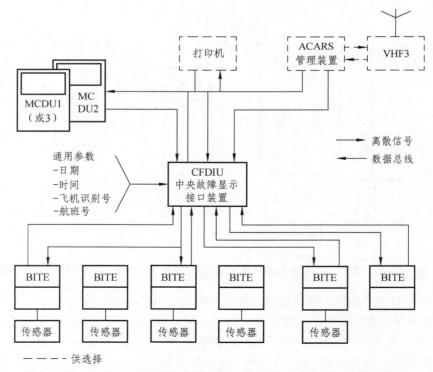

图 14.10　A320 飞机通过中央故障显示系统（CFDS）输出 BITE 信息

以上 3 种维修计算机系统都能对飞机各分系统的 BITE 信息进行综合处理，通过显示器提供 BITE 信息供机组和维修人员读取，这些经综合处理后的 BITE 信息使得故障诊断更为简便。

14.8　BITE 信息内容和显示特点

14.8.1　BITE 的信息内容

BITE 及机载测试/维修系统可以提供的 BIT 信息内容包括：

（1）状态监测/故障检测（是否发生了故障）。

（2）故障隔离信息（何处发生了故障）。

（3）故障时间信息（何时发生的故障）。

（4）发生故障次数。

（5）故障的影响级别。

（6）特征参数监测信息。

（7）与发生故障有关的其他信息。

1. 状态监测/故障检测信息

在系统运行过程中，BITE 和其他监测电路监测系统健康状况，显示有关状态参数。当状态参数超过允许值时还可以给出告警信息，当检测到故障时存储有关数据和/或给出告警信息。有的简单监测电路只监测一个参数并给出指示，并不能自动判断是否为故障和告警。如某型飞机环控系统的区域温度指示装置只由温度传感器和指示仪表组成，给出的信息是当时的温度指示。有的系统监测参数多，可提供较多的信息，如 B757/767 飞机的发动机指示和机组警告系统（Engine Indication and Crew Alerting System，EICAS），可接收监测发动机和飞机系统的传感器送来的 400 多个信号或参数，能自动记录飞行故障和发生故障时的实时状态数据。EICAS 显示器可用 8 种不同颜色准确、快速地显示发动机的主要和次要数据，如发动机压力比、发动机转速、排气温度以及燃油流量、滑油压力、滑油温度、滑油量和振动等。

2. 故障隔离信息

如今系统级 BITE 都具有故障隔离能力，可给出发生故障的单元或部件信息。通常电子系统的故障隔离能力为 95% 以上，即可把 95% 以上的检出故障隔离到 LRU，并给出相应的故障隔离信息。通常电子系统可以把所有故障隔离到车间可更换组件（Shop Replaceable Unit，SRU），并给出相应的故障隔离信息。具体隔离到 LRU 还是 SRU，取决于使用、维修要求和 BITE 实现考虑。

3. 故障发生的时间信息

一般系统或设备级 BITE 具有测试信息分析处理功能，可以提供故障发生时间或第一次出现故障（首次发生）的时间。

4. 故障发生次数和故障历史信息

能够提供故障首发时间的 BITE，一般也能提供故障出现次数的信息，甚至故障历史信息，如 B747-400 飞机的中央维修计算机系统（Centre Maintenance Computer System，CMCS）能存储以前各飞行段中发生的故障，以供查询。它能在非易失存储器中存储多达 500 条故障信息，只有当飞行段记录超过最大数目 99 时，故障记录信息才从存储器中抹除。

5. 故障的影响级别信息

很多设备和系统的 BITE 提供故障的严重等级信息，并可按规定给出警告、注意（告诫）和提醒（提示）等告警信息。

6. 特征参数的监测信息

一般机上综合测试/监控系统可以连续或周期地监测某些飞机或发动机系统、设备的重要参数。根据这些特征参数的变化趋势，可以预测即将发生的故障，以便在发生故障之前处置。例如，B757 飞机的 EICAS 可监测发动机的振动、温度和转速等参数。

7. 其他有关信息

除上述几类信息外，BITE 和机载测试/维修系统还可提供其他信息，如维修故障清单（Maintenance Fault List，MFL）和飞行员故障清单（Pilot Fault List，PFL）。MFL 包含了所有故障的详细信息，而 PFL 只包含飞行员感兴趣的那些故障的信息。

值得一提的是，飞机上的飞行数据记录器，虽然不属于 BITE，但它也监测记录飞机有关参数，能为分析事故和查找故障原因提供参考信息。

14.8.2　BITE 信息显示特点

14.8.2.1　操作界面人性化

（1）大量的自检信息都可以从飞行管理计算机的控制显示组件 CDU 上或其他显示器（如 MCDU）上读取。

（2）采用清楚的英语作为显示语言。

（3）把故障数据与驾驶员报告联系起来。

（4）清楚地确定故障的 LRU 名称、部件号和功能识别号。

（5）确定相关故障。

（6）外场维修人员只需读取飞行后报告，即可得到他所需的所有信息。

（7）在驾驶舱即可打印出所有维修人员所需的报告。

（8）根据航空电子设备状态的监控结果更换的 LRU，在大多数情况下会自动进行测试，如果测试通过，那么该系统的名称将从测试清单中消失。

（9）故障分级显示，仅将一级故障和二级故障报告给驾驶员。

14.8.2.2 将故障按时间进行登记，便于故障查询

故障记录中按故障发生的时间将故障按目前故障、目前飞行航段故障还是历史故障进行登记，并按 ATA 章节进行分章节储存，便于 LRU 级和 SRU 级的维修人员按需查询。

1. 当前飞行段故障

本次飞行中发生的故障。外场维修人员查询这类故障是可找出驾驶员报告的飞行中报警现象的原因。飞行段（航程）是指本次飞行从飞机处于地面第一台发动机启动至下一次飞行处于地面第一台发动机启动的时间间隔。一般情况下，将当前飞行段编号为 00，倒数前一次为 01，再往前为 02、03 等。

2. 现有故障

指目前仍存在未消除的故障，不管这些故障是何时发生的。以 ATA 100 规范章节顺序按系统列出，以最小章节号开头。如果列出的章节数多于 5 个，则延续到下一页显示。选取需询问的系统，按其对应的行选择键，即可得该系统进一步的维修信息，或快照、或输出信息报告。其过程与当前飞行段故障类似。

3. 故障历史

以前飞行段中发生的故障。故障以 ATA 100 规范章节顺序按系统排列；还可显示故障历史小结，并增加了飞行航段号显示。对每个发生的故障最多记录 16 次，并可显示是硬故障还是间歇故障。最后可得到被选故障较详细的维修信息或快照。

14.9 BITE 软件功能与硬件布局

14.9.1 BITE 软件功能

BITE 软件是完成各种 BITE 任务的程序之总称。其主要功能为：
（1）进入 BITE。
（2）BITE 工作模式选择。
（3）BITE 测试的执行（激励、比较、判断）。
（4）BITE 激励/激活控制。
（5）测试结果处理。
（6）与终端装置进行通信（传送信息、回传指令）。
（7）登记、记录测试结果。
（8）BITE 项目更换。
（9）中止或/和退出 BITE。

BITE 软件分别驻留在主计算机、总线控制器及终端机之内：

（1）主计算机 BITE 软件。主计算机 BITE 软件用于启动各种 BITE 工作模式，实施 BITE 测试，处理测试结果，传送数据。

（2）总线控制器 BITE 软件。总线控制器 BITE 软件用于传送数据，总线控制。

（3）终端机 BITE 软件。终端机 BITE 软件用于总线发送，读取键入指令，译码、编码，驱动显示装置。

14.9.2　BITE 硬件布局

根据硬件布局不同，可以将 BITE 分为集中式 BITE 和分布式 BITE 两类。

1. 集中式 BITE

集中式 BITE 是指系统中设有集中信号处理和故障信息显示装置的 BITE 类型，这种 BITE 配置类型中将各个部分采集的故障信息送到中心计算机来统一处理和显示，如图 14.11 所示。

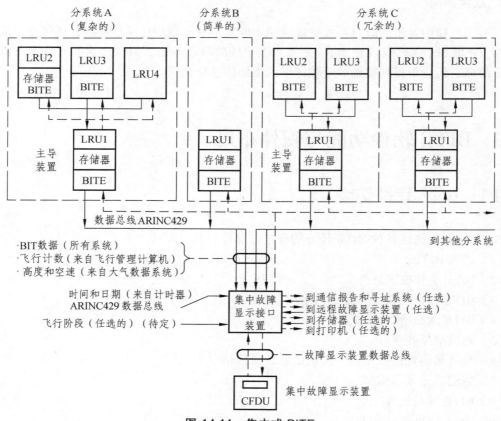

图 14.11　集中式 BITE

所有系统的 BITE 数据集中到"集中故障显示接口装置"中进行处理，并通过集中故障显示装置来显示故障。早期航空电子设备比较简单，对故障检测、隔离的数据容量不大，处理速度要求不高，采用集中自检的方式比较多。其主要缺点是采样电路走线长，而且容易通过中心处理机互相串扰，产生较高的虚警率。

2. 分布式 BITE

分布式 BITE 是指设备中的各主要分机，系统中各组成单元分别设置有各自独立的 BITE 配置类型。各自设置自检电路，测试、隔离的结果由各分机面板显示，也可以送到中央计算机控制板上集中显示，如图 14.12 所示。

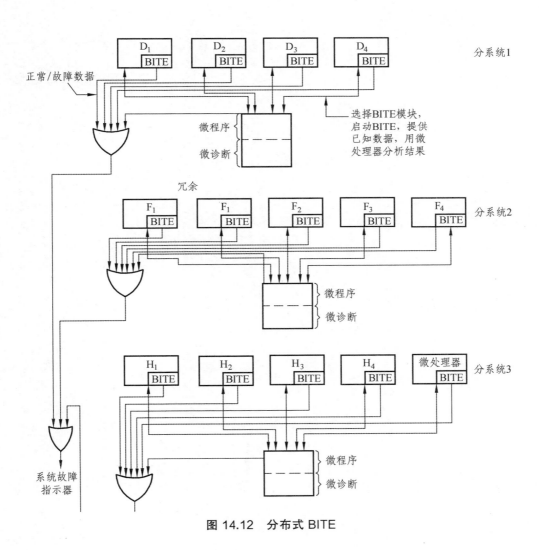

图 14.12　分布式 BITE

复习思考题

1. 什么是 BITE？其功能有哪些？
2. 飞机 BIT 的类型有哪些？
3. 飞机一类、二类和三类系统是如何划分的？
4. 设计 BITE 时，应该考虑哪些要素？

15 自动飞行控制系统故障诊断

FAA 将自动飞行控制系统归到了飞机仪表一类，所以，自动飞行控制系统维修或改装都是由电子专业的技术人员完成的。技术人员要完成的与自动飞行控制系统相关的维修任务很多，包括目视检查、更换部件、清洁、润滑、排故以及对系统的检验。

自动飞行控制系统是一套昂贵而复杂的设备。它通常具有很多的组成部件，安装在飞机的不同部位，而且还具有很多与之相接的设备和系统，而且，自动飞行控制系统是与飞机操纵系统连接的，该系统失效后的后果是很严重的。

FAA 必须经常对自动飞行控制系统的制造和将要安装的飞机型号进行批准。某一型号的自动飞行控制系统可以批准安装到多种不同的飞机上。但是，对于每一个具体的应用，都必须进行力矩设置和调整。在进行力矩设置和调整时，总是遵循特定的自动飞行控制系统的安装指令，以保证是按所安装的飞机准确调整，并进行测试。

本书的内容不针对特定机型的自动飞行控制系统，建议的方法和步骤是通用的，适用于大多数自动飞行控制系统。

任何时候，只要自动飞行控制系统安装、部件更换，或检查到有失效时都需要对自动飞行控制系统进行检验。在地面有许多事情需要进行检查，但进行自动飞行控制系统的机上检查时，有时需要进行飞行测试。

本书以 B737NG 飞机的自动飞行控制系统为例，介绍了如何利用自动飞行控制系统中的BITE 进行故障诊断和故障隔离的方法。注意，本书中的内容仅提供教学参考，不作为实际工作中的故障隔离文件。

15.1 DFCS 故障诊断

15.1.1 故障记录以及工卡查询方法

在飞机维修过程中，维修人员经常会根据飞行机组人员在飞行日志中记录的故障报告进行排故。

如图 15.1 所示，飞行员记录的内容为：当按压 CMD 电门时，自动驾驶仪 A 不能衔接，但自动驾驶仪 B 能够衔接（Autopilot A does not engage when CMD switch is pushed, Autopilot B did engage.）。

可见，该记录中有故障描述，所以可以根据 FIM 手册前言中的观察到的故障（按字母顺序列表）中，利用关键词 "Autopilot A does not engage when CMD switch is pushed, Autopilot B did engage" 在以 A 字母打头的故障中查找到该故障，如图 15.2 所示。

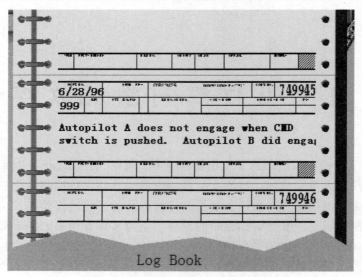

图 15.1　飞行日志上记录的故障描述

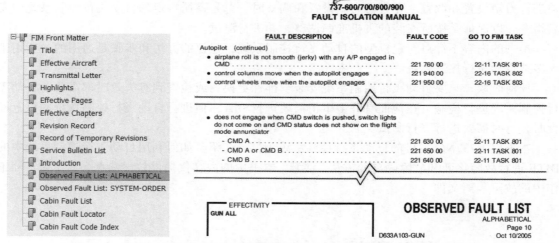

图 15.2　利用 FIM 手册观察到的故障列表（按字母顺序）查找工卡（一）

　　因为自动驾驶仪属于 FIM 手册第 22 章的内容，所以，在 FIM 手册"观察到的故障（按系统列表）"中查编号前两位数字为 22 的内容，其中，22-1 为自动驾驶仪/飞行指引仪的内容。在该部分中找到与飞行日志中记录的故障现象对应的内容，如图 15.3 所示。

　　从图 15.2 和图 15.3 中可以看出，针对同一个记录，虽然查找的方法不同，但找到的内容却是相同的，即两个列表中的故障描述都是 "Autopilot A does not engage when CMD switch is pushed，Autopilot B did engage"，故障代码都是 22163000，所需工卡都是 22-11 TASK 801。

15.1.2　DFCS BITE 工卡

　　到 FIM 手册的第 22 章，找到 22-11 TASK 801，该工卡有 8 页。如图 15.4 所示为该工卡的截图。第一页有工卡名称，最后一页有工卡结束标记，每一页都有工卡号和页码。

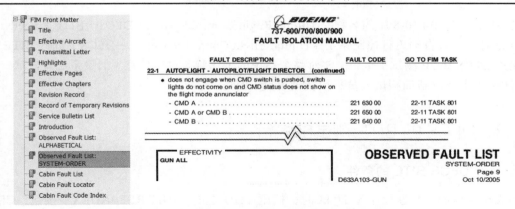

图 15.3 在 FIM 手册中观察到的故障列表（按系统顺序）查找工卡（二）

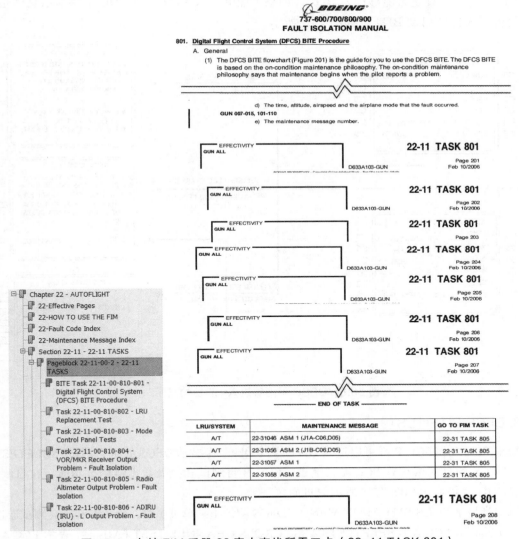

图 15.4 在某 FIM 手册 22 章中查找所需工卡（22-11 TASK 801）

TASK 22-11-00-810-801 的名称是 Digital Flight Control System（DFCS）BITE Procedure，其任务是对数字式自动飞行控制系统（Digital Flight Control System——DFCS）进行 BITE 测试。通过 DFCS BITE 测试工卡，能够对整个系统的工作状态进行检查。如果系统有故障，则 BITE 测试工卡能够帮助测试人员尽快找到可疑 LRU。

15.1.3　DFCS 的 BITE 测试的执行

1. 执行 DFCS BITE 的条件

当飞机在地面，且速度小于 20 kt 时，按压 CDU 上的"INIT/REF/INDEX"按钮，CDU 上将显示 MAINT BITE INDEX（维护自检菜单）页面，在该页上按压 DFCS 对应的行选键 2L，DFCS 首先检查是否能够进入 BITE。如果不能够进入 BITE，则 CDU 上将显示具体是哪一个计算机不能够启动 BITE，如图 15.5 所示。

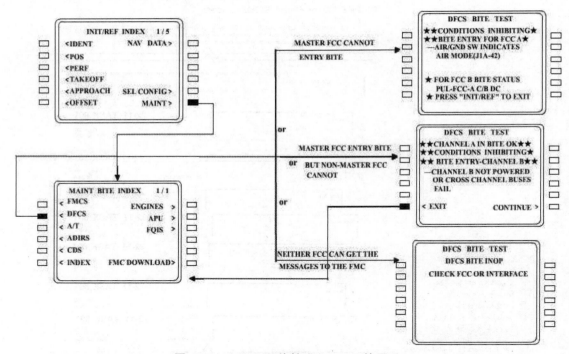

图 15.5　DFCS 不能够进入 BITE 的显示

2. DFCS BITE TEST

如果 FCC A 和 FCC B 都可以进入 BITE，则 CDU 上将显示 DFCS 处于自测试（SELFTEST）状态。DFCS 的自测试具有 FCC A 自测试、FCC B 自测试和交叉数据链测试功能。在自测试之后，CDU 上将显示如图 15.6 所示的页面之一：

（1）当显示 DFCS BITE MAIN MENU（DFCS 测试主菜单页）时，表示 DFCS 自测试通过。

（2）当显示 FCC A/B SELFTEST PASS，CROSS CHANNEL TEST FAIL 时，表示 FCC A/B 测试通过，交叉通道测试失败。

（3）当显示 FCC A/B SELFTEST FAIL，CROSS CHANNEL TEST PASS 时，表示 FCC A/B 测试失败，交叉通道测试通过。

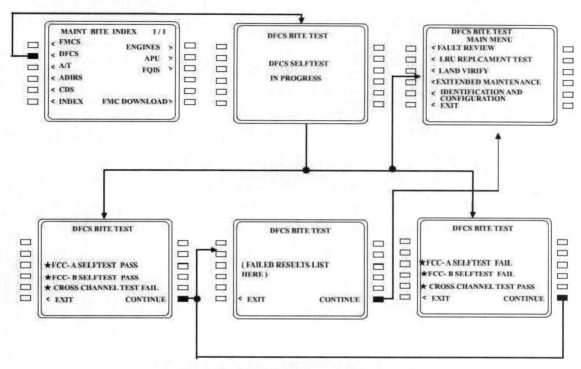

图 15.6　DFCS 启动 BITE 后显示的情况

当 CDU 上显示 DFCS BITE MAIN MENU（DFCS 测试主菜单页）时，可以选择故障隔离测试或识别测试。

当 CDU 上显示 "FCC A/B SELFTEST PASS，CROSS CHANNEL TEST FAIL（FCC A/B 测试通过，交叉通道测试失败）" 时，按压 CONTINUE 对应的行选择键（6R），可以继续查看失效引起的结果。在查看失效引起的结果后，再次按压 CONTINUE 对应的行选择键（6R），回到 DFCS BITE MAIN MENU（DFCS 测试主菜单页）。

15.1.4　目前状态测试

在 DFCS 自检主菜单（DFCS BITE INDEX MAIN MENU）页面，可以选择其中的一项进行测试。比如，按压 FAULT REVIEW 对应的行选键（1L），就可以进入如图 15.7 所示的 DFCS 自检故障（DFCS BITE INDEX FAULT REVIEW）页面。

在 FAULT REVIEW（故障检查）菜单中，测试人员可以进一步完成 CURRENT STATUS（目前状态）、FAULT HISTORY SORTED BY FLIGHT LEG（飞行航段历史故障）以及 FAULT HISTORY SORTED BY FLIGHT DECK EFFECT（驾驶舱效应历史故障）3 个方面的故障检查。

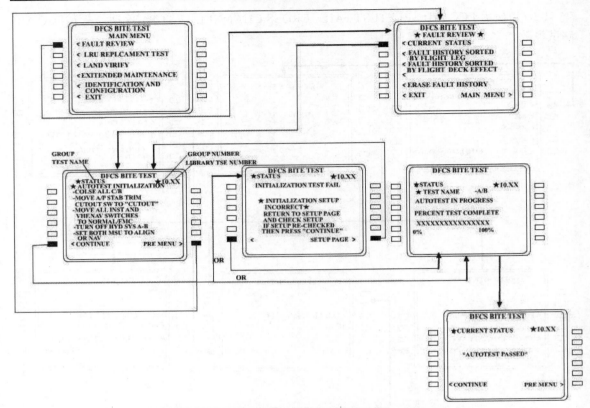

图 15.7　DFCS CURRENT STATUS 自动测试页面

　　假设在本案例中已经完成了 FAULT HISTORY SORTED BY FLIGHT LEG（飞行阶段中保存的历史故障）和 FAULT HISTORY SORTED BY FLIGHT DECK EFFECT（驾驶舱效应保存的历史故障）中的故障检查，且没有发现故障。根据 DFCS 的流程图，测试人员需要到目前状态中检查故障。

　　在该页面上按压目前状态对应的行选键（1L），可以进入 DFCS（DFCS BITE INDEX STATUS）自检索引状态页面。

1. 目前状态测试的初始化

　　按压 CURRENT STATUS 旁边的行选择键（1L），首先出现的就是初始化准备页面。如图 15.7 所示。测试人员需要根据页面上显示的指令完成相应的准备工作后，自动测试才能够进行。这些条件是：确认所有跳开关闭合；将自动驾驶仪安定面配平切断开关置于"切断"（CUTOUT）位；将所有仪表和甚高频导航开关置于 NORMAL/FMC 位；关断 A-B 液压系统；则将两个 MSU 都置于 ALIGN 位或 NAV 位。如果初始化动作没有做好，将显示"初始化测试失败（INITIALIZATION TEST FAIL）"以及失败的原因（INITIALIZATION SETUP INCORRECT），并要求重新回到初始化页面；如果初始化成功，BITE 将自动进入自动测试。

2. 目前状态测试的自动测试

　　自动测试初始化动作完成后，按压 CONTINUE 旁边的行选择键（6L）可以进入目前状态（CURRENT STATUS）自动测试。CDU 上逐项显示各 LRU 的测试页面。中间显示的是"自动测试正在进行中（AUTOTEST IN PROGRESS）"以及"自动测试完成的百分比（PERCENT TESTS COMPLETE）"，当自动测试完成后将显示"自动测试通过（AUTOTEST PASS）"。

3. 目前状态—附加测试—自动驾驶仪 A—交互式测试

自动测试通过后，说明在自动测试过程中没有发现故障，需要进一步完成附加测试。

按压 CONTINUE 旁边的行选择键（6L）可以启动附加测试，显示 CURRENT STATUS 附加测试的通道选择页。因为本案例中是自动驾驶仪 A 不能够衔接，所以选择通道 A（CHANNAL A），以启动 A 通道的附加测试。在 A 通道中可以进一步选择自动驾驶仪（AUTOPILOT）、飞行指引仪（FLIGHT DIRECTOR）、马赫配平系统（MACXH TRIM SYSTEM）、速度配平系统（SPEED TRIM SYSTEM）以及高度警告（ALT ALERT）。

因为是自动驾驶仪故障，所以按压自动驾驶仪（AUTOPILOT）旁边的行选择键（2L），以启动 A 通道自动驾驶仪的附加测试。

附加测试又包含许多测试库，这些测试库是交互式测试和/或舵面测试。先进行的是交互式测试，测试人员必须完成 CDU 上显示的指令才能完成该组中所有的交互式测试。

在自动驾驶仪 A 交互式测试中首先进行的是 ADIRU 交互式测试。显示器左上方显示"自动驾驶仪测试 *大气数据惯性基准系统*A*（AUTOPILOT TEST *ADIRU* A*）"标记。需要将 ADIRU 系统转换开关分别置于"BOTH ON 1（L）""BOTH ON 2（R）""NORMAL"3 个不同的位置，看测试是否有反应。假设都没有反应，按压"PUSH IF NO REPONSE"旁边的行选择键（6L）。若 CDU 上显示交互式测试通过（STATUS ADIRU INTERACTIVE TEST PASSED），则说明不是 ADIRU 的问题。

目前状态—附加测试—自动驾驶仪 A—交互式测试过程如图 15.8 所示。

自动驾驶仪 A 附加测试的交互式测试还有 LNAV、VOR、ILS、MCP 板上的按钮开关，MCP 板上的 IAS/MACH C/O 按钮，MCP 板上的速度选择旋钮，MCP 板上的坡度限制器，MCP 板上的高度选择旋钮，MCP 板上的升降速度选择旋钮以及 MCP 板上显示器自测试等。某一项交互式测试通过时都会显示"STATUS ×× INTERACTIVE TEST PASSED"，表示××项交互式测试通过。

4. 自动驾驶仪 A 目前状态测试—附加测试—交互式测试—互锁测试

在这里假设上面所提到的所有交互式测试都已经通过，系统会自动进行交互式测试—互锁测试。页面左上角有"互锁（INTERLOCK）"标记。

在该测试中首先设法使自动驾驶仪 A 和自动驾驶仪 B 衔接在 CMD 状态或 CWS 状态。分别按压自动驾驶仪 A 的 CMD 衔接电门和 CWS 衔接电门以及自动驾驶仪 B 的 CMD 衔接电门和 CWS 衔接电门。假设电门灯都不亮，针对页面上显示的问题"IS AP ENGAGE INHIBITED……"，选择"YES"，确认自动驾驶仪衔接受到了抑制。

然后再分别对自动驾驶仪 A 和自动驾驶仪 B 的衔接互锁进行测试。

CDU 页面上指令维护人员将自动驾驶仪 A 衔接于 CWS 方式，提示维护人员确认自动驾驶仪 A 不能够衔接在 CWS 方式。按压"PUSH IF NO REPONSE"旁边的行选择键（6L）。CDU 页面上又指令维护人员将自动驾驶仪 A 衔接于 CMD 方式，提示维护人员确认自动驾驶仪 A 不能够衔接在 CMD 方式。

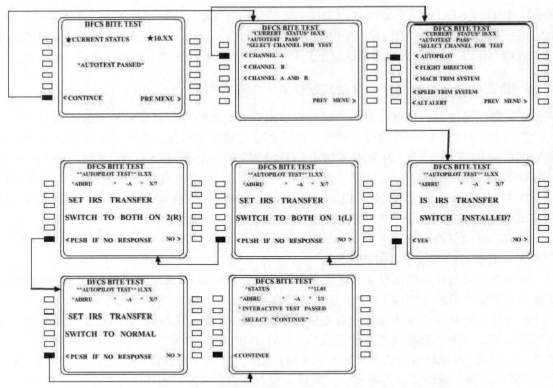

图 15.8　目前状态—附加测试—自动驾驶仪 A—交互式测试过程

由于自动驾驶仪 A 不能够衔接在 CWS 方式和 CMD 方式,BITE 将对自动驾驶仪 B 进行测试。按压 PUSH IF NO REPONSE 旁边的行选择键（6L）。CDU 页面上指令将自动驾驶仪 B 衔接于 CWS 方式，提示维护人员确认自动驾驶仪 B CWS 方式开关灯亮，自动驾驶仪 B 能够衔接在 CWS 方式。CDU 页面上将显示 "TEST IN PROGRESS"，然后又指令维护人员将自动驾驶仪 B 衔接于 CMD 方式，提示维护人员确认自动驾驶仪 B 能够衔接在 CMD 方式。CDU 页面上将显示 "TEST IN PROGRESS"。然后显示交互式测试结果：互锁测试失败（*INTERLOCK* INTERLOCK TEST FAILED）或互锁测试通过（*INTERLOCK* INTERLOCK TEST PASSED）。

假设 CDU 页面上显示互锁测试失败(*INTERLOCK* INTERLOCK TEST FAILED),CDU 指令维护人员按压 TEST RESULT 旁边的行选择键以便查看失效数据。在该页面上显示可疑的 LRU 以及输入销钉号。排在最前面的 LRU 是最可疑的 LRU。

记录下 CDU 上显示的通道（A，B 或 A/B）、可疑 LRU 以及销钉号，可以在 CDU 显示的输入/输出销钉（INPUT/OUTPUT PINS）旁边找到通道数据，通道 A 对应于 FCC A，通道 B 对应于 FCC B。如果可疑 LRU 没有销钉号，则通道数据也就不显示。

在某些飞机上，触发故障信息的维护监控器也会被显示在 CDU 上，且跟随有可疑 LRU 列表和维护信息编号。维护信息编号用于确定故障隔离工卡。

交互式测试的内容还有 MCP 板上的航向选择器、高度警告、脱开警告等的交互式测试，在所有交互式测试完成后会有一个总结页面显示测试结果。假设 MCP 板上的航向选择器、高度警告、脱开警告等的交互式测试都通过，则互锁测试过程及目前状态测试总结页面如图 15.9 所示。

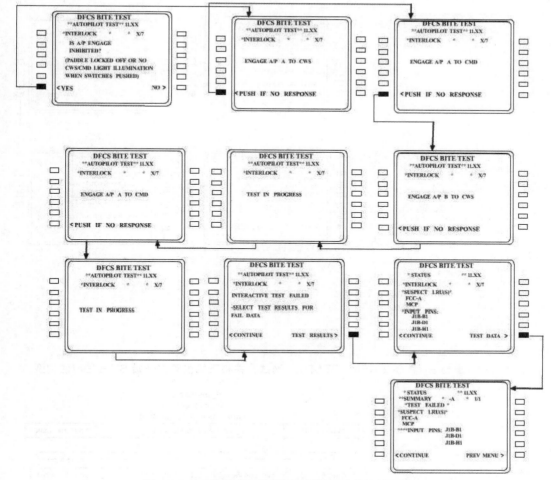

图 15.9 互锁测试过程及目前状态测试总结页面

浏览完测试总结页面上的测试结果后,可以连续按压 PREV MENU 旁边的行选择键(6R)回到上一级菜单。当页面上显示 EXIT 提示符时,连续按压该提示符旁边的行选择键,直到页面上显示* END OF DFCS BITE *、*EXIT CONFIGURATION*。执行该页面上的指令,可以将飞机恢复到开始 BITE 之前的构型。完成这些指令后继续按压 EXIT 提示符旁边的行选择键,推出 DFCS CURRENT STATUS 测试。退出 DFCS BITE 测试程序的过程如图 15.10 所示。

15.1.5 故障隔离程序

1. 根据维护信息查找故障隔离工卡

根据 CURRENT STATUS 测试的结果,有两个可疑 LRU,它们是 FCCA 和 MCP 板,相关的输入销钉分别是:J1B-B1、J1B-D1、J1B-H1,如图 15.9 中倒数第 2 张图所示。记录下可疑的 LRU,到 FIM 手册的第 22 章的维护信息索引中查找维护信息或 BITE 结果给出的可疑 LRU。对应于 FCCA,工卡号为 22-14 TASK 801;对应于 MCP 板,其工卡号为 22-11 TASK 817,如图 15.11 所示。

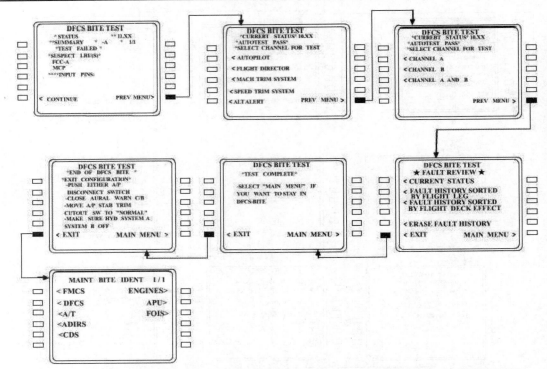

图 15.10　退出 BITE CURRENT STATUS 测试，并将飞机恢复到开始 BITE 之前的构型

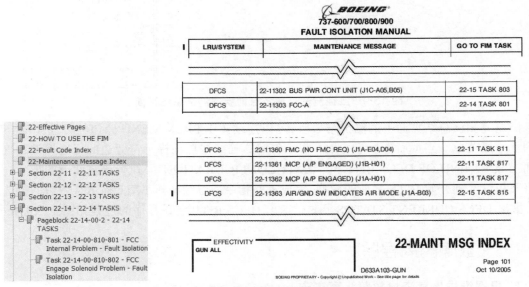

图 15.11　根据维护信息查找故障隔离工卡的过程

2. 针对维护信息 FCC A 的工卡 22-14 TASK 801

到 FIM 手册的 22 章找到针对维护信息 FCC A 的工卡 22-14 TASK 801，如图 15.12 所示。

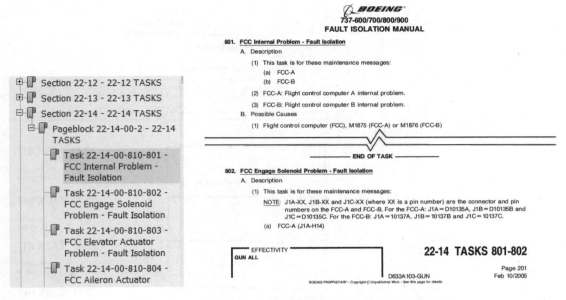

图 15.12 针对于 FCC-A 故障隔离的工卡 22-14 TASK 801

工卡中首先给出了该工卡适用的维护信息是 FCC A 和 FCC B,并列出了可能故障是 FCC A 和 FCC B。

进行初始化评估。因为故障信息是在 CURRENT STATUS 测试中显示的,所以确认故障依然存在,需要进行故障隔离程序。

工卡的第一步要求交换 FCC A 和 FCC B。交换后先按 FIM 22-11 TASK 802 执行 LRU REPLACEMENT 测试。假设测试通过,再按 FIM 22-11 TASK 801 执行一次 DFCS CURRENT STATUS 测试程序。

注意:如果测试结果没有故障,就会显示自动测试通过、交互式测试通过和操纵面测试通过页面。如果还有故障,则在自动测试页面、交互式测试页面或操纵面测试页面中显示相应的故障。

如果 BITE 测试的结果没有变化,维护信息和交换 FCC A 和 FCC B 之前相同,则再将 FCC A 和 FCC B 恢复到原来的位置。恢复以后再执行另外一个维护信息(MCP)的工卡 FIM 22-11-TASK 817。

如果 BITE 测试的结果是不再有 FCC 维护信息,或维护信息变为 FCC B,就拆下在 B 位置的 FCC,将位置 A 上的 FCC 移到位置 B 上,在位置 A 上安装一个新的 FCC。

再执行一次 FIM 22-11 TASK 801 A 通道 DFCS CURRENT STATUS 测试程序。如果测试通过,就已经消除了故障。

如果测试的结果和原来相同,维护信息依然是 FCC-A 和 MCP 板,则执行另外一个维护信息(MCP)的工卡 FIM 22-11-TASK 817。

3. 针对维护信息 MCP 板的故障隔离工卡及执行

到 FIM 手册后第 22 章的工卡中找到针对 MCP 的工卡 22-11 TASK 817,如图 15.13 所示。

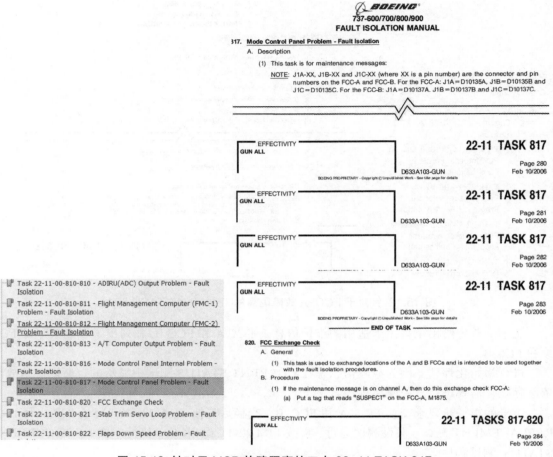

图 15.13 针对于 MCP 故障隔离的工卡 22-11 TASK 817

　　工卡中首先给出了该工卡适用的维护信息是 MCP，并列出了可能故障是 MCP 板或线路故障。然后进行初始化评估。因为故障信息是在 CURRENT STATUS 测试中显示的，所以确认故障依然存在，需要进行故障隔离程序。

　　执行该工卡的第一步，更换 MCP。更换后执行 DFCS　BITE LRU REPLACEMENT 测试，在通道 A 和通道 B 中对 MCP 板进行测试，测试工卡是 FIM 22-11 TASK 802。

　　如果测试通过，就已经消除了故障。

4. DFCS-LRU REPLACEMENT BITE 测试工卡及执行

　　由于在针对维护信息 MCP 的工卡中要求更换 LRU，且在更换后要求执行 DFCS　BITE LRU REPLACEMENT 测试，在通道 A 和通道 B 中对 MCP 板进行测试，测试工卡是 FIM 22-11 TASK 802。所以，到 FIM 手册的第 22 章找到该工卡，如图 15.14 所示。

5. LRU REPLACEMENT 测试工卡的启动方法和测试内容

　　测试人员通过 CDU 完成 DFCS LRU 更换测试。在本工卡中，使用数字式自动飞行控制系统 BITE 测试主菜单（DFCS BITE TEST MAIN MENU）下的 LRU 更换测试（LRU REPLACEMENT TEST）条目。

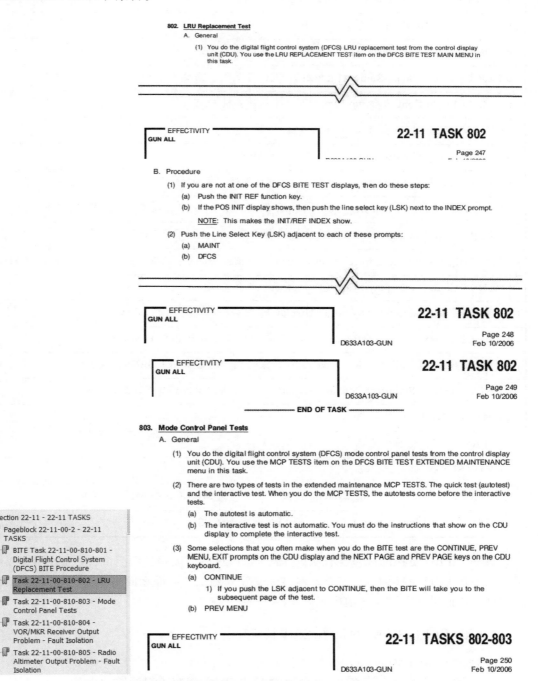

图 15.14 在 FIM 手册 22 章中查找所需工卡（22-11 TASK 802）

在 LRU 更换测试菜单下可测试的 LRU 见表 15.1。

表 15.1　某型飞机的 DFCS　LRU REPLACEMENT 可测试的 LRU

（a）ADIRU（Air Data Inertial Reference Unit）: 大气数据惯性基准组件 ADIRU
（b）A/T（Autothrottle）: 自动油门 A/T
（c）DME（Distance Measuring Equipment）: 测距机 DME
（d）LRRA（Low Range Radio Altimeter）: 低高度无线电高度表 LRRU
（e）FCC（Flight Control Computer）: 飞行控制计算机 FCC
（f）LNAV（Lateral Navigation）: 水平导航
（g）MCP（Mode Control Panel）: 方式控制板 MCP
（h）FMC（Flight Management Computer）: 飞行管理计算机 FMC
（i）SMYDC（Stall Management Yaw Damper Computer）: 失速管理偏航计算机 SMYDC
（j）VOR（VHF Omnidirectional Receiver）: 甚高频全向信标系统 VOR
（k）MMR/ILS（Multi-Mode Receiver/Instrument Landing System）: 多模式接收机/仪表着陆系统 MMR/ILS
（l）CDS（Common Display System）: 通用显示组件 CDS
（m）ISFD（Integrated Standby Flight Display）: 组合备用飞行显示 ISFD
（n）PITCH SENS（Pitch Position Sensors）: 俯仰位置传感器 PITCH SENS
（o）ROLL SENS（Roll Position Sensors）: 横滚位置传感器 ROLL SENS
（p）STAB SENS（Stabilizer Position Sensors）: 安定面位置传感器 STAB SENS
（q）MACH TRIM: 马赫配平
（r）FLAP SENS: 襟翼传感器
（s）YAW SENS: 偏航传感器
（t）MLS（Microwave Landing System）: 微波着陆系统 MLS（如果 MLS 安装）
（u）GPS（Global Positioning System）: 全球定位系统 GPS

　　每一个 LRU 更换测试包含有测试库的号。测试库可以是自动测试，交互式测试或舵面测试。如果在 LRU 更换测试中有自动测试和交互式测试（或操纵面测试），则自动测试在交互式测试（或操纵面测试）之前出现。

6. LRU REPLACEMENT 测试工卡执行

LRU REPLACEMENT TEST 的过程如图 15.15 所示。

　　按压 IDENT 按钮，使 CDU 上显示 INIT/REF INDEX（起始/参考索引页）；在该页上按压 MAINT 旁边的行选择键，使 CDU 显示 MAINT BITE INDEX（维护菜单索引）页面；在该页上按压 DFCS 旁边的行选择键，使 CDU 显示 DFCS BITE TEST *MAIN MENU*（数字式飞行控制系统 BITE 测试 *主菜单*）页面；在该页上按压 LRU REPLACEMENT TEST 旁边的行选择键，使 CDU 显示 DFCS BITE TEST *LRU REPLACEMENT *（数字式飞行控制系统 BITE 测试 *航线可更换组件*）通道选择页面；在该页上按压 CHANNEL A 旁边的行选择键，为测试选择通道 A，使 CDU 显示 DFCS BITE TEST *LRU REPLACEMENT *（数字式飞行控制系统 BITE 测试 *航线可更换组件*）页面；在该页面上选择 MCP 板旁边的行选择键，启动航线可更换 DFCS BITE TEST *LRU REPLACEMENT **AUTOTEST INIATILIZION*（数字式飞行控制系统 BITE 测试 *航线可更换组件**自动测试初始化*）页面。

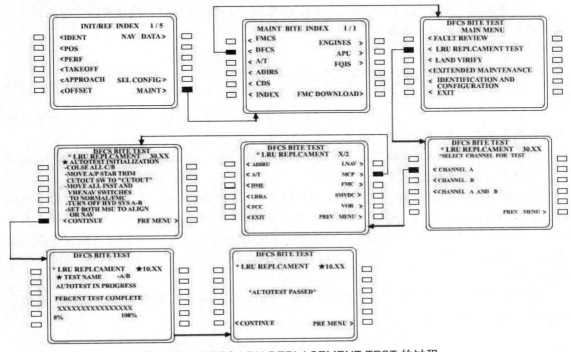

图 15.15 DFCS LRU REPLACEMENT TEST 的过程

假设测试人员已经完成了初始化的所有动作，则系统将进入 DFCS BITE TEST *LRU REPLACEMENT *（数字式飞行控制系统 BITE 测试 *航线可更换组件*）自动测试，显示正在对 MCP 板的接口进行测试，CDU 上就会显示 AUTOTEST IN PROGRESS（自动测试正在进行），并显示测试已经完成的百分比。在测试完成 100%后显示测试通过或测试失败。

假设自动测试通过，则继续进行互锁测试。首先分别按压自动驾驶仪 A CWS 电门和自动驾驶仪 A CMD 电门，以及自动驾驶仪 B CWS 电门和自动驾驶仪 B CMD 电门确认自动驾驶仪 A 和自动驾驶仪 B 的衔接都受到抑制；然后再按压自动驾驶仪 A CWS 电门，确认电门灯亮，CDU 上显示 TEST IN PROCESS；再按压自动驾驶仪 A CMD 电门，确认电门灯亮，CDU 上显示 TEST IN PROCESS；最后显示 INTERACTIVE TEST PASSED 或 INTERACTIVE TEST FAILED。

如果 CDU 上显示 INTERACTIVE TEST PASSED（交互式测试通过），则测试完成，没有故障。当完成最后的交互式测试后，会有一个总结页面，上面显示 INTERACTIVE TEST FAILED（交互式测试失败），或 ALL TESTS PASSED（所有测试通过）。

如果显示 INTERACTIVE TEST FAILED（交互式测试失败），则请查看测试结果，并记录下通道号、可疑 LRU 及销钉号，并参照本章最开头的表格，找到与维护信息对应的故障隔离工卡。

如果显示的是"ALL TESTS PASSED（所有测试通过）"，则退出 LRU REPLACEMENT BITE 测试，回到先前的 MCP 板故障隔离程序 FIM 22-11-817。

假设显示的是"ALL TESTS PASSED（所有测试通过）"，则退回到 MCP 板故障隔离程序 FIM 22-11-817，该工卡的下一步是说"如果测试通过，就已经消除了故障"。

最后再回到 FIM 22-11 TASK 801，执行 DFCS BITE CURRENT，确认故障信息不存在。则 DFCS 系统的故障已经消除。

15.1.6　DFCS 故障诊断总结

根据飞行人员在飞行日志上记录的观察到的故障，维修人员使用 FIM 手册或 BITE 手册找到故障代码和 FIM 工卡。

FIM 工卡要求维修人员对数字式自动飞行控制系统进行 BITE 测试，通过 DFCS BITE 测试，维修人员可以找到该故障的维护信息。

利用从 BITE 中获得的该维修信息，可以找到另外的 FIM 工卡。该 FIM 工卡列出了可能的故障是 FCC A 或 FCC B。按照 FIM 工卡的步骤执行相关步骤，交换了两个 FCC 后，重新执行了 DFCS CURRENT STSTUS 测试，若测试的现象和交换 FCC 之前相同，则说明故障没有消除。然后到另外一个维护信息，执行另外一个工卡，工卡上显示可能故障是 MCP 板或线路故障。

更换了 MCP 板，并进行了 MCP 板的 LRU REPLACEMENT BITE 测试，则测试的结果表示已经消除了故障。

15.2　自动油门故障诊断

在本例中的飞机上，A/T 系统中有一个 BITE 程序监控器用于监控系统的工作情况。A/T 计算机在存储器中记录可疑 LRU。工程技术人员使用 CDU 上的 A/T BITE，可以看到这些记录下来的失效，工程技术人员还使用 A/T BITE 检查系统的工作情况。在其他飞机上，可能是通过多功能控制显示组件来完成这一功能。

飞行日志中飞行员已经报告了自动油门有故障，有故障代码和故障描述。故障代码为 223 060 48，故障描述为当按压起飞/复飞（TO/GA）电门时，两个油门杆都不往前移动（FAULT CODE 223 060 48, Both thrust levers did not move forward when the TO/GA switch pushed.），如图 15.16 所示。

由于已经知道了该故障的代码为 223 060 48，所以可以直接到 FIM 手册的 22 章故障代码索引中查找该故障对应的工卡，如图 15.17 所示。查到的工卡号为 22-32 TASK 804。然后到 FIM 手册的第 22 章找到 22-32 TASK 804，图 15.18 所示为该工卡的第一页和最后一页的一部分。

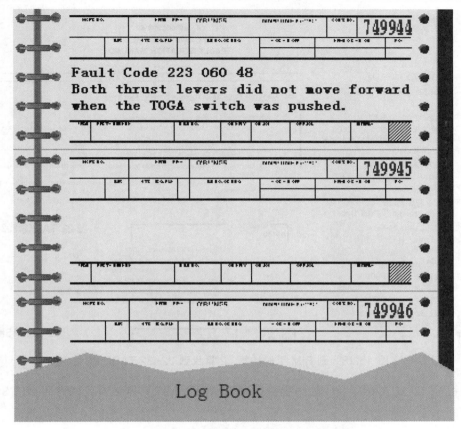

Fault Code 223 060 48
Both thrust levers did not move forward
when the TOGA switch was pushed.

749944

749945

749946

Log Book

图 15.16　飞行日志中报告的自动油门故障

737-600/700/800/900
FAULT ISOLATION MANUAL

FAULT CODE	FAULT DESCRIPTION	GO TO FIM TASK
222 030 00	Yaw damper: disengaged automatically, YAW DAMPER light came on.	27-32 TASK 801
223 050 00	Autothrottle: status does not show on flight mode annunciator.	22-32 TASK 807
223 060 48	Autothrottle: thrust lever does not move forward when TO/GA switch is pushed - engine 1 and engine 2.	22-32 TASK 804
223 060 51	Autothrottle: thrust lever does not move forward when TO/GA switch is pushed - engine 1.	22-32 TASK 804
223 080 48	Autothrottle: does not go to reduced N1 when TO/GA switch is pushed one time during go-around - engine 1 and engine 2.	22-32 TASK 804

- Chapter 22 - AUTOFLIGHT
  - 22-Effective Pages
  - 22-HOW TO USE THE FIM
  - 22-Fault Code Index
  - 22-Maintenance Message Index
  - Section 22-11 - 22-11 TASKS
  - Section 22-12 - 22-12 TASKS
  - Section 22-13 - 22-13 TASKS
  - Section 22-14 - 22-14 TASKS
  - Section 22-15 - 22-15 TASKS
  - Section 22-16 - 22-16 TASKS
  - Section 22-17 - 22-17 TASKS
  - Section 22-23 - 22-23 TASKS

EFFECTIVITY
GUN ALL

22-FAULT CODE INDEX

图 15.17　到 FIM 手册的 22 章故障代码索引中查找该故障代码为 223 060 48 的故障的工卡号

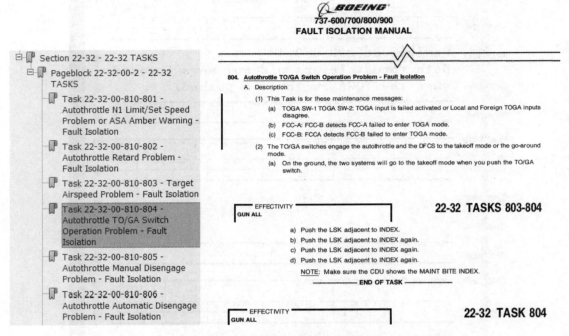

图 15.18　到 FIM 手册的第 22 章找到 22-32 TASK 804

　　然后根据 22-32 TASK 804 的内容执行该工卡的步骤，具体细节可以参照 DFCS 工卡的执行过程。这里不再讨论。

15.3　偏航阻尼器故障诊断

15.3.1　偏航阻尼器的故障记录以及工卡查询

　　如图 15.19 所示，飞行员在飞行日志上记录了故障，记录的故障描述为：飞行中，偏航阻尼器断开，尝试几次后，又能接通（The Yaw Damper disengaged during flight. After several attempt, it engaged again.）。

　　在实施故障隔离之前先确认该故障目前还存在，这需要在飞行操纵面板上操纵偏航阻尼器的开关。由于偏航阻尼器的操纵需要液压动力，所以，在进行偏航阻尼器故障隔离时，在施加液压动力之前，一定要确认所有人员和设备已经离开了操纵面，否则，在施加液压动力时，升降舵、副翼、方向舵、襟翼、缝翼等会突然偏转，对周围的人员和设备造成伤害或损坏。

　　将偏航阻尼器控制电门置于 ON 位，如果松手后电门回到 OFF 位，则说明偏航阻尼器仍然不能接通，该故障仍然存在。

　　根据故障描述，在 FIM 手册前言的观察到的故障（按字母顺序列表）中查找到对应的工卡，工卡号为 FIM 27-32 TASK801，如图 15.20 所示。

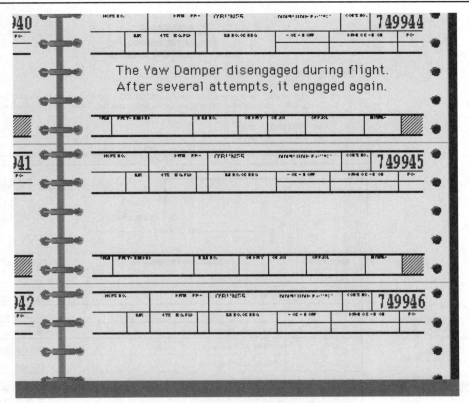

图 15.19　飞行日志上记录的偏航阻尼器故障

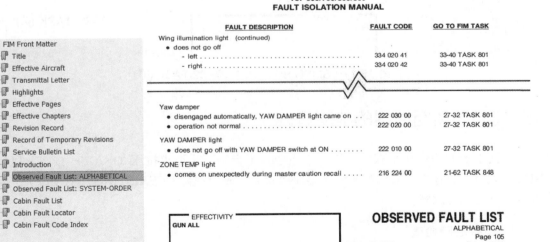

图 15.20　在观察到的故障（按字母顺序列表）中查找所需工卡

　　到 FIM 手册的第 27 章，找到工卡 27-32 TASK801，该工卡号为 27-32 TASK 801，名称为失速管理偏航阻尼器故障隔离——BITE 程序（Stall management Yaw Damper——BITE PROCEDURE）。该工卡共有两页，如图 15.21 所示。

737-600/700/800/900
FAULT ISOLATION MANUAL

801. **Stall Management Yaw Damper BITE Procedure**

　　A. General

　　　　(1) You do the stall management yaw damper (SMYD) BITE test at the front of the SMYD module. The SMYD is on the E3-2 shelf in the electronic equipment bay. These are the menu items in the SMYD BITE that you will use in this task:

　　　　　　(a) EXISTING FAULTS

　　　　　　(b) FAULT HISTORY

EFFECTIVITY
GUN ALL

27-32 TASK 801

Page 201
Oct 10/2005

D633A103-GUN

—— **END OF TASK** ——

LRU/SYSTEM	MAINTENANCE MESSAGE	GO TO FIM TASK
SMYD - 1	27-31000 SMYD fault	27-32 TASK 832
SMYD - 1	27-31001 SMYD SW fault	27-32 TASK 832
SMYD - 1	27-31002 S/S no power	27-32 TASK 805
SMYD - 1	27-31003 SM 28VAC invalid	27-32 TASK 807
SMYD - 1	27-31004 AOA sig error	27-32 TASK 809
SMYD - 1	27-31005 FLAP sig error	27-32 TASK 811
SMYD - 1	27-31006 LE shows asymetry	27-32 TASK 813
SMYD - 1	27-31007 air/gnd in air	27-32 TASK 814
SMYD - 1	27-31009 SW tst sw short	27-32 TASK 815
SMYD - 1	27-31010 prgm pin error	27-32 TASK 816

EFFECTIVITY
GUN ALL

27-32 TASK 801

Page 202
Oct 10/2005

D633A103-GUN

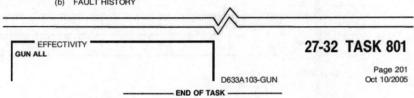

图 15.21　SMYD BITE 工卡 27-32 TASK 801

15.3.2　偏航阻尼器的故障查询

　　根据工卡的程序按步骤完成该工卡指令。工卡第一步要求按压 ON/OFF 按钮，以启动 BITE。启动 BITE 之后看到的第一个显示菜单是"现有故障?（EXISTING FAULT?）"，问是否需要查看现有故障。

1. 现有故障检查

SMYD 现有故障检查的过程如图 15.22 所示。

　　按压"是（YES）"按钮，以检查现有故障。如果有现有故障，显示器上将显示现有故障列表中的第一个故障。如图中显示的是"线性可变差动传感器错误（LVDT ERROR）"，则记下该维护信息，你可以利用该维护信息在 FIM 中找到维护工卡。

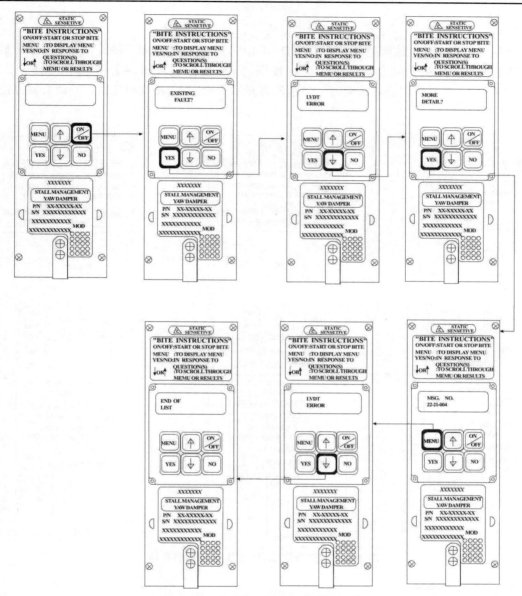

图 15.22 SMYD BITE 现有故障查询

　　按压向下箭头按钮，显示器上将显示"更多细节？（MORE DETAILS?）"，按压"是（YES）"按钮，以便查看该故障的细节——即该故障的维护信息号。如图中显示的故障细节是"信息号码，第 22-21004（MSG. NO.22-21004）"，记下该故障细节，利用该数据以及刚才记录的维护信息可以找到纠正该故障的维护工卡。

　　按压 MENU 按钮，直到显示现有故障列表中的第一个故障 LVDT ERROR。按压向下箭头按钮，可以看到下一个故障。当显示器上显示"故障列表结束（END OF LIST）"时，表示列表中已经没有故障了。

　　现有故障检查完成后需要进行离合器复位。

2. 离合器复位

当显示器上显示"故障列表结束（END OF LIST）"时，按压向下箭头，显示器上将显示"RESET LATCHES？（离合器复位？）"；按压 YES 按钮，显示器上将显示"RESET IN PROGRESS"；当复位离合器结束时，显示器将显示"EXISTING FAULT？"。离合器复位过程如图 15.23 所示。

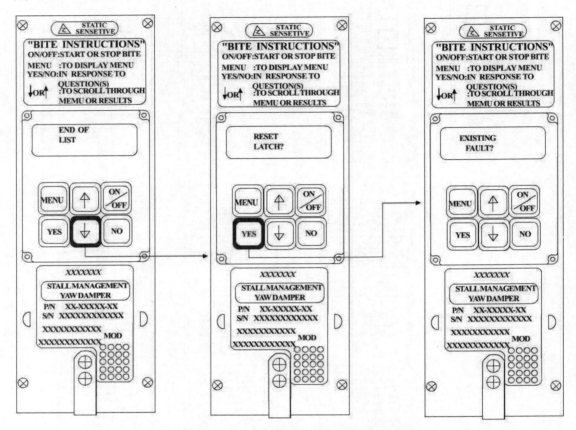

图 15.23　SMYD BITE 过程中复位离合器

3. 故障历史查询

复位离合器结束后，在显示器上显示"EXISTING FAULT？"，按压向下箭头按钮或 NO 按钮，直到显示器上显示"FAULT HISTORY？（历史故障？）"，表示已经进入历史故障检测菜单。按压 YES 按钮，检查历史故障。显示器上显示"FLIGHT LEG 0？"，按压 YES 按钮检查飞行航段 0 的历史故障。显示器上将显示飞行航段 0 中发生的故障列表中的第一个故障，如图 15.24 中所示该故障为 LVDT ERROR。按压向下按钮，显示器显示"MORE DETAILS？"按压 YES 按钮，以便查看该故障的细节，即该故障的维护信息号。如图 15.24 中显示器上显示的故障细节是：信息号码，22-21004（MSG. NO.22-21004）。记下该故障细节，利用该数据以及刚才记录的维护信息可以找到纠正该故障的维护工卡。

SMYD 故障历史检查的过程如图 15.24 所示。

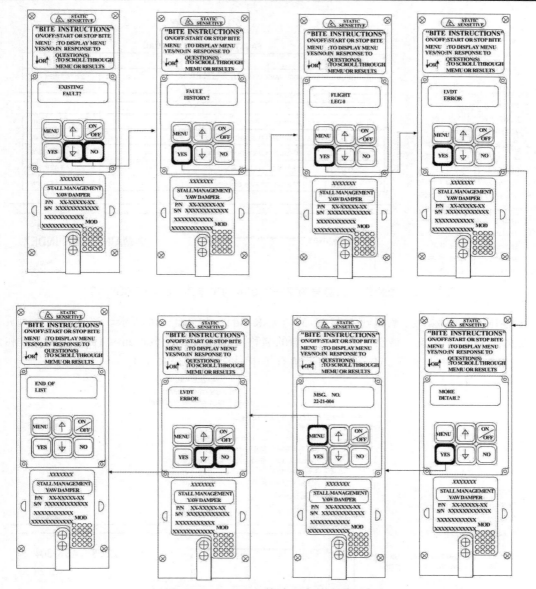

图 15.24　SMYD 故障历史检查的过程

按压 MENU 按钮，将回到飞行航段 0 故障列表中的第一个故障（LVDT ERROR）。按压向下箭头按钮或 NO 按钮，以便查看下一个故障。如果显示器显示 END OF LIST，就表示飞行航段 0 故障列表中已经没有故障，你已经完成了历史故障的检查。

15.3.3　偏航阻尼器的故障隔离

根据维护信息号 22-21004 和维护信息 LVDT ERROR 到 FIM 手册的第 22 章的维护信息索引（MAINTENANCE MESSAGE INDEX）部分查找到该维护信息号对应的工卡为 22-23 TASK 804，如图 15.25 所示。

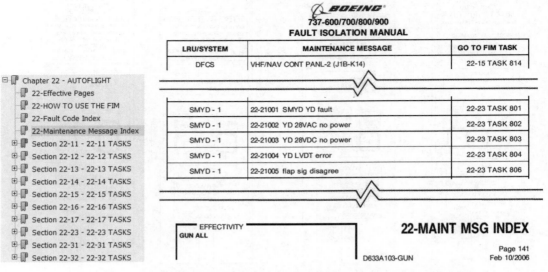

图 15.25　查找维护信息号为 22-21004 的工卡为 22-23 TASK 804

　　到 FIM 手册的第 22 章找到工卡 22-23 TASK 804，如图 15.26 所示。该工卡共有两页，图 15.26 所示为第一页，该页的顶部有工卡的名称 Rudder PCU Problem - Fault Isolation 和该工卡在该组工卡中的序号 804，并在右下角有工卡号 22-23 TASK 804。

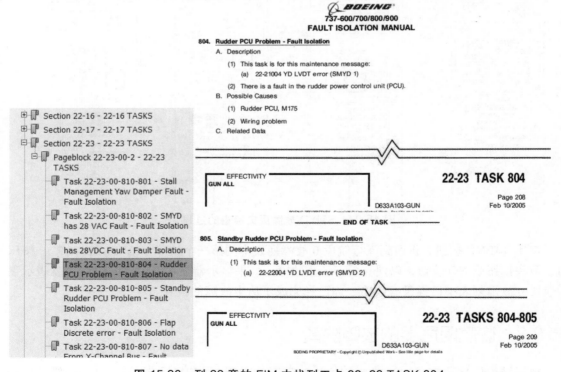

图 15.26　到 22 章的 FIM 中找到工卡 22-23 TASK 804

　　工卡首先给出了本工卡的适用对象是维护信息 22-21004 YD LVDT error（SMYD 1），在方向舵动力控制组件（Power Control Unit，PCU）内有故障。可能故障列表中有方向舵动力控制组件（M175）和/或线路故障，有关数据有（SSM 22-23-12）和（WDM 22-23-12）。

1. 初始评估

在故障隔离之前应先进行初始评估。初始评估的步骤如下：

如果在 SMYD1 BITE：EXISTING FAULT 中不显示该故障信息，则该故障为间歇性故障；如果在 SMYD1 BITE：EXISTING FAULT 中显示该故障信息，则需要完成方向航动力控制组件（M175）故障隔离和线路故障的故障隔离。

2. 方向舵动力控制组件（M175）故障隔离

方向舵动力控制组件（M175）故障隔离中首先要求更换方向舵动力控制组件（M175）。更换完成后，执行 Stall Management Yaw Damper BITE Procedure，27-32 TASK 801，进行 SMYD 1 BITE：EXISTING FAULTS test。如果维护信息不再显示，则故障已经排除；如果维护信息依然显示，则进行下一个故障（线路故障）的故障隔离。

3. 线路故障的故障隔离

线路故障的隔离首先要求拆下 SMYD1，并检查连接器和插座，看看是否有弯曲或损坏的插脚以及连接器和插座是否有污垢或损坏。然后检查表 15.2 中对应行的插钉之间是否连续、插钉之间是否短路以及销钉与结构接地点之间是否短路。

表 15.2　YD LVDT ERROR 的线路故障中需要检查的插钉

D291（RudderPCU）·······················D3683B（SMYD1）
pin 12 ·································· pin B30
pin 11 ·································· pin B16
pin 4 ·································· pin B29
pin 10 ·································· pin B13
pin 7 ·································· pin B40
pin 6 ·································· pin B41
pin 1 ·································· pin A39

如果发现线路有故障，就修理线路，并重新将连接器 D291 连接到方向舵动力控制组件 M175 上，重新安装 SMYD1（M1747），执行 Stall Management Yaw Damper BITE Procedure，27-32 TASK 801，进行 SMYD 1 BITE：EXISTING FAULTS test。如果 SMYD1 上不再显示维护信息，则说明已经消除了故障。

如果在线路中没有发现故障，则重新将连接器 D291 连接到方向舵动力控制组件 M175 上，重新安装 SMYD1（M1747）；如果 SMYD1 上不再显示维护信息，则说明已经消除了故障。

15.4 自动飞行控制系统中安装和拆除部件时应注意的问题

15.4.1 拆装 FCC 时必须注意静电防护

因为 FCC 是静电敏感元件，在未放掉静电之前请不要接触 FCC，否则将对 FCC 造成损坏。

15.4.2 安装各传感器时应进行检查

在安装传感器时要检查基准线是否对齐，DFCS 的 BITE 目前状态检测可以发现传感器是否失效。使用 DFCS BITE 安装测试可以检查传感器是否调整妥当，也可以使用 DFCS BITE 模拟传感器测试检查传感器的输出信号是否符合要求。

在对横滚 CWS 力传感器进行调节时，应在轴和筒之间的空隙处放上垫片。调节完成后，应确认已经将垫片拿掉。

15.4.3 在拆除自动驾驶仪舵机、偏航阻尼器舵机、自动油门舵机时的注意事项

副翼、升降舵、方向舵、扰流板和减速板等的操纵系统可能在拆除液压动力时突然移动，对人员或设备造成伤害。所以，在拆除自动驾驶仪舵机、偏航阻尼器舵机以及自动油门舵机之前，需要隔离这些操纵系统或在这些操纵系统上挂上吊牌。

特别是在副翼附近工作时，必须仔细安装所有起落架上的地面锁。起落架的意外收上可能伤害到人员或损坏设备。

15.4.4 施加液压动力时的注意事项

在加液压动力前保证所有操纵面附近没有人员和设备，因为当施加液压动力时，副翼、方向舵、升降舵、襟翼、扰流板、起落架和反推可能快速运动，这可能伤害到人员或损坏设备。

15.4.5 自动驾驶仪地面检验的通用步骤

当自动驾驶仪断开时，应熟练地操纵飞机的操纵系统，检查它们是否能够平滑地工作，是否没有过大的阻力以及和自动驾驶仪部件之间是否存在冲突，检查自动驾驶仪是否和飞机状态一致，通常涉及诸如钢索的张力、力矩的设置、间隙的调整等。

在自动驾驶仪接通前，为了进行检查，允许陀螺通电加速到额定转速。这大概需要 2 ~ 4 min。自动驾驶仪接通后，做以下的检查工作：

（1）将控制板上的转弯旋钮向左转，观察方向舵脚蹬和驾驶仪盘是否向正确的方向转动，以表示飞机在向左转弯。转动应该柔和，没有过大的冲击或延迟。

（2）将控制板上的转弯旋钮向右转，观察方向舵脚蹬和驾驶仪盘是否向正确的方向转动。

（3）将控制板上的俯仰旋钮向上/下转，驾驶杆此时向后和向前运动。

（4）如果自动驾驶仪具有自动俯仰配平，检查在驾驶杆前后移动过程中配平控制系统的移动方向。当驾驶杆向后移动时，配平系统应该是使机头向上，反之亦然。

（5）自动驾驶仪接通后，抓住驾驶杆/盘并施加一定的力，试图操控自动驾驶仪。如果自动驾驶仪调整合适，是可以把自动驾驶仪操控的，但所需的力很大。

（6）检查所有控制及开关，观察截获及显示情况。

（7）在滑行过程中，可以检查航向保持方式（HDG HLD）的工作情况。

（8）检查自动驾驶仪的断开开关，以保证自动驾驶仪能够快速断开。自动驾驶仪可能有好几种断开方法，要求检查所有的断开方法。

（9）如果飞机上有飞行指引仪，则可通过 ADI 或 EADI 上的指令杆检查它的指示是正确的，检查自动驾驶仪的通告是正确的。

（10）在滑行过程中，可以检查偏航阻尼器的工作情况，当机组操纵飞机转弯时，偏航阻尼器应往相反的方向启动方向舵，这可以从偏航阻尼器指示器的显示上观察出来。

如果飞机上同时安装有自动驾驶仪和飞行指引仪，则将它们进行对比，有助于排故。自动驾驶仪和飞行指引仪共享很多部件，但一些部件是自动驾驶仪单独使用的。地面校验时，通过比较自动驾驶仪和飞行指引仪的显示，可以找到问题的根源。如果飞行指引仪提供了一个错误的操纵指令，而自动驾驶仪也在往同样错误的方向驱动操纵面的话，问题很可能就是自动驾驶仪和飞行指引仪共享部件所具有的，比如传感器或计算机。如果飞行指引仪提供的是正确的、使飞机抬头的操纵指令，但自动驾驶仪驱动操纵面的方向却与该指令不一致，问题就不可能出在传感器或计算机上。

一些关于自动驾驶仪失效的抱怨是来自其他相关部件，而不是来自自动驾驶仪本身。比如，如果飞行员报告自动驾驶仪不能跟踪 VOR 航道，问题可能出在向自动驾驶仪传递无线电信号的线路上，而不是出在自动驾驶仪本身。诸如安装问题或主操纵钢索的接地问题等可能对自动驾驶仪的工作有不利影响。因为自动驾驶仪的交互和互连都比较复杂，所以，在自动驾驶仪故障判断与排除以及维护工作中，有必要对自动驾驶仪的知识进行系统而彻底的掌握。

复习思考题

1. 举例说明如何利用 BITE 信息完成对自动驾驶仪、自动油门、偏航阻尼器的维护 BITE。

附　　录

一、表格清单

表 1.1　国外主要民机使用自动飞行控制系统的情况 ……………………………… 3

表 10.1　某型飞机马赫（Ma）数与马赫配平作动面的偏转角度典型点的对应关系 ……… 184

表 12.1　飞控系统常用机载总线 ……………………………………………… 199

表 14.1　性能监测、故障检测和故障隔离所对应的 BITE 的特点和要求 …………… 215

表 15.1　某型飞机的 DFCS LRU REPLACEMENT 可测试的 LRU …………………… 242

表 15.2　YD LVDT ERROR 的线路故障中需要检查的插钉 ……………………… 253

二、图片清单

图 1.1　在飞行管理计算机统一管理下的自动飞行控制系统和自动油门 …………… 2

图 1.2　自动飞行控制系统的分系统 …………………………………………… 5

图 2.1　流线谱和流管 ………………………………………………………… 10

图 2.2　流体的连续性定理 …………………………………………………… 10

图 2.3　流体的伯努利定理 …………………………………………………… 11

图 2.4　翼型 …………………………………………………………………… 12

图 2.5　翼弦 …………………………………………………………………… 12

图 2.6　迎角 …………………………………………………………………… 12

图 2.7　飞机的总空气动力、升力和阻力 ……………………………………… 12

图 2.8　压力中心图 …………………………………………………………… 13

图 2.9　机翼压力分布的矢量表示法 …………………………………………… 13

图 2.10　飞机的升力系数曲线 ………………………………………………… 14

图 2.11 某型飞机的阻力系数曲线 ·· 15

图 2.12 某机型的升阻比曲线 ·· 15

图 3.1 飞机的主要组成 ·· 16

图 3.2 飞机纵轴（OX）、飞机横滚运动方向 以及横滚操纵面 ··················· 17

图 3.3 飞机横轴（OY）、飞机俯仰运动方向和俯仰操纵面 ····················· 17

图 3.4 飞机立轴（OZ）、飞机偏航运动方向和偏航操纵面 ····················· 18

图 3.5 重心位置表示法 ·· 18

图 3.6 平均空气动力弦的定义 ·· 18

图 3.7 飞机操纵面 ·· 18

图 3.8 方向舵右偏引起飞机向右偏航的原理 ······································ 19

图 3.9 左副翼向下，右副翼向上引起飞机向右滚转的原理 ·························· 19

图 4.1 飞机匀速直线运动时的平衡条件 ·· 21

图 4.2 飞机纵轴（OX）、飞机横滚运动方向 以及横滚操纵面 ··················· 22

图 4.3 飞机横轴（OY）、飞机俯仰运动方向和俯仰操纵面 ····················· 22

图 4.4 稳定、不稳定及中立稳定 ·· 23

图 4.5 具有静稳定性和动稳定性的物体受扰后的响应情况 ·························· 24

图 4.6 物体具有静不稳定性和动不稳定性的响应情况 ····························· 25

图 4.7 物体具有动中立稳定性的响应情况 ·· 25

图 4.8 飞机的静稳定性，静中立稳定性和静不稳定性 ······························ 26

图 4.9 机翼的焦点 ·· 27

图 4.10 飞机的焦点 ··· 27

图 4.11 飞机受到干扰上仰后俯仰稳定力矩的产生 ································· 28

图 4.12 具有静不稳定性和动不稳定性的飞机，在受到扰动偏离原位置后的响应情况 ····· 28

图 4.13 具有中立静稳定性和中立动稳定性的飞机，在受到扰动偏离原位置后的响应情况 29

图 4.14 具有静稳定性和动不稳定性的飞机受扰动偏离原位置后的响应情况 ··········· 29

图 4.15 铰链力矩和操纵力矩 ··· 30

图 4.16 失速警告传感器的安装位置及原理 ······································· 31

图 4.17 失速警告抖杆器 ·· 32

图 4.18 失速警告测试电门 ·· 32

图 5.1　飞行员与飞机构成的闭环系统 ··· 34

图 5.2　自动驾驶仪与飞机构成的闭环系统 ······································· 34

图 5.3　三通道自动驾驶仪的组成 ·· 35

图 5.4　自动驾驶仪一个通道的组成 ··· 36

图 5.5　自动驾驶仪的舵回路 ··· 37

图 5.6　自动驾驶仪的稳定回路 ·· 38

图 5.7　自动驾驶仪的控制（制导）回路 ··· 38

图 5.8　自动驾驶仪同步回路 ··· 39

图 5.9　自动驾驶仪副翼通道的原理图 ·· 40

图 5.10　自动驾驶仪升降舵通道的原理图 ·· 40

图 5.11　自动驾驶仪方向舵通道控制方案 1——方向舵通道中仅输入侧滑角信号 ········ 41

图 5.12　自动驾驶仪方向舵通道控制方案 2
——方向舵通道中同时输入坡度角和偏航速率信号 ····························· 41

图 5.13　飞机协调转弯受力图 ·· 42

图 5.14　机翼水平，不需要进行升力补偿 ·· 43

图 5.15　飞机坡度较大时，升力补偿信号的产生原理 ·························· 43

图 5.16　自动驾驶仪 3 个通道之间的关系 ·· 44

图 5.17　自动驾驶仪稳定飞机的工作过程 ·· 45

图 5.18　角位移式自动驾驶仪的控制板 ··· 46

图 5.19　角位移式自动驾驶仪操纵飞机姿态的原理 ···························· 47

图 5.20　简单比例式自动驾驶仪稳定飞机的过程 ······························· 47

图 5.21　比例式加阻尼式自动驾驶 稳定飞机的过程 ··························· 48

图 5.22　轨迹控制式自动驾驶仪一般结构图 ····································· 50

图 5.23　高度稳定系统构成 ··· 50

图 5.24　轨迹控制中自动飞行控制系统与导航系统的关系 ··················· 51

图 5.25　自动驾驶仪控制板 1 ·· 52

图 5.26　自动驾驶仪控制板 2 ·· 52

图 5.27　自动驾驶仪和飞行指引仪的方式通告牌 ······························· 53

图 5.28　自动驾驶仪伺服作动系统框图 ··· 54

图 5.29　直流电动舵机的原理 ·· 55

图 5.30　由自动驾驶仪直接控制的液压动力组件 ·· 55

图 5.31　转换活门的原理（指令信号为零时）··· 56

图 5.32　转换活门的原理（指令信号不为零时）··· 56

图 5.33　舵机驱动舵面的原理（自动驾驶仪没有接通的情形）···························· 57

图 5.34　自动驾驶仪舵机驱动舵面的原理（自动驾驶仪接通后的情形）··············· 58

图 5.35　本教材中条件是否满足的符号说明 ··· 59

图 5.36　A/P 衔接前横滚通道的同步 ·· 59

图 5.37　A/P 衔接后，横滚通道稳定接通瞬间飞机横滚姿态的原理 ···················· 60

图 5.38　转动转弯旋钮后，伺服电机驱动控制同步器转子转动，迫使飞机压坡度的原理····· 61

图 5.39　转弯旋钮突然接入 45°的信号，但同步器转子和飞机姿态还没有变化 ······· 62

图 5.40　横滚速率限制器将同步器转子和飞机的转动速率限制在 5°/s，
但飞机姿态还未达到 30° ··· 63

图 5.41　坡度限制器已经将飞机的坡度限制在了 30° ·· 63

图 5.42　HDG HOLD（航向保持）方式的原理 ·· 64

图 5.43　自动驾驶仪衔接前俯仰通道的同步 ··· 64

图 5.44　自动驾驶仪衔接后俯仰通道姿态保持的原理 ··· 65

图 5.45　自动驾驶仪俯仰通道高度保持方式，A/P 舵机 LVDT 信号
抵消高度误差信号的原理 ··· 66

图 5.46　自动驾驶仪俯仰通道高度保持方式，姿态误差信号增加，
AP 舵机 LVDT 信号减小 ·· 66

图 5.47　自动驾驶仪俯仰通道高度保持方式，姿态误差信号抵消高度误差信号 ······· 66

图 5.48　CWS 力传感器的原理 ··· 67

图 5.49　俯仰 CWS 力传感器和横滚 CWS 力传感器的安装位置 ························· 67

图 5.50　横滚通道 CWS 方式的原理 ·· 68

图 5.51　飞行员松手后自动驾驶仪保持松手瞬间飞机姿态的原理 ························· 69

图 5.52　驾驶盘上自动驾驶仪的脱开开关 ·· 72

图 5.53　驾驶盘上自动驾驶仪的脱开开关 ·· 72

图 5.54　安装在顶板上的自动驾驶仪脱开警告喇叭 ··· 73

图 5.55　自动驾驶仪脱开警告灯 ·· 73

图 6.1　飞行指引仪系统的组成（图中虚框内部分）·· 75

图 6.2　带十字形指引杆的姿态指引仪的指引信号 ……………………………… 76

图 6.3　带八字形指引杆的姿态指引仪的指引信号 ……………………………… 77

图 6.4　飞行指引的控制板 ………………………………………………………… 77

图 6.5　飞行指引仪方式通告牌 …………………………………………………… 79

图 6.6　飞行指引仪的方式通告牌 ………………………………………………… 79

图 6.7　飞行姿态指引系统工作原理图 …………………………………………… 80

图 6.8　HDG SEL 方式下横滚指引杆的指引情况——假设的初始状态 ………… 81

图 6.9　横滚指引杆的指令——向右压坡度的指令 ……………………………… 81

图 6.10　横滚指引杆的操作——跟随指令压坡度后的显示情况 ………………… 81

图 6.11　横滚指引杆的指令——接近目标航向时将飞机改平的指令 …………… 82

图 6.12　横滚指引杆的指令——排斥机翼水平，将飞机保持在目标航向上 …… 82

图 6.13　飞机指引仪的横滚指引信号举例 ………………………………………… 83

图 7.1　飞行控制计算机的自动驾驶仪指令和飞行指引仪指令及作用 ………… 86

图 7.2　自动飞行控制系统的组成和信号（两套系统） ………………………… 87

图 7.3　由制导计算机和飞行控制计算机共同完成飞行控制的自动飞行控制系统 …… 87

图 7.4　AFCS 的控制组件在驾驶舱内的安装位置 ……………………………… 88

图 7.5　AFCS 的显示组件在驾驶舱内的安装位置 ……………………………… 89

图 7.6　AFCS 的计算组件在电子设备舱内的安装位置 ………………………… 89

图 7.7　尾舱内的 DFCS 组成部件 ………………………………………………… 90

图 7.8　主轮舱内部的 DFCS 部件 ………………………………………………… 90

图 7.9　机翼上的 DFCS 部件 ……………………………………………………… 91

图 7.10　驾驶杆底部的 DFCS 部件 ……………………………………………… 91

图 7.11　FCC 的内回路和外回路 ………………………………………………… 92

图 7.12　典型的自动飞行控制系统横滚计算机的基本示意图 ………………… 93

图 7.13　AFCS 横滚通道，A/P OFF，FD 处于航向选择（HDG SEL）方式的原理 ……… 94

图 7.14　自动驾驶仪处于横滚姿态保持方式的原理 …………………………… 95

图 7.15　AFCS 横滚通道，自动驾驶仪处于 CWS 方式的原理 ………………… 96

图 7.16　AFCS 横滚通道，AP 航向保持方式，FD 未接通的原理 …………… 97

图 7.17　VOR 截获过程 …………………………………………………………… 98

图 7.18 LOC 截获过程及水平波束传感器电路图 ················ 98

图 7.19 VOR/LOC 截获过程及各信号的定义 ················ 99

图 7.20 AFCS 横滚计算机 AP 和 FD 都处于 VOR/LOC 截获方式的原理 ······ 100

图 7.21 LNAV 方式的作用和有关参数示意图 ················ 101

图 7.22 偏航距离<3 NM 时，飞机处于任何航向上都可以衔接 LNAV 方式 ······ 102

图 7.23 偏航距离≥3 NM 时，飞机必须处于小于 90°的切入航向上且必须在生效航路点前切入生效航段，才能衔接 LNAV 方式 ················ 102

图 7.24 航段之间转换控制方式的示意图 ················ 102

图 7.25 AFCS 横滚计算机 AP 和 FD 都处于 LNAV 截获方式的原理 ······ 103

图 7.26 AFCS 横滚通道：自动驾驶仪断开，飞行指引仪接通在复飞方式的原理 ······ 104

图 7.27 油门杆手柄上的 TO/GA ················ 104

图 7.28 油门刻度盘上的 TO/GA 挡位 ················ 104

图 7.29 典型的自动飞行控制系统俯仰计算机的基本示意图 ················ 105

图 7.30 AFCS 俯仰计算机 AP OFF，FD 都处于 VS 方式的原理 ······ 106

图 7.31 AFCS 俯仰计算机 AP ATT HOLD 方式的原理 ················ 108

图 7.32 AFCS 横滚通道，自动驾驶仪处于 CWS 方式的原理 ················ 109

图 7.33 AFCS 俯仰计算机 AP 和 FD VS 方式的原理 ················ 110

图 7.34 高度保持方式的作用 ················ 110

图 7.35 AFCS 俯仰计算机 AP 和 FD 处于 ALT HOLD 方式的原理 ······ 111

图 7.36 高度选择方式的功用和在不同阶段的控制参数 ················ 112

图 7.37 AFCS 俯仰计算机 AP 和 FD 处于 ALT SEL 方式的原理 ······ 112

图 7.38 AFCS 俯仰计算机 AP 和 FD 处于 IAS 方式的原理 ················ 113

图 7.39 AFCS 俯仰计算机 AP 和 FD 处于 MACH 方式的原理 ················ 114

图 7.40 从上面截获下滑道的情况 ················ 114

图 7.41 从下面截获下滑道的情况 ················ 114

图 7.42 AFCS 俯仰通道：下滑道截获后 10 s 内（截获子方式）的原理 ······ 115

图 7.43 AFCS 俯仰通道：下滑道截获 10 s 之后（跟踪子方式）的原理 ······ 116

图 7.44 下滑道轨迹和拉平轨迹之间的比较 ················ 117

图 7.45 AFCS 俯仰通道"拉平（FLARE）"方式的原理图 ················ 118

图 7.46 AFCS 俯仰通道"复飞（GA）"方式的原理图 ················ 119

图 8.1　AFCS 典型方式控制板（MCP 板）1 ················· 121

图 8.2　AFCS 典型方式控制板（MCP 板）2 ················· 122

图 8.3　AFCS 典型控制组件——飞行控制组件（FCU） ········· 122

图 8.4　MCP 板的功能 ································· 123

图 8.5　安定面配平/自动驾驶仪断开电门 ················· 127

图 8.6　PFD 上显示的 DFCS 信息 ····················· 128

图 8.7　PFD 上显示的 DFCS 方式通告牌示例 ·············· 129

图 8.8　DFCS 在 PFD 上显示的高度数据 ················ 129

图 8.9　DFCS 相关功能失效警告旗 ···················· 130

图 8.10　引起红色 A/P 灯稳定燃亮或闪亮的电路和复位电路
（图中的"R"表示"Red"） ····················· 131

图 8.11　AFCS 起飞阶段的使用 ······················ 132

图 8.12　HDG SEL 方式的使用 ······················ 134

图 8.13　VOR 方式的使用 ·························· 135

图 8.14　LNAV 方式的使用 ························· 136

图 8.15　横滚 CWS 方式的功用和方式通告 ··············· 137

图 8.16　在爬升、巡航和下降阶段 AFCS 的使用 ············· 137

图 8.17　高度层改变方式的选择和方式通告 ··············· 138

图 8.18　垂直导航方式 ···························· 139

图 8.19　垂直速度方式的使用 ······················· 140

图 8.20　高度保持方式的使用 ······················· 141

图 8.21　俯仰 CWS 方式的使用 ······················ 142

图 8.22　APP 进近方式的功能 ······················ 143

图 8.23　APP 进近中的 G/S 预位和截获方式 ·············· 143

图 8.24　APP 单通道进近 ························· 144

图 8.25　双通道 A/P 进近 ························· 145

图 8.26　着陆拉平轨迹 ··························· 146

图 8.27　自动驾驶仪复飞方式 ······················· 147

图 8.28　F/D 复飞方式 ··························· 148

图 9.1　自动驾驶仪控制飞机速度的原理 ················· 150

图 9.2　通过自动油门系统控制飞机的速度 ································· 151

图 9.3　交叉耦合控制飞机速度的原理 ··································· 151

图 9.4　自动油门系统及其使用的飞行阶段 ······························ 152

图 9.5　自动油门系统的组成 ··· 153

图 9.6　自动油门系统中驾驶舱内的部件及安装位置 ····················· 153

图 9.7　自动油门伺服马达及相关部件的安装位置 ······················· 154

图 9.8　自动油门电源接口和模拟离散信号接口 ························· 154

图 9.9　自动油门计算机上的 ASM 跳开关 ····························· 155

图 9.10　自动油门数字输入接口 ·· 156

图 9.11　MCP 板上的自动油门方式控制部分 ··························· 156

图 9.12　自动油门系统的数字输出接口 ································· 158

图 9.13　自动油门计算机的功能 ·· 159

图 9.14　自动油门的方式选择 ·· 161

图 9.15　自动油门各方式的指令计算所依据的参数 ····················· 161

图 9.16　自动油门 N1 方式的原理 ····································· 162

图 9.17　自动油门 SPD 方式的原理 ···································· 163

图 9.18　自动油门方式通告牌 ·· 166

图 9.19　ASA 前面板上的自动油门断开警告灯 ························· 167

图 9.20　自动油门系统在发动机显示器上的显示信息 ··················· 168

图 9.21　自动油门在起飞阶段的使用 ··································· 170

图 9.22　爬升阶段自动油门的使用 ····································· 171

图 9.23　巡航阶段自动油门的使用 ····································· 172

图 9.24　下降阶段自动油门的使用 ····································· 173

图 9.25　进近阶段自动油门的使用 ····································· 175

图 9.26　复飞阶段自动油门的使用 ····································· 176

图 10.1　驾驶盘上的人工电配平开关 ··································· 177

图 10.2　中央操纵台上的人工配平手柄或手轮及配平指示器 ·············· 178

图 10.3　通过升降舵随动调整片实现自动驾驶仪俯仰配平的原理 ·········· 179

图 10.4　通过操纵调整片实现自动驾驶仪俯仰配平简化框图 ·············· 180

图 10.5　通过调效机构实现自动驾驶仪俯仰配平简化框图 ················ 180

图 10.6　安装角可调的自动驾驶仪俯仰配平简化框图 ·················· 181

图 10.7　速度配平原理框图 ·· 182

图 10.8　飞机速度增大，引起焦点后移，产生低头力矩 ················ 184

图 10.9　AP 衔接后马赫配平系统框图 ································· 186

图 10.10　自动驾驶配平切断开关图 ·································· 187

图 10.11　配平失效警告灯 ·· 187

图 11.1　荷兰滚运动引起的有害飞机运动 ···························· 189

图 11.2　飞机以恒定转弯率转弯时　速率陀螺和荷兰滚滤波器的输出 ····· 190

图 11.3　飞机发生荷兰滚运动时　速率陀螺和荷兰滚滤波器的输出 ······· 190

图 11.4　偏航阻尼器的原理框图 ······································ 191

图 11.5　偏航阻尼器系统组成方块图 ·································· 192

图 11.6　偏航阻尼器指示器图 ·· 192

图 11.7　飞行操纵控制板上的偏航阻尼器控制部分 ···················· 192

图 12.1　飞行管理、飞行指引和飞行控制三者关系 ···················· 195

图 12.2　ACE 在系统中的角色 ······································· 195

图 12.3　B737 NG PCU 示意图 ······································· 196

图 12.4　FBW 作动器 ··· 197

图 12.5　EHA 原理示意图 ··· 197

图 12.6　A380 EBHA ··· 198

图 12.7　原理示意图 ··· 198

图 13.1　冷备用 ··· 202

图 13.2　热备用 ··· 202

图 13.3　双模块余度 ··· 202

图 13.4　三模块余度 ··· 202

图 13.5　1：N 余度 ··· 203

图 13.6　某型飞机的飞控系统 ·· 207

图 13.7　飞机的飞行控制体系结构 ···································· 207

图 13.8　波音 777 飞控计算机余度安排 ······························ 208

图 13.9　B787 的飞控计算机系统结构 ··· 208

图 14.1　BITE 的功能 ·· 210

图 14.2　关键性能监测 BITE ·· 214

图 14.3　飞行中的故障检测 BITE ·· 215

图 14.4　地面故障检测 BITE ··· 215

图 14.5　故障隔离 BITE ··· 215

图 14.6　内部故障和外部故障 ··· 217

图 14.7　飞机系统的种类及各类系统 BITE 的特点 ··· 219

图 14.8　B757/767 飞机利用 MCDP 输出 BITE 信息 ······································ 220

图 14.9　B747-400 飞机通过中央维修系统/综合监控系统（CMCS）输出 BITE 信息 ····· 221

图 14.10　A320 飞机通过中央故障显示系统（CFDS）输出 BITE 信息 ··················· 222

图 14.11　集中式 BITE ··· 226

图 14.12　分布式 BITE ··· 227

图 15.1　飞行日志上记录的故障描述 ··· 230

图 15.2　利用 FIM 手册观察到的故障列表（按字母顺序）查找工卡（一） ··············· 230

图 15.3　在 FIM 手册中观察到的故障列表（按系统顺序）查找工卡（二） ··············· 231

图 15.4　在某 FIM 手册 22 章中查找所需工卡（22-11 TASK 801） ······················ 231

图 15.5　DFCS 不能够进入 BITE 的显示 ··· 232

图 15.6　DFCS 启动 BITE 后显示的情况 ··· 233

图 15.7　DFCS CURRENT STATUS 自动测试页面 ··· 234

图 15.8　目前状态—附加测试—自动驾驶仪 A—交互式测试过程 ························· 236

图 15.9　互锁测试过程及目前状态测试总结页面 ·· 237

图 15.10　退出 BITE CURRENT STATUS 测试，并将飞机恢复到开始 BITE 之前的构型 ···· 238

图 15.11　根据维护信息查找故障隔离工卡的过程 ·· 238

图 15.12　针对于 FCC-A 故障隔离的工卡 22-14 TASK 801 ······························ 239

图 15.13　针对于 MCP 故障隔离的工卡 22-11 TASK 817 ································· 240

图 15.14　在 FIM 手册 22 章中查找所需工卡（22-11 TASK 802） ······················· 241

图 15.15　DFCS LRU REPLACEMENT TEST 的过程 ······································ 243

图 15.16　飞行日志中报告的自动油门故障 ··· 245

图 15.17　到 FIM 手册的 22 章故障代码索引中查找该故障代码为 223 060 48 的故障的工卡号 245

图 15.18　到 FIM 手册的第 22 章找到 22-32 TASK 804 246

图 15.19　飞行日志上记录的偏航阻尼器故障 247

图 15.20　在观察到的故障（按字母顺序列表）中查找所需工卡 247

图 15.21　SMYD BITE 工卡 27-32 TASK 801 248

图 15.22　SMYD BITE 现有故障查询 249

图 15.23　SMYD BITE 过程中复位离合器 250

图 15.24　SMYD 故障历史检查的过程 251

图 15.25　查找维护信息号为 22-21004 的工卡为 22-23 TASK 804 252

图 15.26　到 22 章的 FIM 中找到工卡 22-23 TASK 804 252

三、本教材中使用的英文缩写列表

A

* AAM—autopilot actuator monitor——自动驾驶仪舵机监控器

* AC—alternating current——交流电

* accel—acceleration——加速度

* actr—actuator——舵机

* ACQ—acquire——截获

* ADIRS—air data inertial reference system——大气数据惯性基准系统

* ADIRU—air data inertial reference unit——大气数据惯性基准组件

* ADR—air data reference——大气数据基准

* AFCS—automatic flight control system——自动飞行控制系统

* AFDS—autopilot flight director system——自动驾驶飞行指引系统

* AGS—air/ground system——空/地系统

* AI—attitude indicator——姿态显示器

* ail—aileron——副翼

* alt—altitude——高度

* ALT—alternate——备用

* ANN—annunciator——通告牌/通告器

* annun—annunciator——通告牌/通告器

* ANT—antenna——天线

* AOC—approach-on-course——进近在航道上

* A/P—autopilot——自动驾驶仪

* APP—approach——进近

* ARINC—Aeronautical Radio Incorporated——航空无线电公司

* A/S—airspeed——空速

* ASA—autoflight status annunciator——自动飞行状态显示器

* A/T—autothrottle——自动油门

* ATA—Air Transportation Administration——航空运输协会

* ATC—air traffic control——空中交通管制

* ADI—attitude director indicator—姿态指引指示器

* ALT capture（ALT acquire）—attitude capture——高度截获

* ALT HOLD—attitude hold——高度保持

* A/T Arm Switch—autothrottle arm switch——自动油门预位电门

* A/T Arm Light—autothrottle arm light——自动油门预位灯

* A/P Engage Switches—autopilot engage switches——自动驾驶仪衔接电门

* A/P Disengage Bar—autopilot disengage bar——自动驾驶仪脱开杆

* ASM—autothrottle servo motors——自动油门伺服电机

* ACE—actuator control electronics——作动器控制电子装置

* AFDX—avionics full duplex switched ethernet——航空电子全双工以太网

* AEVC—avionic electronic ventilation computer——电子设备通风（冷却）计算机

* AIDS—advanced interactive display system——飞机综合数据系统

*ACARS—aircraft communications addressing and reporting system——飞机通信询问与报告系统

B

* BAT—battery——电瓶

* BITE—built-in test equipment——机内自检

* BOV—bias out of view——指令杆不可见

* B/C— ——反航道方式

C

* CAPT—captain——机长

* CAS—computed airspeed——计算空速

* C/B—circuit breaker——跳开关

* CDS—common display system——通用显示系统

* CDU—control display unit——控制显示组件

* CH—channel——通道

* chg—change——改变

* CLB—climb——爬升
* CMD—command——指令
* C/O—change over——切换
* cont—control——控制
* CPU—central processing unit——中央处理组件
* CRS—course——航道
* CWS—control wheel steering——驾驶盘操纵
* CBL—control by light——光传控制
* CPDLC——controller pilot data link communication——管制员驾驶员数据链通信
* CADC—center air data computer——中央大气数据计算机
* CBW—command-by-wire——指令电传
* CFDS—central fault display system——中央故障显示系统
* CMCS—center maintenance computer system——中央维修系统/综合监控系统
* CMC—center maintenance computer——中央维修计算机
* CFDIU—centralized fault display interface unit——中央故障显示接口装置
* CCDL—Cross-Channel Data Link——通道间交叉数据链

D

* DC—direct current——直流
* deg—degree——度
* DEU—display electronics unit——显示电子组件
* DFCS—digital flight control system——数字式飞行控制系统
* DFCC—digital flight control computer——数字式飞行控制计算机
* DAFCS—digital automatic flight control system——数字式自动飞行控制系统
* DAFDS—digital automatic flight director——数字式自动飞行控制系统
* DISC—disconnect——断开
* DMA—direct memory access——直接存储器存取
* DME—distance measuring equipment——测距仪
* DN—down——向下
* DMR—dual modular redundancy——双模块余度
* TMR—triple modular redundancy——三模块化余度
* DFCS—digital flight control system——数字式自动飞行控制系统

E

* EFIS—electronic flight instrument system——电子飞行仪表系统
* EADI—electronic attitude direction indicator——电子姿态指引指示器
* EMI—electro-magnetic interference——电磁干扰

* EMP—electromagnetic pulse——电磁脉冲

* EEC—electronic engine controller——电子式发动机控制器

* elev—elevator——升降舵

* eng—engage——衔接

* exc—excitation——励磁

* EPR—engine pressure ratio——发动机压力比

* EHA—electro hydrostatic actuator——电静液作动器

* EHSA—electro-hydraulic servo actuator——电液伺服作动器

* EBHA—electric backup hydraulic actuator——电动备用液压执行器

* EMA—electro-mechanical actuator——机电作动器

* ELAC—elevator and aileron computer——升降舵副翼计算机

* EIU—EICAS interface unit——综合显示系统的接口装置

* EICAS—engine indication and crew alerting system——综合显示系统的接口装置

F

* FAA—Federal Aviation Administration——联邦航空局

* FBW——flight by wire——电传飞行控制

* FBL—fly-by-light——光传飞行控制

* FCC—flight control computer——飞行控制计算机

* FCU—flight control unit——飞行控制组件

* F/D—flight director——飞行指引仪

* FDS—Flight Director System——飞行指引仪系统

* FDC—Flight　Director Computer——飞行指引计算机

* FGN—foreign——异侧

* FIM—Fault Isolation Manual——故障隔离手册

* FMA—flight mode annunciator——飞行方式通告牌

* FMC—flight management computer——飞行管理计算机

* FMS—flight management system——飞行管理系统

* FMCS—flight management computing system——飞行管理计算机系统

* FMGEC—flight management guidance evelope computer——飞行管理制导包线计算机

* F/O—first officer——副驾驶

* FWD—forward——前向，向前

* FG—flight guidance——飞行制导

* FCPC—flight control primary computer——飞行控制主计算机

* FL CHG（LVL CHG）—flight level change——高度层改变

* F/D Switches—flight director switches——飞行指引仪电门

* FDAU—flight data acquisition unit——飞行数据获取组件

* FBO—fly-by-optics——光传操纵

* FAC—flight augmentation computer——飞行增稳计算机

* FCM—flight control module——飞行控制计算机

* FMGC—flight management guidance computer——飞行管理引导计算机

G

* G/A—go-around——复飞

* gnd—ground——接地/地

* GPS—global positioning system——全球定位系统

* G/S—glideslope——下滑道

H

* hdg—heading——航向

* hld—hold——保持

* hyd—hydraulic——液压

* HIRF—High Intensity Radiated Field——高强度辐射场

* HDG SEL—heading select——航向选择

* HDG HOLD—heading hold——航向保持

I

* inh—inhibit——抑制

* instr—instrument——仪表

* intlk—interlock——接口

* I/O—input/output——输入/输出

* IR—inertial reference——惯性基准

* IRU—inertial reference unit——惯性基准组件

* IRS—inertial reference system unit——惯性基准系统组件

* IAS—indicated airspeed——指示空速

* ICAO—International Civil Aviation organization——国际民航组织

* IFSAU—integrated flight system accessory unit——综合飞行系统附件组件

* ILS—instrument landing system——仪表着陆系统

* ISA—International Standard Air——国际标准大气

* ISA Deviation—international standard air deviation——ISA 偏差

* INS—Inertial navigation System——惯性导航系统

* IAS HOLD—indicated airspeed hold——指示空速保持

* IAS/MACH Selector—indicated airspeed/mach selector——指示空速/马赫数选择器

* IAS/MACH Display—indicated airspeed/mach display ——指示空速/马赫数显示器

* IAS/MACH Change/Over Switch—indicated airspeed/mach change/over switch——指示空速/马赫数切换电门

* IFBIT—in-flight built-in test——飞行中 BIT

K

* kts—knots——海里/小时

L

* LCD—liquid crystal display——液晶显示器
* LCL—local——本侧
* LED—light emitting diode——二极管
* LNAV—lateral navigation——水平导航
* LOC—localizer——航向道
* LRU—line replaceable unit——航线可更换组件
* LSK—line select key——行选择键
* LT—light——灯光/亮度
* LVDT—linear variable differential transformer——线性可变差动传感器
* lvl—level——水平，平飞

M

* MA—master——主
* MASI—mach airspeed indicator——马赫空速显示器
* MCP—mode control panel——方式控制板
* MLS—microwave landing system——微波着陆系统
* MAC—mean aerodynamic chord——平均空气动力弦
* MIL-STD-1553B—military standard 1553B——美国军用规格 1553B
* MBIT—maintenance built-in test——维修 BIT
* MEL—the minimum equipment list——最低设备清单
* MCDP—maintenance control display panel——维修控制显示板
* MCDU—multi-function control and display unit——多功能控制与显示装置
* MFL—maintenance fault list——维修故障清单

N

* NAV—navigation——导航
* NCD—no computed data——无计算数据
* NSS—neutral shift sensor——中立位移传感器
* NVM—non volatile memory——非易失性存储器

O

* OC—on course——在航道上
* OSS—over station sensor——过台传感器

P

* P—push——按压
* PB—push-button——按钮
* PCU—power control unit——动力控制组件
* PFD—primary flight display——主飞行显示器
* pnl—panel——控制板
* posn—position——位置
* press—pressure——压力
* PSEU—proximity switch electronic unit——接近开关电子组件
* PSI—pounds per square inch——磅每平方英寸
* PTH—path——轨迹
* P/RST—Push to Reset——按压复位
* PBW—Power-By-Wire——功率电传
* PRIM—Primary flight control and guidance computer——主飞控和制导计算机
* PFC—primary flight computer——主飞控计算机
* PUBIT—power upon built-in test——上电 BIT
* PBIT—pre-flight built-in test——飞行前自检
* PFL—pilot fault list——飞行员故障清单

R

* R—right——右
* RA—radio altimeter——无线电高度
* RAM—random access memory——随机存储器
* REF—reference——参考/基准
* RST—reset——复位
* rud—rudder——方向舵
* RVDT—rotary variable differential transformer——旋转可变差动传感器

S

* sec—second——第二
* sel—select——选择

* sens—sensor——传感器

* SMYDC—stall management yaw damper computer——失速管理偏航阻尼器计算机

* SPD—speed——速度

* SPM—surface position monitor——舵面位置监控器

* stab—stabilizer——安定面

* surf—surface——操纵面/舵面

* sw—switch——开关

* sync—synchronization——同步

* SMC—standard mean chord——标准平均弦

* SRU—shop replaceable unit——车间可更换组件

* SEC—spoiler elevator computer——扰流板升降舵计算机

* SEC—secondary flight control computer——辅助飞控计算机

T

* TAS—true airspeed——真空速

* THR—throttle——油门

* T/O—takeoff——起飞

* TO/GA—takeoff/go-around——起飞/复飞

* TR—transformer rectifier——变压整流器

* TR—Thrust Resolver——油门解算器

* TRK—track——航迹

* TBL—trim by light———光纤传输

* TCS—touch control sterring——触摸控制按钮

* TWS—touch wheel sterring——触摸控制按钮

* TMS—thrust management system——推力管理计系统

* TMC—thrust management computer——推力管理计算机

* TRA—thrust resolver angle——推力解算器角度

* THR HOLD—throttle hold——油门保持

* TMA—推力方式通告牌

U

* UUT—unit under test—被测单元

V

* V—volts——伏（电压单位）

* V2—scheduled target speed——计划目标速度

* VHF—very high frequency——甚高频
* V/S—vertical speed——垂直速度
* VNAV—vertical navigation——垂直导航
* VOR—VHF omnidirectional range——甚高频全向信标
* X-CH—cross channel——交叉通道
* xfer—transfer——转换
* VG—Vertical Gyro——垂直陀螺

四、常用单位换算表

长度

1 in = 0.025 4 m	1 m = 39.370 1 in	1m = 3.280 8 ft
1 in = 25.4 mm	1 ft = 304.8 mm	1mm = 0.039 37 in
1 NM（海里）= 1.852 千米（公里）		

压力

1 bar = 100 kPa	1 kg/cm^2（at）= 988.066 8 kPa	1psi = 6.894 8 kPa
1 kPa = 0.154 psi	1 kPa = 0.01 bar	1kPa = 0.010 197 2 kg/cm^2

重量

1 lb = 0.453 6 kg	1 kg = 2.204 6 lb

速度

1 kn*（海里/小时）= 1.852 km/h（千米/小时）	1 m/s = 196.8 ft/min（英尺/分）

---

* 节（英文 knot），常用于表示航海、航空的速度单位，kn 为单位符号，航空中常表示为 kt，即 1 kn = 1 kt。

参考文献

[1] 周其焕. 民用飞机自动飞行控制系统的发展（上）[J]. 航空电子技术，2001，32（4）：43-47.

[2] 周其焕. 民用飞机自动飞行控制系统的发展（下）[J]. 航空电子技术，2002，33（1）.

[3] 申安玉，申学仁，李云保，等. 自动飞行控制系统[M]. 北京：国防工业出版社，2003.

[4] 郭锁凤，申功璋，吴成富，等. 先进飞机控制系统[M]. 北京：国防工业出版社，2003.

[5] 施继增，王永熙，郭恩友，等. 飞机操纵与增稳系统[M]. 北京：国防工业出版社，2003.

[6] 宋翔贵，张新国. 电传飞行控制系统[M]. 北京：国防工业出版社，2003.

[7] 刘林. 飞行控制系统的分系统[M]. 北京：国防工业出版社，2003.

[8] 文传源. 现代飞行控制系统[M]. 北京：北京航空航天大学出版社，2004.

[9] 何小薇，徐亚军. 航空电子设备[M]. 成都：西南交通大学出版社，2002.

[10] 王大海，杨俊，余江. 飞行原理[M]. 成都：西南交通大学出版社，2004.

[11] 田仲，石君友. 系统测试性设计分析与验证[M]. 北京：北京航空航天大学出版社，2003.

[12] 王熙珍. 可靠性、冗余及容错技术[M]. 北京：航空工业出版社，1991.

[13] 丁定浩. 可靠性与维修性工程[M]. 北京：电子工业出版社，1986.

[14] 曾天浩. 电子设备测试性及诊断技术[M]. 北京：航空工业出版社，1995.

[15] 菲利普丁·克拉斯. ICAO 已不再要求必安装 MIL[J]. 韩世杰，译. 国际航空，1995（7）：52-53.

[16] 王宫清，译. ICAO 探讨着陆方案[J]. 导航与雷达动态，1995（5）：37-40.

[17] 北航导航教研室. 利用 GPS 进近着陆方案的研究[J]. 国际航空，1990（11）：50-52.

[18] 吴晓进，译. KCPT 满足 Illb 类自动着陆要求[J]. 导航与雷达动态，1995（6）：38.

[19] 拉沃仁期·恒格尔. 利用 GPS 进行精密进场的可行性研究[J]. 刘英伟，译. 导航，1989（3）：49-61.

[20] 白杰，田秀云. 飞机故障诊断与监控技术[M]. 北京：兵器工业出版社，2003.

[21] 蔡满意. 飞行控制系统[M]. 北京：国防工业出版社，2007.

[22] 朱大奇. 航空电子设备故障中断技术[D]. 南京：南京航空航天大学，2002.

[23] 徐鑫福，冯亚昌. 飞机飞行操纵系统[M]. 北京：北京航空航天大学出版社，1989.

[24] [美] R. C. 多尔夫，R. H. 毕晓普. 现代控制系统[M]. 北京：科学出版社，2005.

[25] 中国民航总局航空器适航中心，译. CAT Ⅱ/CAT Ⅲ Operations. 1998.

[26] 李长齐. An Intruduction to Aviations Systems（For Civil Aviation）[D]. 中国民用航空学院，中国民航局第一研究所.

[27] B737-300/400/500 Aircraft Maintenance Manual（AMM）.

[28] B737-300/400/500 System Schematic Manual（SSM）.

[29]　B737-600/700/800 Aircraft Maintenance Manual（AMM）.

[30]　B737-600/700/800 System Schematic Manual（SSM）.

[31]　A320 飞机维护手册（AMM），系统图册（SSM）.

[32]　A320 Aircraft Maintenance Manual（AMM）.

[33]　A320 System Schematic Manual（SSM）.

[34]　A320 Technical Training Manual.

[35]　U. S. Department of Federal Aviation Administration. Airfram & Powerplant Mechanics General Handbook.

[36]　JEPPENSEN SANDERSON TRAINING PRODUCTS. Jeppesen. A&P Technician Airframe Textbook.

[37]　JEPPENSEN SANDERSON TRAINING PRODUCTS. Jeppesen. A&P Technician Airframe Study Guide.

[38]　JEPPENSEN SANDERSON TRAINING PRODUCTS. Jeppesen. Standard Aviation Maintenance Handbook.

[39]　dale CRANED. Aviation Maintenance Technician Series volume 2：Airframe Systems. 2nd Ed. Washington：Aviation Supply & Academics，Inc. 1991.

[40]　CR ANED. Aviation Maintenance Technician Series. Airframe Volume1：Structure. Washington：Aviation Supply & Academics，Inc. 1991.

[41]　BRAIN L. STEVENS F L. Aircraft Control and Simulation. Wilev INTER. SCIENCE，1992.

[42]　JEPPESEN SANDERSON TRAINING PRODUCTS. Avionics Fundamentals.

[43]　DORF R C. The Avionics Handbook . University of California.